#응용력키우기
#서술형·문제해결력

응용
해결의 법칙

Chunjae
Makes
Chunjae

▼

[응용 해결의 법칙] 초등 수학 2-2

기획총괄	김안나
편집개발	김현주, 박아연
디자인총괄	김희정
표지디자인	윤순미, 여화경
내지디자인	박희춘, 이혜미
제작	황성진, 조규영

발행일	2024년 4월 15일 개정초판 2024년 4월 15일 1쇄
발행인	(주)천재교육
주소	서울시 금천구 가산로9길 54
신고번호	제2001-000018호
고객센터	1577-0902

모든 응용을 다 푸는 해결의 법칙

수학 2·2

일등 비법

일등 비법에서 한 단계 더 나아간 심화 개념 설명을 익히고 일등 특강으로 기본 개념을 확인할 수 있어요.

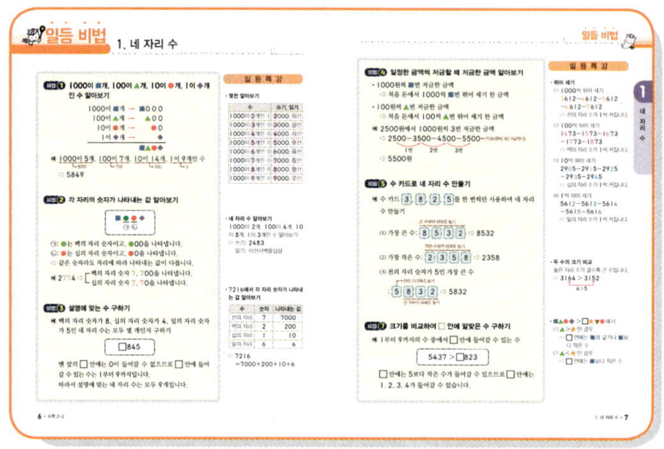

STEP 1

기본 유형 익히기

다양한 유형의 문제를 풀면서 개념을 완전히 내 것으로 만들어 보세요.

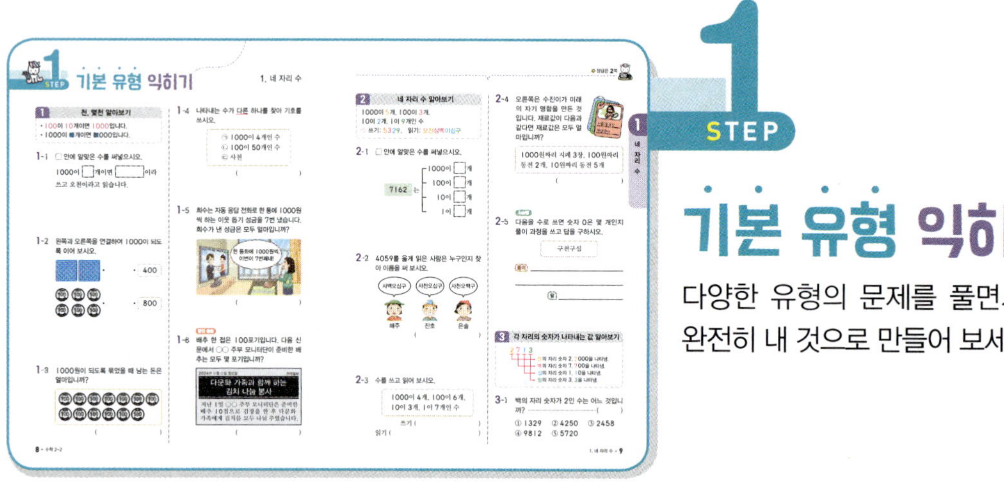

STEP 2

응용 유형 익히기

응용 유형 문제를 단계별로 푸는 연습을 통해 어려운 문제도 스스로 풀 수 있는 힘을 길러 줍니다.

동영상 강의 제공

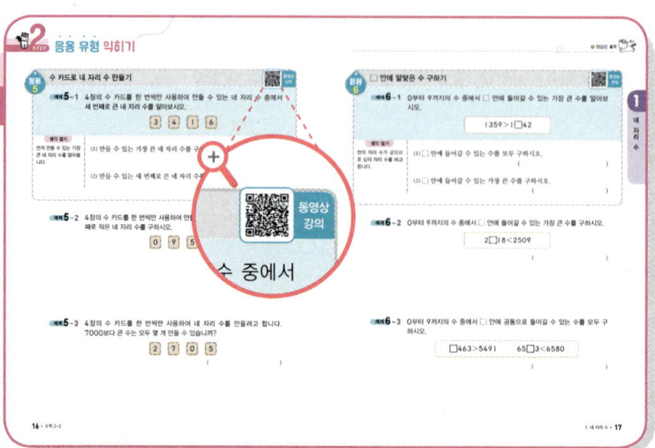

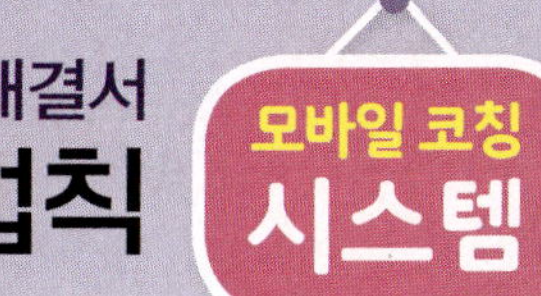

3 STEP

응용 유형 뛰어넘기

한 단계 더 나아간 심화 유형 문제를
풀면서 수학 실력을 다져 보세요.

- 동영상 강의 제공
- 쌍둥이 문제 제공

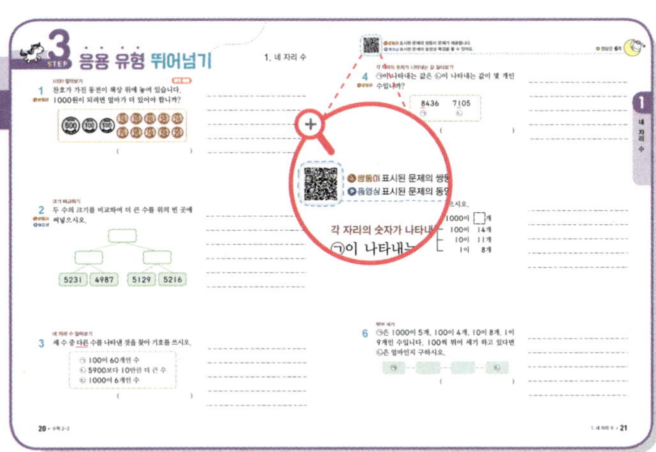

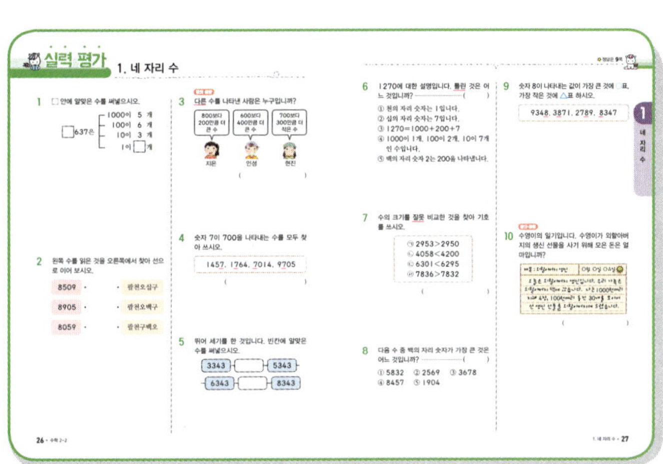

실력 평가

실력평가를 풀면서 앞에서 공부한 내용
을 정리해 보세요. 학교 시험에 잘 나오
는 유형과 좀 더 난이도가 높은 문제까
지 수록하여 확실하게 유형을 정복할
수 있어요.

창의 사고력

창의 사고력 문제를 풀어 보면서 실력을
높여 보세요.

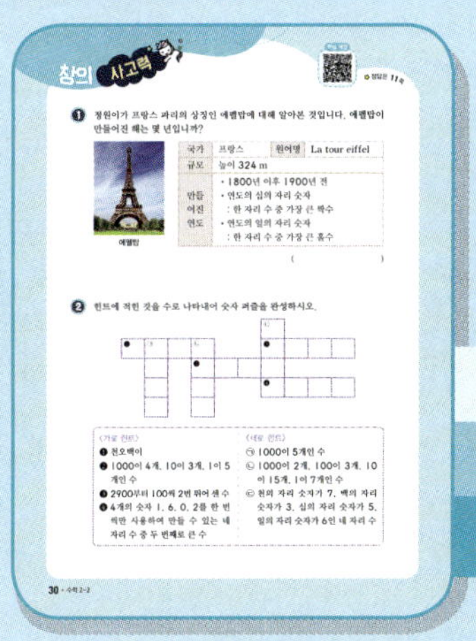

「QR 활용법」

📹 동영상 강의 제공

선생님의 더 자세한 설명을 듣고 싶
거나 혼자 해결하기 어려운 문제는
교재 내 QR 코드를 통해 동영상 강
의를 무료로 제공하고 있어요.

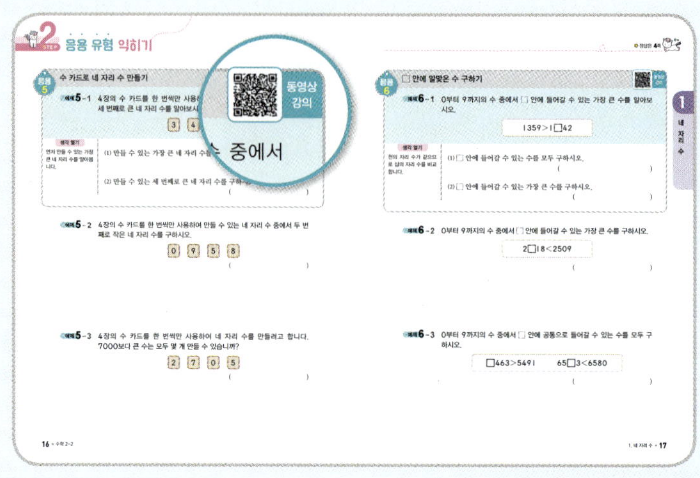

👭 쌍둥이 문제 제공

3단계에서 비슷한 유형의 문제를 더
풀어 보고 싶다면 QR 코드를 찍어
보세요. 추가로 제공되는 쌍둥이 문
제를 풀면서 앞에서 공부한 내용을
정리할 수 있어요.

🎮 학습 게임 제공

단원 끝에 있는 QR 코드를 찍어 보
세요. 게임을 하면서 단원을 마무리
할 수 있어요.

1 네 자리 수

1. 네 자리 수

비법 ❶ 1000이 ■개, 100이 ▲개, 10이 ●개, 1이 ◆개인 수 알아보기

예 1000이 5개, 100이 7개, 10이 14개, 1이 9개인 수
→ 5000 → 700 → 140 → 9
⇨ 5849

• 몇천 알아보기

수	쓰기, 읽기
1000이 2개인 수	2000, 이천
1000이 3개인 수	3000, 삼천
1000이 4개인 수	4000, 사천
1000이 5개인 수	5000, 오천
1000이 6개인 수	6000, 육천
1000이 7개인 수	7000, 칠천
1000이 8개인 수	8000, 팔천
1000이 9개인 수	9000, 구천

비법 ❷ 각 자리의 숫자가 나타내는 값 알아보기

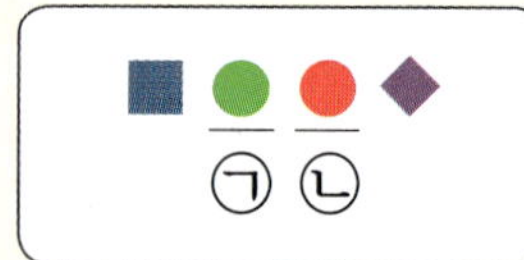

㉠: ●는 백의 자리 숫자이고, ●00을 나타냅니다.
㉡: ●는 십의 자리 숫자이고, ●0을 나타냅니다.
⇨ 같은 숫자라도 자리에 따라 나타내는 값이 다릅니다.

예 2774 ⇨ ┌ 백의 자리 숫자 7, 700을 나타냅니다.
　　　　 └ 십의 자리 숫자 7, 70을 나타냅니다.

• 네 자리 수 알아보기

1000이 2개, 100이 4개, 10이 8개, 1이 3개인 수 알아보기
⇨ 쓰기: 2483
　읽기: 이천사백팔십삼

비법 ❸ 설명에 맞는 수 구하기

예 백의 자리 숫자가 8, 십의 자리 숫자가 4, 일의 자리 숫자가 5인 네 자리 수는 모두 몇 개인지 구하기

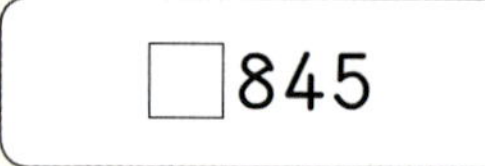

맨 앞의 □ 안에는 0이 들어갈 수 없으므로 □ 안에 들어갈 수 있는 수는 1부터 9까지입니다.
따라서 설명에 맞는 네 자리 수는 모두 9개입니다.

• 7216에서 각 자리 숫자가 나타내는 값 알아보기

수	숫자	나타내는 값
천의 자리	7	7000
백의 자리	2	200
십의 자리	1	10
일의 자리	6	6

⇨ 7216
　=7000+200+10+6

1
네 자리 수

비법 ④ 일정한 금액씩 저금할 때 저금한 금액 알아보기

- 1000원씩 ■번 저금한 금액
  ⇨ 처음 돈에서 1000씩 ■번 뛰어 세기 한 금액

- 100원씩 ▲번 저금한 금액
  ⇨ 처음 돈에서 100씩 ▲번 뛰어 세기 한 금액

⑩ 2500원에서 1000원씩 3번 저금한 금액
  ⇨ 2500 – 3500 – 4500 – 5500 ← 1000원씩 3번 저금한 돈
         1번   2번   3번
  ⇨ 5500원

비법 ⑤ 수 카드로 네 자리 수 만들기

⑩ 수 카드 3 , 8 , 2 , 5 를 한 번씩만 사용하여 네 자리 수 만들기

큰 수부터 차례로 놓기
(1) 가장 큰 수: 8 5 3 2 ⇨ 8532

작은 수부터 차례로 놓기
(2) 가장 작은 수: 2 3 5 8 ⇨ 2358

(3) 천의 자리 숫자가 5인 가장 큰 수
천의 자리에 5 놓기
: 5 8 3 2 ⇨ 5832
큰 수부터 차례로 놓기

비법 ⑥ 크기를 비교하여 □ 안에 알맞은 수 구하기

⑩ 1부터 9까지의 수 중에서 □ 안에 들어갈 수 있는 수

5437 > □823

□ 안에는 5보다 작은 수가 들어갈 수 있으므로 □ 안에는 1, 2, 3, 4가 들어갈 수 있습니다.

· **뛰어 세기**
(1) 1000씩 뛰어 세기
3612 – 4612 – 5612 – 6612 – 7612
⇨ 천의 자리 수가 1씩 커집니다.

(2) 100씩 뛰어 세기
1473 – 1573 – 1673 – 1773 – 1873
⇨ 백의 자리 수가 1씩 커집니다.

(3) 10씩 뛰어 세기
2905 – 2915 – 2925 – 2935 – 2945
⇨ 십의 자리 수가 1씩 커집니다.

(4) 1씩 뛰어 세기
5612 – 5613 – 5614 – 5615 – 5616
⇨ 일의 자리 수가 1씩 커집니다.

· **두 수의 크기 비교**
높은 자리 수가 클수록 큰 수입니다.
⇨ 3164 > 3152
        6>5

· ■▲●◆ > □★▼● 에서
(1) ▲>★인 경우
  ⇨ □ 안에는 ■와 같거나 ■보다 작은 수
(2) ▲<★인 경우
  ⇨ □ 안에는 ■보다 작은 수

STEP 1 기본 유형 익히기

1 천, 몇천 알아보기

- 100이 10개이면 1000입니다.
- 1000이 ■개이면 ■000입니다.

1-1 □ 안에 알맞은 수를 써넣으시오.

1000이 ☐ 개이면 ☐ 이라 쓰고 오천이라고 읽습니다.

1-2 왼쪽과 오른쪽을 연결하여 1000이 되도록 이어 보시오.

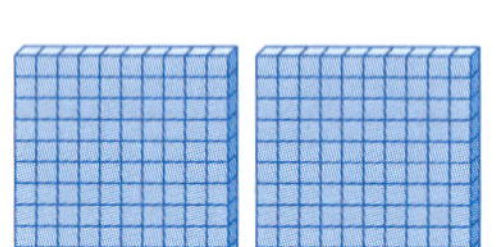

· 400

· 800

1-3 1000원이 되도록 묶었을 때 남는 돈은 얼마입니까?

( )

1-4 나타내는 수가 다른 하나를 찾아 기호를 쓰시오.

> ㉠ 1000이 4개인 수
> ㉡ 100이 50개인 수
> ㉢ 사천

( )

1-5 희수는 자동 응답 전화로 한 통에 1000원씩 하는 이웃 돕기 성금을 7번 냈습니다. 희수가 낸 성금은 모두 얼마입니까?

( )

창의·융합

1-6 배추 한 접은 100포기입니다. 다음 신문에서 ○○ 주부 모니터단이 준비한 배추는 모두 몇 포기입니까?

2024년 ○월 ○일 월요일　　　　천재일보

다문화 가족과 함께 하는 김치 나눔 봉사

지난 1일 ○○ 주부 모니터단은 준비한 배추 10접으로 김장을 한 후 다문화 가족에게 김치를 모두 나눠 주었습니다.

( )

1

네
자
리
수

2 네 자리 수 알아보기

1000이 **5**개, 100이 **3**개,
10이 **2**개, 1이 **9**개인 수
⇨ 쓰기: 5329,   읽기: 오천삼백이십구

2-1 □ 안에 알맞은 수를 써넣으시오.

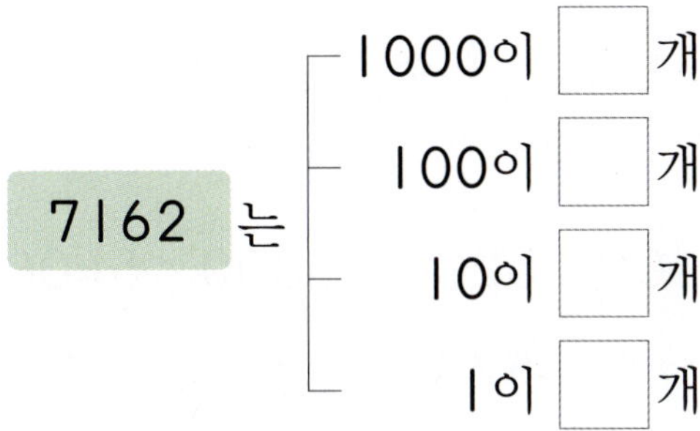

7162 는
- 1000이 ☐ 개
- 100이 ☐ 개
- 10이 ☐ 개
- 1이 ☐ 개

2-2 4059를 옳게 읽은 사람은 누구인지 찾아 이름을 써 보시오.

(   )

2-3 수를 쓰고 읽어 보시오.

> 1000이 4개, 100이 6개,
> 10이 3개, 1이 7개인 수

쓰기 (   )
읽기 (   )

2-4 오른쪽은 수진이가 미래의 자기 명함을 만든 것입니다. 재료값이 다음과 같다면 재료값은 모두 얼마입니까?

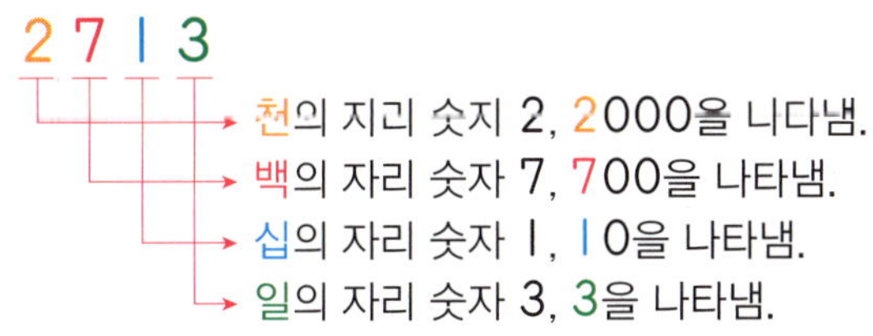

> 1000원짜리 지폐 3장, 100원짜리
> 동전 2개, 10원짜리 동전 5개

(   )

서술형

2-5 다음을 수로 쓰면 숫자 0은 몇 개인지 풀이 과정을 쓰고 답을 구하시오.

> 구천구십

풀이 __________________________________

____

답 __________________________________

3 각 자리의 숫자가 나타내는 값 알아보기

2713

천의 자리 숫자 2, 2000을 나타냄.
백의 자리 숫자 7, 700을 나타냄.
십의 자리 숫자 1, 10을 나타냄.
일의 자리 숫자 3, 3을 나타냄.

3-1 백의 자리 숫자가 2인 수는 어느 것입니까? ·· (   )

① 1329   ② 4250   ③ 2458
④ 9812   ⑤ 5720

3-2 숫자 6이 6000을 나타내는 수를 모두 찾아 쓰시오.

> 2618, 6007, 7260, 6452

( )

서술형

3-3 숫자 5가 나타내는 값이 가장 작은 수는 무엇인지 풀이 과정을 쓰고 답을 구하시오.

> 5486, 6523, 2975

풀이 ___________________________

____

____

답 ___________________________

3-4 숫자 8이 나타내는 값이 가장 큰 수와 가장 작은 수를 각각 찾아 쓰시오.

> 5468, 8262, 5870, 1789

가장 큰 수 ( )
가장 작은 수 ( )

---

4 뛰어 세기

1000씩 뛰어 세면 **천**의 자리 수가,
100씩 뛰어 세면 **백**의 자리 수가,
10씩 뛰어 세면 **십**의 자리 수가,
1씩 뛰어 세면 **일**의 자리 수가
각각 1씩 커집니다.

[4-1~4-3] 수 배열표를 보고 물음에 답하시오.

5100	5200	5300	5400	5500
6100	6200	6300	▲	6500
7100	7200	7300	7400	7500
8100	8200	★	8400	8500
9100	9200	9300	9400	9500

4-1 ▲에 들어갈 수는 얼마입니까?

( )

4-2 ★에 들어갈 수는 얼마입니까?

( )

4-3 ↓, ↘는 각각 얼마씩 뛰어 센 것입니까?

↓ ( )
↘ ( )

4-4 3895부터 100씩 커지는 수들을 선으로 이어 보시오.

4-5 5260부터 10씩 커지는 수 카드가 책상 위에 놓여 있습니다. 뒤집어진 카드에 알맞은 수를 써넣으시오.

---

5 두 수의 크기 비교

- 네 자리 수의 크기 비교
  ① 천의 자리 수부터 비교하고,
  ② 천의 자리 수가 같으면 백의 자리 수를,
  ③ 백의 자리 수가 같으면 십의 자리 수를,
  ④ 십의 자리 수가 같으면 일의 자리 수를 비교합니다.

5-1 두 수의 크기를 비교하여 ○ 안에 > 또는 <를 알맞게 써넣으시오.

5296 ◯ 5247

5-2 크기를 잘못 비교한 것은 어느 것입니까?
·· ( )

① 6536 < 7124
② 9719 > 9469
③ 2120 > 1230
④ 4707 > 4712
⑤ 1130 < 1310

서술형

5-3 민주와 경미는 '혼자 넘기' 방법으로 줄넘기를 일주일 동안 했습니다. 민주는 2950번, 경미는 3050번 넘었다면 줄넘기를 더 많이 넘은 사람은 누구인지 풀이 과정을 쓰고 답을 구하시오.

풀이 _______________________________

____

____

답 _______________________________

창의·융합

5-4 우리나라에서 개최된 국제 대회에 대해 조사한 것입니다. 먼저 개최된 순서대로 빈칸에 1, 2, 3을 써넣으시오.

STEP 2 응용 유형 익히기

응용 1 | **1000 알아보기**

예제 1-1 우준이는 100원짜리 동전 5개와 10원짜리 동전 10개를 가지고 있습니다. 1000원이 되려면 얼마가 더 있어야 하는지 알아보시오.

생각 열기
100원짜리 동전 5개와 10원짜리 동전 10개는 각각 얼마인지 알아봅니다.

(1) 우준이가 가지고 있는 돈은 얼마입니까?

(　　　　　　　　　)

(2) 1000원이 되려면 얼마가 더 있어야 합니까?

(　　　　　　　　　)

예제 1-2 하은이는 100원짜리 동전 3개와 10원짜리 동전 20개를 가지고 있습니다. 1000원이 되려면 얼마가 더 있어야 합니까?

(　　　　　　　　　)

예제 1-3 재성이가 가지고 있는 동전입니다. 1000원이 되려면 얼마가 더 있어야 합니까?

(　　　　　　　　　)

응용 2 네 자리 수 알아보기

예제 2-1 1000이 4개, 100이 16개, 10이 14개, 1이 2개인 수를 어떻게 읽는지 알아보시오.

생각 열기

먼저 100이 16개, 10이 14개는 각각 얼마인지 생각합니다.

(1) 1000이 4개, 100이 16개, 10이 14개, 1이 2개인 수는 얼마입니까?

(　　　　　　　　　　)

(2) 위 (1)에서 구한 네 자리 수를 읽어 보시오.

(　　　　　　　　　　)

예제 2-2 다음이 나타내는 수를 읽어 보시오.

> 1000이 3개, 100이 17개, 10이 12개, 1이 5개인 수

(　　　　　　　　　　)

예제 2-3 서율이는 1000원짜리 지폐 3장, 100원짜리 동전 몇 개, 10원짜리 동전 26개를 가지고 있습니다. 서율이가 가지고 있는 돈이 삼천구백육십 원이라면 가지고 있는 100원짜리 동전은 몇 개입니까?

(　　　　　　　　　　)

응용 3 · 크기 비교의 응용

예제 3-1 해밀이와 민솔이는 각자의 걸음으로 집에서 수영장까지의 거리를 재었더니 해밀이는 1250걸음, 민솔이는 1500걸음이었습니다. 각자 일정한 걸음으로 걸었다면 두 사람 중 한 걸음의 길이가 더 긴 사람은 누구인지 알아보시오.

생각 열기
한 걸음의 길이가 더 긴 사람이 걸음으로 재어 나타낸 수가 더 작습니다.

(1) 알맞은 말에 ◯표 하시오.

한 걸음의 길이가 더 긴 사람은 재어 나타낸 수가 더 (작습니다 , 큽니다).

(2) 한 걸음의 길이가 더 긴 사람은 누구입니까?

(   )

예제 3-2 지연이와 윤후가 각자의 걸음으로 도서관에서 학교까지의 거리를 재었더니 지연이는 1820걸음, 윤후는 1928걸음이었습니다. 각자 일정한 걸음으로 걸었다면 두 사람 중 한 걸음의 길이가 더 긴 사람은 누구입니까?

(   )

예제 3-3 다음은 지웅, 현지, 민재 세 사람이 각자의 걸음으로 학교에서 체육관까지의 거리를 재어 나타낸 표입니다. 각자 일정한 걸음으로 걸었다면 세 사람 중 한 걸음의 길이가 가장 짧은 사람은 누구입니까?

지웅	현지	민재
1036걸음	1480걸음	1275걸음

(   )

응용 4 뛰어 세기

예제 4 – 1 성주의 통장에는 3월 현재 2500원이 들어 있습니다. 4월부터 7월까지 매달 1000원씩 저금한다면 모두 얼마가 되는지 알아보시오.

생각 열기
2500부터 1000씩 뛰어 세어 봅니다.

(1) 7월까지 저금하는 돈은 2500원부터 1000씩 몇 번 뛰어 세어야 합니까?

(   )

(2) 7월까지 저금한다면 모두 얼마가 됩니까?

(   )

예제 4 – 2 규현이의 저금통에는 오늘 3000원이 들어 있습니다. 내일부터 매일 100원씩 5일 동안 저금한다면 모두 얼마가 됩니까?

(   )

예제 4 – 3 수연이의 통장에는 3월 현재 2850원이 들어 있습니다. 4월부터 매달 1000원씩 저금한다면 통장에 있는 돈이 7850원이 되는 달은 몇 월입니까?

(   )

응용 5 수 카드로 네 자리 수 만들기

예제 5-1 4장의 수 카드를 한 번씩만 사용하여 만들 수 있는 네 자리 수 중에서 세 번째로 큰 네 자리 수를 알아보시오.

| 3 | 4 | 1 | 6 |

생각 열기

먼저 만들 수 있는 가장 큰 네 자리 수를 알아봅니다.

(1) 만들 수 있는 가장 큰 네 자리 수를 구하시오.

(   )

(2) 만들 수 있는 세 번째로 큰 네 자리 수를 구하시오.

(   )

예제 5-2 4장의 수 카드를 한 번씩만 사용하여 만들 수 있는 네 자리 수 중에서 두 번째로 작은 네 자리 수를 구하시오.

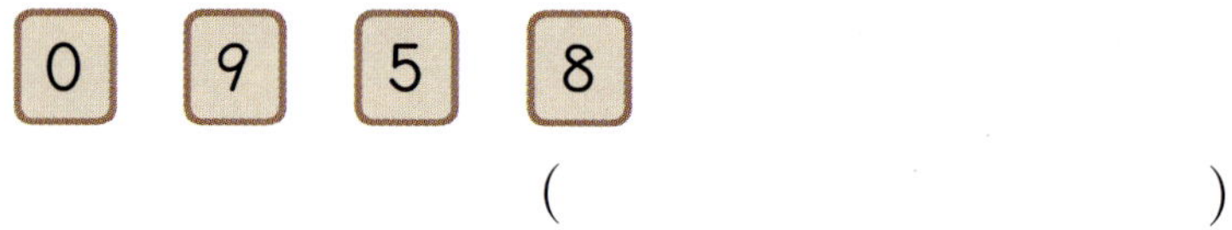

(   )

예제 5-3 4장의 수 카드를 한 번씩만 사용하여 네 자리 수를 만들려고 합니다. 7000보다 큰 수는 모두 몇 개 만들 수 있습니까?

| 2 | 7 | 0 | 5 |

(   )

응용 6 □ 안에 알맞은 수 구하기

동영상 강의

예제 6–1 0부터 9까지의 수 중에서 □ 안에 들어갈 수 있는 가장 큰 수를 알아보시오.

$$1359>1\square42$$

생각 열기

천의 자리 수가 같으므로 십의 자리 수를 비교합니다.

(1) □ 안에 들어갈 수 있는 수를 모두 구하시오.

(　　　　　　　　　)

(2) □ 안에 들어갈 수 있는 가장 큰 수를 구하시오.

(　　　　　　　　　)

예제 6–2 0부터 9까지의 수 중에서 □ 안에 들어갈 수 있는 가장 큰 수를 구하시오.

$$2\square18<2509$$

(　　　　　　　　　)

예제 6–3 0부터 9까지의 수 중에서 □ 안에 공통으로 들어갈 수 있는 수를 모두 구하시오.

$$\square463>5491 \qquad 65\square3<6580$$

(　　　　　　　　　)

응용 7 크기 비교하기

예제 7-1 4장의 수 카드 7 , 9 , 3 , 6 을 한 번씩만 사용하여 백의 자리 숫자가 6인 가장 큰 네 자리 수와 십의 자리 숫자가 3인 가장 큰 네 자리 수를 만들었습니다. 만든 두 수 중 더 큰 수를 알아보시오.

생각 열기
백의 자리 숫자가 6인 네 자리 수는 □6□□, 십의 자리 숫자가 3인 네 자리 수는 □□3□입니다.

(1) 백의 자리 숫자가 6인 가장 큰 네 자리 수와 십의 자리 숫자가 3인 가장 큰 네 자리 수를 차례로 만들어 보시오.

(   ), (   )

(2) 위 (1)에서 만든 두 수 중 더 큰 수를 쓰시오.

(   )

예제 7-2 4장의 수 카드 2 , 7 , 5 , 4 를 한 번씩만 사용하여 십의 자리 숫자가 5인 가장 큰 네 자리 수와 일의 자리 숫자가 2인 가장 큰 네 자리 수를 만들었습니다. 만든 두 수 중 더 큰 수를 구하시오.

(   )

예제 7-3 4장의 수 카드 5 , 0 , 1 , 8 을 한 번씩만 사용하여 각자 다음과 같은 네 자리 수를 만들었습니다. 가장 큰 수를 만든 사람은 누구입니까?

> • 승현: 백의 자리 숫자가 1인 가장 큰 수
> • 용민: 십의 자리 숫자가 0인 가장 큰 수
> • 진우: 일의 자리 숫자가 0인 가장 큰 수

(   )

응용 8 | 조건에 맞는 네 자리 수 구하기

동영상 강의

예제 8-1 다음은 어떤 수에 대한 설명입니다. 어떤 수를 알아보시오.

> • 4000보다 크고 5000보다 작은 네 자리 수입니다.
> • 백의 자리 숫자와 십의 자리 숫자는 3입니다.
> • 일의 자리 수는 십의 자리 수보다 1만큼 더 작습니다.

생각 열기

주어진 설명에 맞게 각 자리 숫자를 한 개씩 찾아 해결합니다.

(1) 천의 자리 수가 될 수 있는 수를 구하시오.

(   )

(2) 어떤 수를 구하시오.   (   )

예제 8-2 다음은 어떤 수에 대한 설명입니다. 어떤 수를 모두 구하시오.

> • 5000보다 크고 7000보다 작은 네 자리 수입니다.
> • 백의 자리 숫자는 8이고, 일의 자리 숫자와 천의 자리 숫자는 같습니다.
> • 십의 자리 수는 백의 자리 수보다 큽니다.

(   )

예제 8-3 다음은 어떤 수에 대한 설명입니다. 어떤 수가 될 수 있는 수는 모두 몇 개입니까?

> • 4000보다 크고 6000보다 작은 네 자리 수입니다.
> • 백의 자리 수는 천의 자리 수보다 5만큼 더 큽니다.
> • 일의 자리 숫자는 3이고, 각 자리 숫자는 모두 다릅니다.

(   )

STEP 3 응용 유형 뛰어넘기

1000 알아보기

1 찬호가 가진 동전이 책상 위에 놓여 있습니다.
쌍둥이 1000원이 되려면 얼마가 더 있어야 합니까?

창의·융합

(   )

크기 비교하기

2 두 수의 크기를 비교하여 더 큰 수를 위의 빈 곳에
쌍둥이 써넣으시오.
동영상

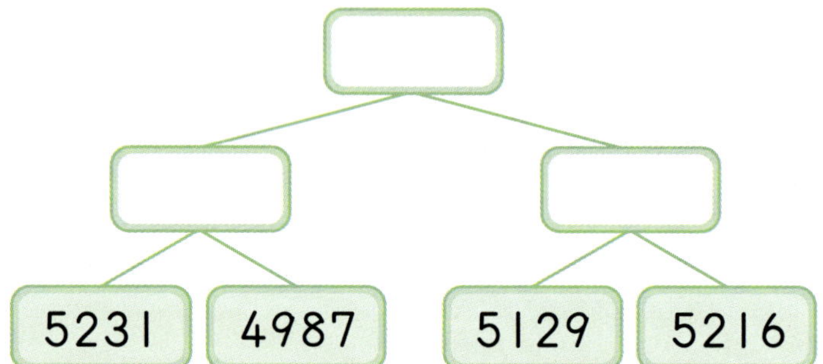

네 자리 수 알아보기

3 세 수 중 다른 수를 나타낸 것을 찾아 기호를 쓰시오.

㉠ 100이 60개인 수
㉡ 5900보다 10만큼 더 큰 수
㉢ 1000이 6개인 수

(   )

각 자리의 숫자가 나타내는 값 알아보기

4 ㉠이 나타내는 값은 ㉡이 나타내는 값이 몇 개인
🍀쌍둥이 수입니까?

8436	7105
㉠	㉡

(   )

네 자리 수 알아보기

5 □ 안에 알맞은 수를 써넣으시오.
🍀쌍둥이

751□ 은
- 1000이 □개
- 100이 14개
- 10이 11개
- 1이 8개

뛰어 세기

6 ㉠은 1000이 5개, 100이 4개, 10이 8개, 1이
9개인 수입니다. 100씩 뛰어 세기 하고 있다면
㉡은 얼마인지 구하시오.

㉠ ─ ☐ ─ ☐ ─ ㉡

(   )

3 STEP 응용 유형 뛰어넘기

각 자리의 숫자 알아보기

7 천의 자리 숫자가 8, 백의 자리 숫자가 6인 네 자리
수 중에서 십의 자리 수는 천의 자리 수보다 크고
일의 자리 수는 백의 자리 수보다 3만큼 더 작은
수를 구하시오.

쌍둥이
동영상

(   )

뛰어 세기   서술형

8 다음과 같은 규칙으로 뛰어 세려고 합니다. 2725
부터 7번 뛰어 세면 얼마인지 풀이 과정을 쓰고
답을 구하시오.

쌍둥이

2725 —— 2735 —— 2745 —— ······

(   )

풀이

네 자리 수 알아보기   창의·융합

9 성호와 지혜가 오른쪽 그림과
같은 원판을 돌려서 맞힌 점수를
나타낸 표입니다. 점수가 모두
3560점이라면 지혜는 100점
을 몇 번 맞혔습니까?

	1000점	100점	10점
성호	2	3	1
지혜	1	?	5

(   )

크기 비교하기   서술형

10 다음 수 중에서 가장 작은 수를 잘못 설명한 사람은 누구인지 쓰고 이유를 설명하시오.

| 6002 | 3789 | 7105 | 3790 |

(   )

이유

뛰어 세기

11 🔴쌍둥이 ▶동영상 각각 뛰어 세기를 한 것입니다. ㉠과 ㉡ 중 더 큰 수를 찾아 기호를 쓰시오.

- 3200 — ☐ — 3400 — ㉠ — 3600
- 3400 — ㉡ — ☐ — 4000 — 4200

(   )

뛰어 세기

12 수 배열표의 일부분이 찢어졌습니다. ㉠에 알맞은 수를 구하시오.

		5080		5100
		7080		7100
㉠				

(   )

크기 비교하기 　　　　　　　　　　　서술형

13 5장의 수 카드 중에서 4장을 뽑아 한 번씩만 사용하여 네 자리 수를 만들려고 합니다. 만들 수 있는 수 중에서 백의 자리 숫자가 3인 가장 작은 수를 구하는 풀이 과정을 쓰고 답을 구하시오.
쌍둥이

| 3 | 0 | 2 | 7 | 8 |

(　　　　　　　　　)

풀이

____

____

____

____

____

크기 비교하기 　　　　　　　　　　　창의·융합

14 이순신 장군이 임진왜란 때 참가한 전쟁을 먼저 일어난 순서대로 번호를 쓴 것입니다. □와 △에 알맞은 수를 각각 구하시오.
쌍둥이

□ (　　　　　　　　　)
△ (　　　　　　　　　)

____

____

____

____

____

____

뛰어 세기

15 어떤 수부터 50씩 6번 뛰어 세어야 할 것을 잘못하여 10씩 6번 뛰어 세었더니 3660이 되었습니다. 바르게 뛰어 세면 얼마입니까?
쌍둥이
동영상

(　　　　　　　　　)

____

____

____

____

크기 비교하기　　　　　　　　　　　　창의·융합

16 바닥에 닿는 부분과 위로 향한 부분에 적혀 있는
수의 합이 11이고 3부터 8까지의 수가 적혀 있
는 쌓기나무가 다음과 같이 4개 놓여 있습니다.
이때 바닥에 닿은 부분에 있는 수들을 한 번씩만
사용하여 네 자리 수를 만들 때 두 번째로 큰 수를
만들어 보시오.

(　　　　　　　　)

뛰어 세기

17 어떤 수의 천의 자리 숫자와 십의 자리 숫자를 바
꾸어 쓴 수는 2170에서 100씩 4번 뛰어 세기를
한 수입니다. 어떤 수를 구하시오.

(　　　　　　　　)

각 자리의 숫자 알아보기　　　　　　　　서술형

18 다음은 어떤 네 자리 수에 대한 설명입니다. 어떤
수가 될 수 있는 수는 모두 몇 개인지 풀이 과정을
쓰고 답을 구하시오.

> • 천의 자리 숫자는 8이고, 백의 자리 숫자는 5입
> 니다.
> • 각 자리 숫자가 모두 다릅니다.

(　　　　　　　　)

풀이

1. 네 자리 수

1 □ 안에 알맞은 수를 써넣으시오.

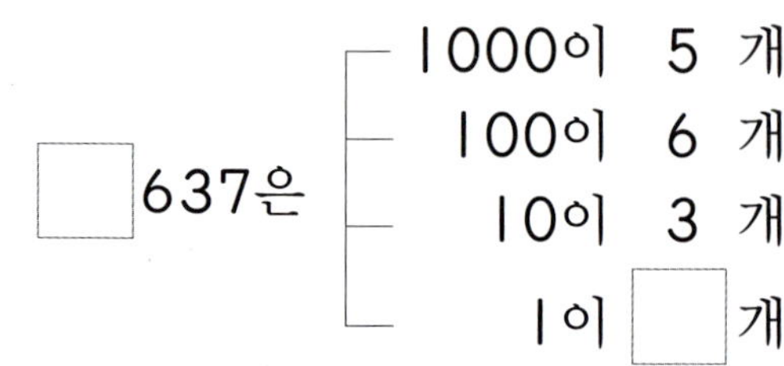

□637은
- 1000이 5 개
- 100이 6 개
- 10이 3 개
- 1이 □ 개

2 왼쪽 수를 읽은 것을 오른쪽에서 찾아 선으로 이어 보시오.

8509 ·   · 팔천오십구

8905 ·   · 팔천오백구

8059 ·   · 팔천구백오

3 다른 수를 나타낸 사람은 누구입니까?

(   )

4 숫자 7이 700을 나타내는 수를 모두 찾아 쓰시오.

1457, 1764, 7014, 9705

(   )

5 뛰어 세기를 한 것입니다. 빈칸에 알맞은 수를 써넣으시오.

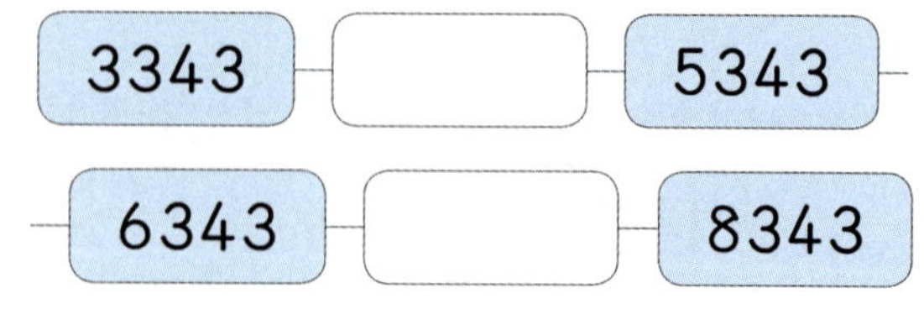

6 1270에 대한 설명입니다. **틀린** 것은 어느 것입니까? ················· (   )

① 천의 자리 숫자는 1입니다.
② 십의 자리 숫자는 7입니다.
③ 1270=1000+200+7
④ 1000이 1개, 100이 2개, 10이 7개인 수입니다.
⑤ 백의 자리 숫자 2는 200을 나타냅니다.

7 수의 크기를 **잘못** 비교한 것을 찾아 기호를 쓰시오.

> ㉠ 2953>2950
> ㉡ 4058<4200
> ㉢ 6301<6295
> ㉣ 7836>7832

(   )

8 다음 수 중 백의 자리 숫자가 가장 큰 것은 어느 것입니까? ················· (   )

① 5832   ② 2569   ③ 3678
④ 8457   ⑤ 1904

9 숫자 8이 나타내는 값이 가장 큰 것에 ◯표, 가장 작은 것에 △표 하시오.

> 9348, 3871, 2789, 8347

창의·융합

10 수영이의 일기입니다. 수영이가 외할아버지의 생신 선물을 사기 위해 모은 돈은 얼마입니까?

제목 : 외할아버지 생신 　 ◯월 ◯일 ◯요일

오늘은 외할아버지 생신입니다. 우리 가족은 외할아버지 댁에 갔습니다. 나는 1000원짜리 지폐 4장, 100원짜리 동전 30개를 모아서 산 생신 선물을 외할아버지께 드렸습니다.

(   )

11 선아네 마을 도서관에 있는 책의 수를 조사한 것입니다. 두 번째로 많은 책의 종류는 어느 것인지 풀이 과정을 쓰고 답을 구하시오.

종류	동화책	학습만화	위인전
책 수(권)	1940	1694	1787

풀이 ______________________________

____

____

답 ______________________________

12 수직선에서 ㉠이 나타내는 수는 얼마입니까?

5270 5280　　5300　　　　　㉠

(　　　　　　　　　)

13 1000원짜리 지폐 3장, 100원짜리 동전 몇 개, 10원짜리 동전 7개가 있습니다. 금액의 합이 3570원일 때, 100원짜리 동전은 몇 개 있습니까?

(　　　　　　　　　)

14 ㉠과 ㉡의 3이 각각 얼마를 나타내는지 설명해 보시오.

5 3 3 7
　㉠ ㉡

설명 ______________________________

____

____

15 5장의 수 카드 중에서 4장을 뽑아 한 번씩만 사용하여 네 자리 수를 만들려고 합니다. 만들 수 있는 네 자리 수 중 두 번째로 작은 수를 구하시오.

0　8　7　1　3

(　　　　　　　　　)

서술형

16 0부터 9까지의 수 중에서 □ 안에 들어갈 수 있는 수는 모두 몇 개인지 풀이 과정을 쓰고 답을 구하시오.

$$67\square4 > 6756$$

풀이 _______________________

____

____

답 _______________________

17 재석이의 저금통에는 현재 5000원이 들어 있습니다. 재석이가 내일부터 매일 200원씩 저금한다면 저금통에 들어 있는 돈이 6600원이 되는 날은 오늘부터 며칠 후입니까?

( )

18 천의 자리 숫자가 5, 백의 자리 숫자가 4, 십의 자리 숫자가 8인 네 자리 수 중에서 5485보다 작은 수는 모두 몇 개입니까?

( )

19 4장의 수 카드를 한 번씩만 사용하여 네 자리 수를 만들려고 합니다. 만들 수 있는 수 중에서 5000보다 작은 수는 모두 몇 개입니까?

| 6 | 5 | 0 | 4 |

( )

20 어떤 수부터 50씩 8번 뛰어 세었더니 4770이 되었습니다. 어떤 수는 얼마입니까?

( )

창의 사고력

1 정원이가 프랑스 파리의 상징인 에펠탑에 대해 알아본 것입니다. 에펠탑이 만들어진 해는 몇 년입니까?

에펠탑

국가	프랑스	원어명	La tour eiffel
규모	높이 **324 m**		
만들 어진 연도	• 1800년 이후 1900년 전 • 연도의 십의 자리 수 　: 한 자리 수 중 가장 큰 짝수 • 연도의 일의 자리 수 　: 한 자리 수 중 가장 큰 홀수		

(　　　　　　　　　　)

2 힌트에 적힌 것을 수로 나타내어 숫자 퍼즐을 완성하시오.

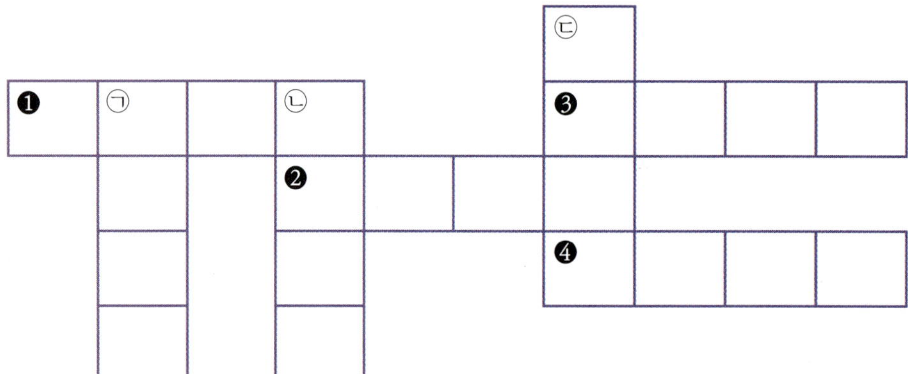

〈가로 힌트〉

❶ 천오백이

❷ 1000이 4개, 10이 3개, 1이 5개인 수

❸ 2900부터 100씩 2번 뛰어 센 수

❹ 4개의 수 1, 6, 0, 2를 한 번씩만 사용하여 만들 수 있는 네 자리 수 중 두 번째로 큰 수

〈세로 힌트〉

㉠ 1000이 5개인 수

㉡ 1000이 2개, 100이 3개, 10이 15개, 1이 7개인 수

㉢ 천의 자리 숫자가 7, 백의 자리 숫자가 3, 십의 자리 숫자가 5, 일의 자리 숫자가 6인 네 자리 수

곱셈구구

2. 곱셈구구

비법 ❶ ■단 곱셈구구

예 3단 곱셈구구

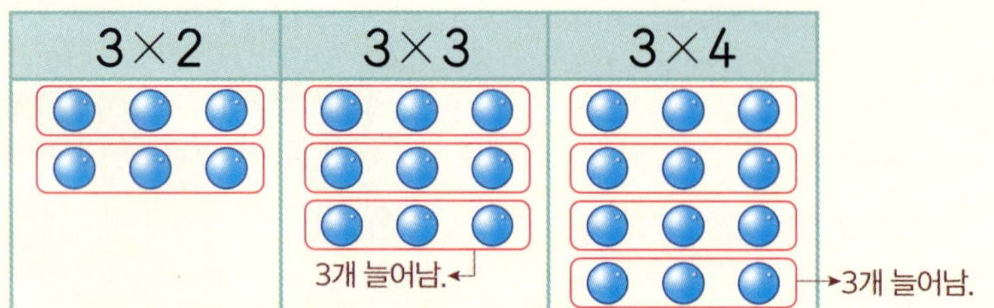

⇨ ■단 곱셈구구에서는 곱이 ■씩 커집니다.

비법 ❷ 여러 가지 방법으로 수 알아보기

예

(1) 3단 곱셈구구 이용:

3×7, 3×4와 3×3을 더하기, 3×6에 3 더하기 등

(2) 7단 곱셈구구 이용:

7×3, 7×2에 7 더하기 등

비법 ❸ 곱셈으로 나타내는 여러 가지 표현

■씩 ▲묶음, ■씩 ▲줄, ■씩 ▲상자, ■의 ▲배

⇩

■×▲

비법 ❹ ●×□=▲에서 □의 값 구하기

• ●단 곱셈구구에서 ▲의 값이 나오는 경우 찾기

예 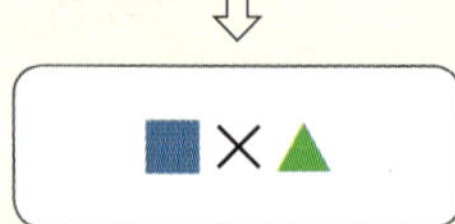 4×□=12 ⇨ 4×1=4, 4×2=8, 4×3=12……

⇨ □=3

• ■단 곱셈구구

×	1	2	3	4	5	6	7	8	9
2	2	4	6	8	10	12	14	16	18

+2 +2 +2 +2 +2 +2 +2 +2

⇨ 2단 곱셈구구에서는 곱이 2씩 커집니다.

×	1	2	3	4	5	6	7	8	9
3	3	6	9	12	15	18	21	24	27

+3 +3 +3 +3 +3 +3 +3 +3

⇨ 3단 곱셈구구에서는 곱이 3씩 커집니다.

×	1	2	3	4	5	6	7	8	9
4	4	8	12	16	20	24	28	32	36

×	1	2	3	4	5	6	7	8	9
5	5	10	15	20	25	30	35	40	45

×	1	2	3	4	5	6	7	8	9
6	6	12	18	24	30	36	42	48	54

×	1	2	3	4	5	6	7	8	9
7	7	14	21	28	35	42	49	56	63

×	1	2	3	4	5	6	7	8	9
8	8	16	24	32	40	48	56	64	72

×	1	2	3	4	5	6	7	8	9
9	9	18	27	36	45	54	63	72	81

■단 곱셈구구에서는 곱이 ■씩 커집니다.

비법 ⑤ |단 곱셈구구와 0의 곱 알아보기

(1) |과 어떤 수의 곱: → 1×■=■, ■×1=■

　　⇨ |과 어떤 수의 곱은 항상 어떤 수가 됩니다.

(2) 0과 어떤 수의 곱: → 0×★=0, ★×0=0

　　⇨ 0과 어떤 수의 곱은 항상 0이 됩니다.

㉠ |단 곱셈구구와 0의 곱의 크기 비교

$\underset{=7}{1×7}$ ⓒ $\underset{=8}{1×8}$, 　　$\underset{=0}{0×7}$ ⓒ $\underset{=0}{8×0}$

비법 ⑥ 곱셈표 만들기

곱셈표는 세로줄과 가로줄이 만나는 칸에 두 수의 곱을 써넣은 표입니다.

×	1	2	3	4	5	6	7	8	9
1	1	2	3	4	5	6	7	8	9
2	2	4	6	8	10	12	14	16	18
3	3	6	9	12	15	18	21	24	27
4	4	8	12	16	20	24	28	32	36
5	5	10	15	20	25	30	35	40	45

- 2단 곱셈구구에서는 곱이 2씩,
  4단 곱셈구구에서는 곱이 4씩 커집니다.
  ⇨ 2단과 4단은 곱이 짝수인 곱셈구구입니다.

비법 ⑦ 두 수를 바꾸어 곱하기

- ●×★과 ★×●의 곱은 같습니다.
  ㉠ 2×6=12, 6×2=12 ⇨ 2×6  6×2

- |단 곱셈구구

×	1	2	3	4	5	6	7	8	9
1	1	2	3	4	5	6	7	8	9

⇨ |단 곱셈구구에서는 곱이 |씩 커집니다.

- 곱셈표 만들기

×	1	2	3	4	5	6	7	8	9
1	1	2	3	4	5	6	7	8	9
2	2	4	6	8	10	12	14	16	18
3	3	6	9	12	15	18	21	24	27
4	4	8	12	16	20	24	28	32	36
5	5	10	15	20	25	30	35	40	45
6	6	12	18	24	30	36	42	48	54
7	7	14	21	28	35	42	49	56	63
8	8	16	24	32	40	48	56	64	72
9	9	18	27	36	45	54	63	72	81

(1) 세로줄에 있는 수와 가로줄에 있는 수의 곱을 두 줄이 만나는 칸에 써넣습니다.
㉠ 4×6=24, 6×4=24
(2) 점선을 따라 접었을 때 만나는 칸의 수는 같습니다.

1 **2, 5, 3, 6단 곱셈구구**

×	1	2	3	4	5	6	7	8	9
2	2	4	6	8	10	12	14	16	18

⇨ 2단 곱셈구구에서는 곱이 2씩 커집니다.

1-1 구슬이 모두 몇 개인지 곱셈식으로 나타내려고 합니다. □ 안에 알맞은 수를 써넣으시오.

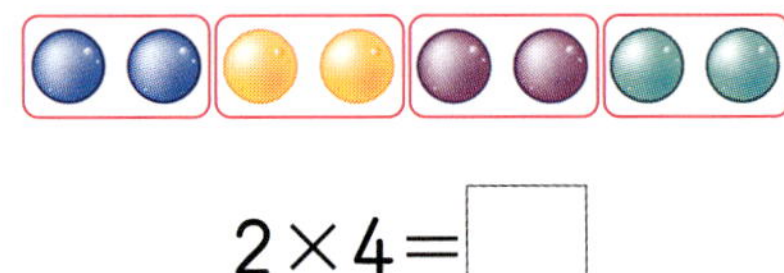

$$2 \times 4 = \boxed{}$$

1-2 곱셈식을 수직선에 나타내고 □ 안에 알맞은 수를 써넣으시오.

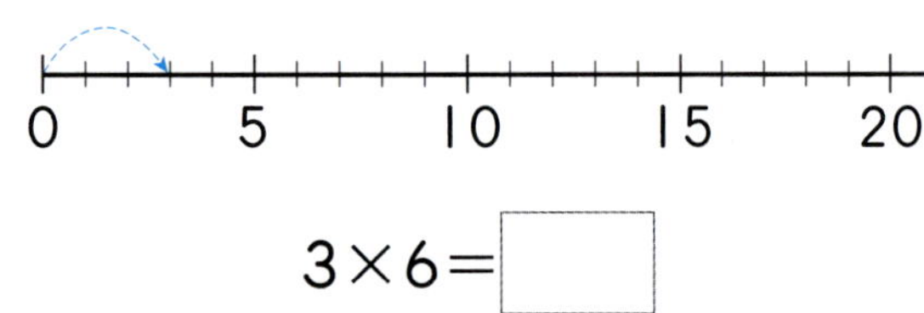

$$3 \times 6 = \boxed{}$$

1-3 2단 곱셈구구의 값이 <u>아닌</u> 것은 어느 것입니까? ·······················(   )

① 4   ② 8   ③ 12
④ 15   ⑤ 18

1-4 곱셈을 이용하여 빈 곳에 알맞은 수를 써넣으시오.

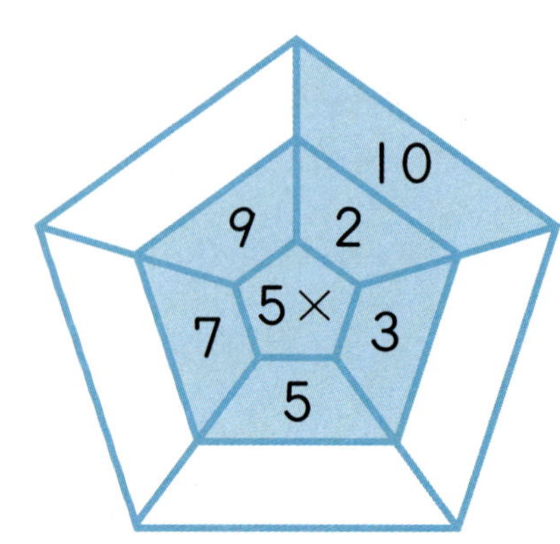

1-5 곱셈구구의 값을 찾아 선으로 이어 보시오.

6×9 ·	· 15
5×6 ·	· 30
3×5 ·	· 54

창의·융합

1-6 장수풍뎅이 한 마리의 다리는 6개입니다. 장수풍뎅이 4마리의 다리는 모두 몇 개입니까?

(   )

2   4, 8, 7, 9단 곱셈구구

×	1	2	3	4	5	6	7	8	9
4	4	8	12	16	20	24	28	32	36

➡ 4단 곱셈구구에서는 곱이 4씩 커집니다.

2-1 메뚜기가 7단 곱셈구구로 뛴 전체 거리를 구하려고 합니다. □ 안에 알맞은 수를 써넣으시오.

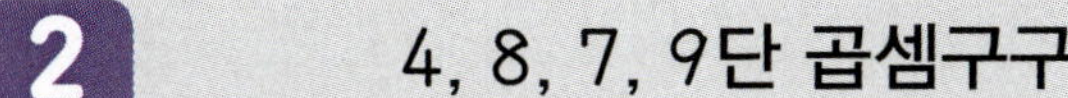

$$7 \times 3 = \boxed{} \ (cm)$$

[2-2~2-3] 4×4는 4×3보다 얼마나 더 큰지 알아보려고 합니다. 물음에 답하시오.

2-2 4×3과 같이 4×4를 ◯를 그려서 나타내어 보시오.

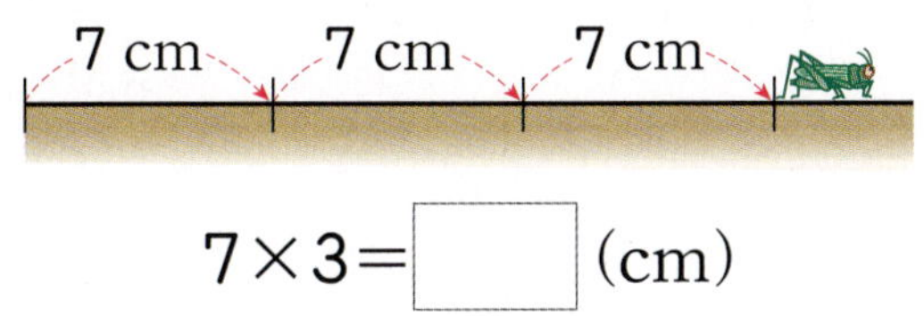

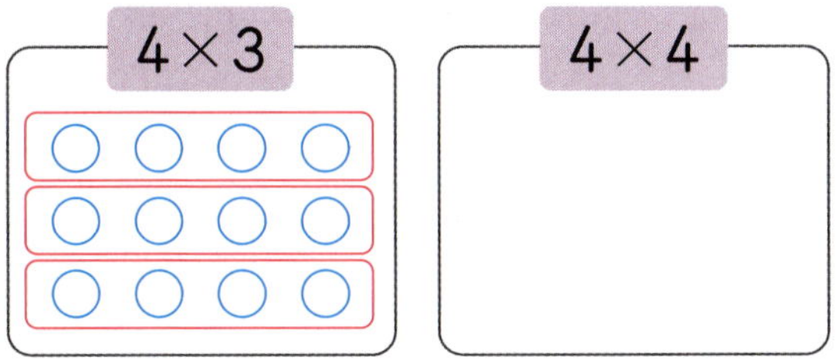

〔서술형〕

2-3 4×4는 4×3보다 얼마나 더 큰지 구하고 왜 그렇게 생각하는지 이유를 써 보시오.

(   )

〔이유〕 ______________________________

____

2-4 빈칸에 알맞은 수를 써넣으시오.

×	1	2	6	8
8				
9				

2-5 곱의 크기를 비교하여 ◯ 안에 >, =, <를 알맞게 써넣으시오.

$$7 \times 7 \ \bigcirc \ 9 \times 5$$

2-6 □ 안에 알맞은 수를 써넣으시오.

$$9 \times \boxed{} = 72$$

2-7 운동장에 학생들이 한 줄에 8명씩 7줄로 서 있습니다. 운동장에 서 있는 학생은 모두 몇 명입니까?

(   )

3 | 단 곱셈구구와 0의 곱

×	1	2	3	4	5	6	7	8	9
1	1	2	3	4	5	6	7	8	9

· 1×(어떤 수)=(어떤 수)
· 0×(어떤 수)=0, (어떤 수)×0=0

3-1 상자 안에 인형이 한 개씩 들어 있습니다. 인형은 모두 몇 개인지 곱셈식으로 나타내려고 합니다. □ 안에 알맞은 수를 써넣으시오.

$1 \times \boxed{} = \boxed{}$

3-2 □ 안에 알맞은 수를 써넣으시오.

(1) $0 \times 2 = \boxed{}$

(2) $7 \times 0 = \boxed{}$

3-3 곱셈식이 <u>잘못된</u> 것은 어느 것입니까?

······························(   )

① $1 \times 2 = 2$ ② $7 \times 0 = 0$
③ $0 \times 5 = 5$ ④ $1 \times 4 = 4$
⑤ $1 \times 3 = 3$

3-4 곱셈을 이용하여 빈 곳에 알맞은 수를 써넣으시오.

3-5 각자 생각한 수를 곱셈으로 나타낸 것입니다. 생각한 수가 <u>다른</u> 학생은 누구입니까?

(   )

3-6 접시에 사과가 | 개씩 담겨 있습니다. 접시 4개에 담겨 있는 사과는 모두 몇 개인지 곱셈식으로 나타내고 답을 구하시오.

곱셈식 ________________________

답 ________________________

4 곱셈표 만들기

■단 곱셈구구에서는 곱이 ■씩 커집니다.

[**4**-1~**4**-3] 곱셈표를 보고 물음에 답하시오.

×	1	2	3	4	5	6	7	8	9
1	1	2	3	4	5	6	7	8	9
2	2	4	6	8	10	12	14	16	18
3	3	6	9	12	15	18	21	24	27
4	4	8	12	16	20	24	28	32	36
5	5	10	15	20	25	30	35	40	45
6	6	12	18	24	30	36	42	48	54
7	7	14	21	28	35	42	49	56	63
8	8	16	24	32	40	48	56	64	72
9	9	18	27	36	45	54	63	72	81

4-1 5단, 6단 곱셈구구에서는 곱이 각각 얼마씩 커집니까?

5단 (   )

6단 (   )

4-2 4씩 커지는 곱셈구구는 몇 단입니까?

(   )

4-3 곱이 홀수로 커지는 곱셈구구는 몇 단인지 모두 쓰시오.

(   )

[**4**-4~**4**-6] 곱셈표를 보고 물음에 답하시오.

×	3	4	5	6	7
3	9	12		18	21
4	12				28
5		20	25		
6	18				

4-4 빈칸에 알맞은 수를 써넣어 곱셈표를 완성하시오.

4-5 곱이 30보다 큰 칸에 모두 색칠해 보시오.

서술형

4-6 위의 곱셈표에서 5×6과 곱이 같은 곱셈구구를 찾아 쓰고 이 곱셈구구와 5×6은 서로 어떤 관계가 있는지 설명하시오.

답 ________________

설명 ________________

____

____

2

곱셈구구

응용 유형 익히기

응용 1 여러 가지 방법으로 수 구하기

예제 1-1 사탕은 모두 몇 개인지 여러 가지 곱셈구구로 알아보시오.

생각 열기

사탕이 2개씩 몇 묶음이고, 3개씩 몇 묶음인지 알아보고 각각 곱셈식을 만들어 봅니다.

(1) 사탕은 모두 몇 개인지 2단 곱셈구구를 이용하여 곱셈식으로 나타내 보시오.

$$\boxed{} \times \boxed{} = \boxed{}$$

(2) 사탕은 모두 몇 개인지 3단 곱셈구구를 이용하여 곱셈식으로 나타내 보시오.

$$\boxed{} \times \boxed{} = \boxed{}$$

예제 1-2 지원이가 받은 칭찬 붙임딱지입니다. 지원이가 받은 칭찬 붙임딱지는 모두 몇 개인지 두 가지 곱셈식으로 써 보시오.

( )

예제 1-3 오른쪽 구슬은 모두 몇 개인지 여러 가지 곱셈구구를 이용하여 설명하고 구하시오.

설명 _______________________

____

( )

곱셈표 만들기

예제 2-1 곱셈표에서 ㉠에 알맞은 수를 알아보시오.

×	1	2	★
7	7	14	21
8			24
9	9		㉠

생각 열기

7×★=21,
8×★=24를 이용하여 ★에 알맞은 수를 먼저 구합니다.

(1) ★에 알맞은 수를 구하시오. (　　　　　)

(2) ㉠에 알맞은 수를 구하시오. (　　　　　)

2

곱셈구구

예제 2-2 오른쪽 곱셈표에서 ㉠에 알맞은 수를 구하시오.

×		7	8
3		21	
4	24		32
5	㉠	35	

(　　　　　)

예제 2-3 오른쪽 곱셈표에서 ㉠, ㉡, ㉢에 알맞은 수 중 가장 큰 수를 찾아 기호를 쓰시오.

×		7	8	9
1		6	7	8
2		12		16	㉢
3			㉡		27
4		㉠	28	36

(　　　　　)

응용 3 알맞은 수 구하기

예제 3-1 ㉠과 ㉡에 알맞은 수를 각각 알아보시오.

$$8 \times \boxed{㉠} = 40, \quad \boxed{㉠} \times \boxed{㉡} = 35$$

생각 열기

먼저 8단 곱셈구구를 이용하여 ㉠에 알맞은 수를 구합니다.

(1) ㉠에 알맞은 수를 구하시오. (　　　　　)

(2) ㉡에 알맞은 수를 구하시오. (　　　　　)

예제 3-2 ㉠과 ㉡에 알맞은 수를 각각 구하시오.

$$7 \times \boxed{㉠} = 42, \quad \boxed{㉠} \times \boxed{㉡} = 54$$

㉠ (　　　　　)

㉡ (　　　　　)

예제 3-3 빈 곳에 알맞은 수를 써넣으시오.

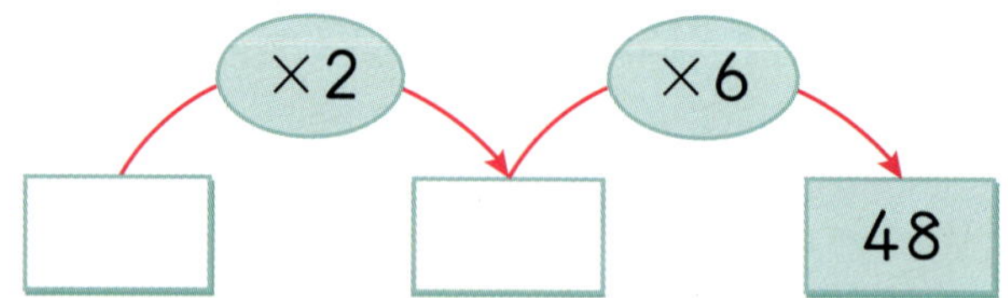

응용 4 곱셈구구의 활용

동영상 강의

예제 4 – 1 현주의 나이는 9살입니다. 현주 어머니의 나이는 현주 나이의 4배보다 5살 더 많다고 합니다. 현주 어머니의 나이는 몇 살인지 알아보시오.

생각 열기

먼저 현주 나이의 4배를 구한 다음 그 수보다 5만큼 더 큰 수를 알아봅니다.

(1) 현주 나이의 4배는 몇 살입니까?

(   )

(2) 현주 어머니의 나이는 몇 살입니까?

(   )

예제 4 – 2 수지는 곤충 카드를 5장 가지고 있습니다. 미루는 수지가 가지고 있는 곤충 카드의 3배보다 3장 더 많이 가지고 있습니다. 미루가 가지고 있는 곤충 카드는 몇 장입니까?

(   )

예제 4 – 3 정민이는 색종이를 한 묶음에 5장씩 5묶음을 가지고 있고, 다은이는 정민이보다 색종이를 4장 더 적게 가지고 있습니다. 정민이와 다은이가 가지고 있는 색종이는 모두 몇 장입니까?

(   )

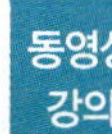

응용 5 — 곱셈표에서 규칙 찾기

예제 5-1 4단 곱셈표를 보고 4×10, 4×11, 4×12를 각각 알아보시오.

×	1	2	3	4	5	6	7	8	9
4	4	8	12	16	20	24	28	32	36

생각 열기

4단 곱셈구구에서는 곱이 얼마씩 커지는지 알아봅니다.

(1) 4단 곱셈구구에서는 곱이 얼마씩 커집니까?

( )

(2) 위 (1)을 이용하여 빈칸에 알맞은 수를 써넣으시오.

×	9	10	11	12
4	36			

예제 5-2 빈칸에 알맞은 수를 써넣으시오.

×	6	7	8	9	10	11	12
9	54	63	72	81			

예제 5-3 영아는 음악 줄넘기를 하루에 5분씩 10일 동안 했습니다. 영아가 10일 동안 음악 줄넘기를 한 시간은 모두 몇 분입니까?

( )

2
곱셈구구

^{응용}**6** 점수의 합 구하기

예제 6 – 1 공을 꺼내어 공에 적힌 수만큼 점수를 얻는 놀이를 하였습니다. 꺼낸 공의 점수는 모두 몇 점인지 알아보시오.

공에 적힌 수	0	1	3	5
꺼낸 횟수(번)	4	5	1	2
점수(점)		5		

생각 열기

공에 적힌 수에 따라 각각의 점수는 몇 점인지 알아본 다음 각 점수를 모두 더합니다.

(1) 위 표를 완성하시오.

(2) 꺼낸 공의 점수는 모두 몇 점입니까?

(   )

예제 6 – 2 수 카드 뽑기 놀이를 해서 뽑은 카드에 적힌 수만큼 점수를 얻습니다. 다음과 같이 수 카드를 뽑았을 때 뽑은 카드의 점수는 모두 몇 점입니까?

뽑은 카드	4	5	1	0
뽑은 횟수(번)	1	0	2	3

(   )

예제 6 – 3 주사위를 굴려서 나온 주사위 눈의 횟수입니다. 나온 주사위 눈의 수의 전체 합은 얼마입니까?

주사위 눈	⚀	⚁	⚂	⚃	⚄	⚅
나온 횟수(번)	3	4	1	0	1	0

(   )

응용 7

□ 안에 들어갈 수 알아보기

예제 7-1 1부터 9까지의 수 중에서 □ 안에 들어갈 수 있는 가장 큰 수를 알아보시오.

$$9 \times \boxed{} < 8 \times 4$$

생각 열기
먼저 8×4의 값을 알아봅니다.

(1) 8×4는 얼마입니까? (　　　　　　　)

(2) 1부터 9까지의 수 중에서 □ 안에 들어갈 수 있는 가장 큰 수를 구하시오. (　　　　　　　)

예제 7-2 1부터 9까지의 수 중에서 □ 안에 들어갈 수 있는 가장 작은 수를 구하시오.

$$8 \times \boxed{} > 9 \times 6$$

(　　　　　　　)

예제 7-3 1부터 9까지의 수 중에서 □ 안에 공통으로 들어갈 수 있는 수를 구하시오.

$$8 \times \boxed{} < 50, \quad 9 \times \boxed{} > 52$$

(　　　　　　　)

응용 8 — 어떤 수 구하기

예제 8 – 1 다음은 어떤 수에 대한 설명입니다. 어떤 수를 알아보시오.

> • 9×2보다 작습니다.
> • 3단 곱셈구구의 값입니다.
> • 5단 곱셈구구의 값이기도 합니다.

생각 열기

먼저 9×2의 값을 알아봅니다.

(1) 9×2는 얼마입니까? (   )

(2) 어떤 수를 구하시오. (   )

예제 8 – 2 다음은 어떤 수에 대한 설명입니다. 어떤 수를 구하시오.

> • 3×7보다 작습니다.
> • 4단 곱셈구구의 값입니다.
> • 6단 곱셈구구의 값이기도 합니다.

(   )

예제 8 – 3 다음은 어떤 수에 대한 설명입니다. 어떤 수를 구하시오.

> • 7×4보다 크고 9×6보다 작습니다.
> • 6단 곱셈구구와 8단 곱셈구구의 값입니다.

(   )

3 STEP 응용 유형 뛰어넘기

7단 곱셈구구

1 두더지가 **7**단 곱셈구구의 값을 따라 굴을 파려고 합니다. 두더지가 굴을 파는 곳을 따라 선으로 이어 보시오.

쌍둥이

창의·융합

```
22  9  32 18 17 24 61
 7  42 63 49 14 71 27
12 15 65 34 56 23 57
39 25 41 52 28 30 68
```

곱셈구구 알아보기

2 6×4와 곱이 같은 곱셈구구를 모두 찾아 ○표 하시오.

쌍둥이

9×9	8×3	4×6
3×8	2×9	9×3

곱셈구구 알아보기

3 곱이 큰 것부터 차례로 기호를 쓰시오.

쌍둥이

㉠ 9×4 ㉡ 8×5
㉢ 7×6 ㉣ 6×9

(   )

6단 곱셈구구

4 수 카드 중 2장을 사용하여 6단 곱셈구구의 값을 모두 몇 개 만들 수 있습니까?

| 1 | 2 | 3 | 4 | 5 |

(   )

8단 곱셈구구

5 쌍둥이 동영상 •보기• 와 같이 수 카드를 한 번씩만 사용하여 □ 안에 알맞은 수를 써넣으시오.

┌─ 보기 ─┐

4 , 2 , 7 ⇨ $6 \times \boxed{7} = \boxed{4}\,\boxed{2}$

8 , 6 , 4 ⇨ $8 \times \boxed{} = \boxed{}\,\boxed{}$

$8 \times \boxed{} = \boxed{}\,\boxed{}$

여러 가지 방법으로 수 알아보기　　　서술형

6 쌍둥이 동영상 공깃돌이 모두 몇 개인지 알아보는 방법을 곱셈구구를 이용하여 2가지 방법으로 설명해 보시오.

방법 1

방법 2

2
곱셈구구

곱셈구구의 활용 `창의·융합`

7 농구 경기에서 3점 라인 밖에서 공을 넣으면 3점, 3점 라인 안에서 공을 넣으면 2점입니다. 준서네 팀이 3점 골을 4번, 2점 골을 8번 넣었습니다. 준서네 팀이 얻은 점수는 모두 몇 점입니까?

🐴쌍둥이

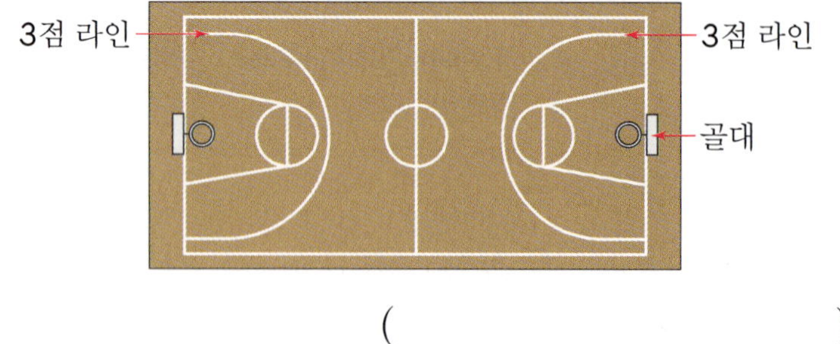

(   )

1단 곱셈구구, 0의 곱 `서술형`

8 □ 안에 알맞은 수를 모두 더하면 얼마인지 풀이 과정을 쓰고 답을 구하시오.

$$6 \times 1 = \square \qquad 7 \times \square = 0$$
$$0 \times 8 = \square \qquad \square \times 1 = 9$$

(   )

`풀이`

곱셈표 만들기

9 곱셈표에서 ㉠과 ㉡에 알맞은 수의 곱을 구하시오.

🐴쌍둥이
▶동영상

×	2	3	4	5
1	2	3	4	5
		4		㉡
3	6	㉠		15

(   )

곱셈구구의 활용

10 정호네 집에는 고양이 3마리와 닭 8마리가 있습니다. 정호네 집에 있는 고양이와 닭의 다리는 모두 몇 개입니까?

( )

곱셈구구의 활용 서술형

11 달리기 경기에서 1등은 3점, 2등은 2점, 3등은 1점을 얻습니다. 정민이네 모둠은 1등이 4명, 2등이 1명, 3등이 3명입니다. 정민이네 모둠의 달리기 점수는 모두 몇 점인지 풀이 과정을 쓰고 답을 구하시오.

🔸쌍둥이
▶동영상

( )

풀이

곱셈구구 알아보기

12 2×5부터 곱이 작은 순서대로 나열하였습니다. 같은 모양은 같은 수를 나타낼 때 색칠된 칸에 들어갈 수 있는 곱셈을 모두 찾아 기호를 쓰시오.

| 2×5 | ◆×◆ | | ●×● | 5×6 |

㉠ 3×3 ㉡ 7×5
㉢ 9×2 ㉣ 6×4

( )

곱셈구구의 활용

13 다음과 같이 탁자 한 개에 의자를 4개씩 놓으려고
🔵쌍둥이 합니다. 탁자가 8개, 의자가 30개 있고 탁자에 의
자를 모두 놓으려면 의자는 몇 개 더 필요합니까?

  ……

(   )

곱셈구구의 활용

14 ㉠에서 3씩 5번 뛰어 세기를 하였더니 36이 되었
습니다. ㉠에 알맞은 수를 구하시오.

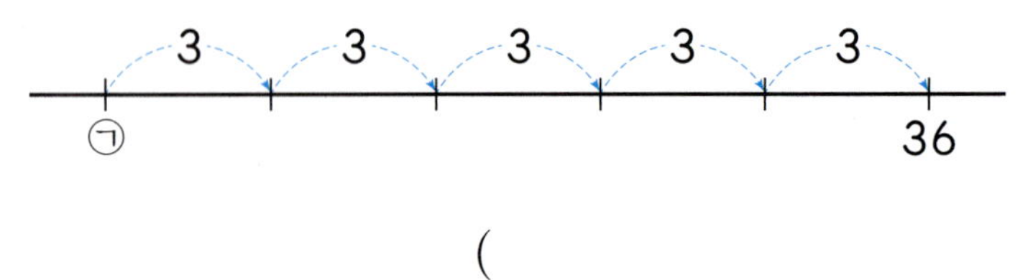

(   )

□ 안에 들어갈 수 알아보기

15 1부터 9까지의 수 중에서 □ 안에 들어갈 수 있는
🔵쌍둥이 수는 모두 몇 개입니까?
▶동영상

$$2 \times 8 < 6 \times \square < 5 \times 5$$

(   )

어떤 수 구하기 창의·융합

16 □는 40보다 작습니다. □ 안에 알맞은 수를 구하시오.
쌍둥이

(   )

곱셈구구의 활용

17 똑같은 개수씩 들어 있는 사탕을 선혜는 4봉지, 유진이는 6봉지 샀습니다. 선혜가 산 사탕이 모두 36개라면 유진이가 산 사탕은 모두 몇 개입니까?

(   )

곱셈구구의 활용 서술형

18 어떤 수와 7의 곱은 어떤 수와 8의 곱과 같습니다. 어떤 수와 9의 곱은 얼마인지 풀이 과정을 쓰고 답을 구하시오.
쌍둥이
동영상

[풀이]

(   )

곱셈구구

2

2. 곱셈구구

1 곱셈식에 알맞게 빈 곳에 ◯를 그리고 ☐ 안에 알맞은 수를 써넣으시오.

$6 \times 3 = \boxed{}$

2 빈 곳에 알맞은 수를 써넣으시오.

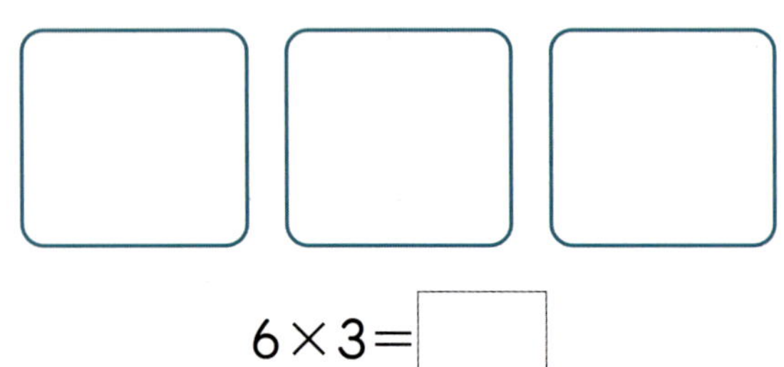

3 7단 곱셈구구의 값이 <u>아닌</u> 것은 어느 것 입니까? ·································· (   )

① 14   ② 28   ③ 42
④ 57   ⑤ 63

4 빈칸에 알맞은 수를 써넣으시오.

×	3	4	6	8
4				
5				

5 곱셈식이 옳게 되도록 선으로 이어 보시오.

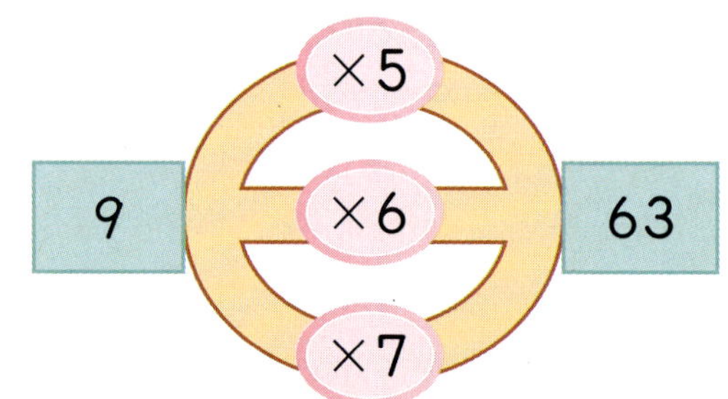

6 □ 안에 알맞은 수를 써넣으시오.

$$3 \times 5 = \boxed{} \times 3$$

7 곱의 크기를 비교하여 ○ 안에 >, =, < 를 알맞게 써넣으시오.

$$1 \times 7 \bigcirc 0 \times 8$$

창의·융합

8 거문고는 고구려 때 만들어진 악기로 6개 의 줄을 가지고 있습니다. 거문고 7대에 있는 줄은 모두 몇 개입니까?

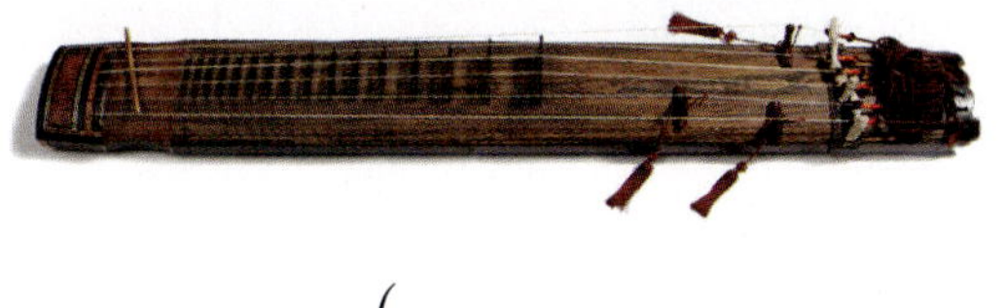

(   )

서술형

9 민서의 나이는 8살이고 민서 어머니의 나 이는 민서 나이의 5배입니다. 민서 어머 니의 나이는 몇 살인지 곱셈식으로 나타내 고 답을 구하시오.

식 ________________________________

답 ________________________________

창의·융합

10 소희와 친구들이 7×6을 계산하는 방법 을 설명한 것입니다. 잘못 설명한 사람은 누구입니까?

(   )

2 곱셈구구

[11~13] 곱셈표를 보고 물음에 답하시오.

×	1	2	3	4	5	6
1	1	2		4		
2		4			10	
3	3		9	12		18
4	4	8			20	
5			15	20		30
6	6		18			36

11 빈칸에 알맞은 수를 써넣어 곱셈표를 완성하시오.

12 위의 곱셈표에서 3×4와 곱이 같은 곱셈구구를 모두 찾아 써 보시오.

$$\square \times \square \,,\; \square \times \square \,,\; \square \times \square$$

13 위의 곱셈표에서 5×4와 4×5의 곱을 구해 알 수 있는 점을 쓰시오.

알 수 있는 점 ____________________

____

____

14 빵은 모두 몇 개인지 3가지 곱셈식으로 나타내 보시오. (단, 1과의 곱은 생각하지 않습니다.)

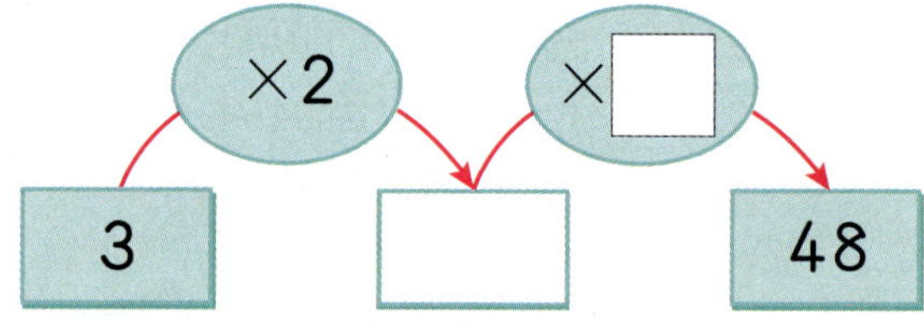

곱셈식 1 ____________________

곱셈식 2 ____________________

곱셈식 3 ____________________

15 빈 곳에 알맞은 수를 써넣으시오.

서술형

16 태겸이는 종이학을 5개 접었고, 은서는 태겸이가 접은 종이학 수의 6배만큼 접었습니다. 태겸이와 은서가 접은 종이학은 모두 몇 개인지 풀이 과정을 쓰고 답을 구하시오.

풀이 ___________________________________

____

____

____

답 _______________________

17 30 cm 길이의 초가 있습니다. 이 초에 불을 붙이면 한 시간에 7 cm씩 일정하게 줄어듭니다. 4시간 동안 불을 붙였다가 껐을 때 남은 초의 길이는 몇 cm입니까?

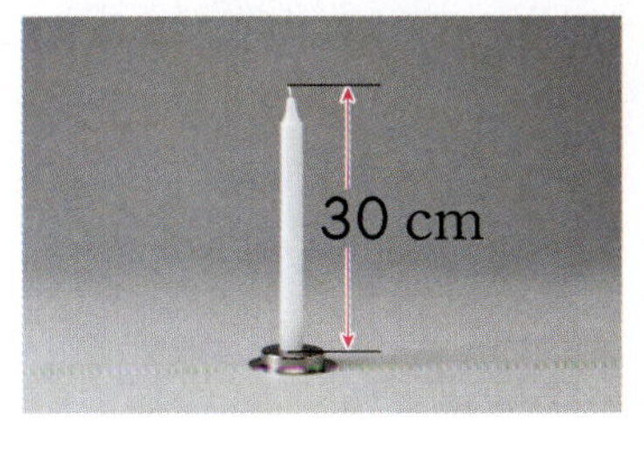

(   )

18 지은이네 반 여학생은 한 모둠에 4명씩 3모둠이 있고, 남학생은 한 모둠에 3명씩 5모둠이 있습니다. 여학생과 남학생 중 어느 쪽이 몇 명 더 많은지 차례로 쓰시오.

(   ), (   )

19 과녁 맞히기 놀이를 해서 맞힌 칸에 적힌 수만큼 점수를 얻습니다. 오른쪽과 같이 과녁을 맞혔을 때 얻은 점수는 모두 몇 점입니까?

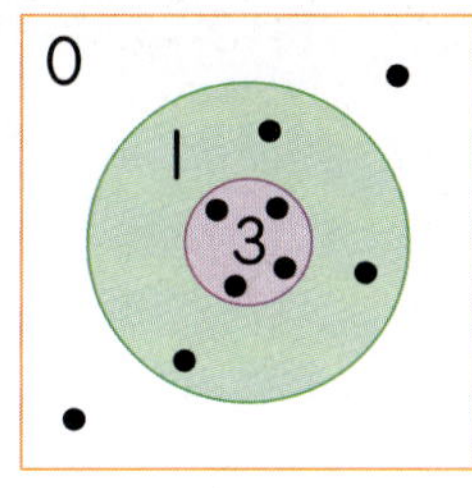

(   )

20 다음은 어떤 수에 대한 설명입니다. 어떤 수를 구하시오.

> • 5×5보다 큽니다.
> • 서로 같은 수를 곱했을 때의 곱입니다.
> • 8×3을 두 번 더한 값보다 작습니다.

(   )

2

곱셈구구

1 실로폰에서 '도레미파솔라시도'의 자리를 익혀 보려고 합니다. 8개의 음판 '도레미파솔라시도'를 한 번씩 모두 치는 것을 1회라고 할 때, 지율이와 채윤이는 실로폰의 음판을 각각 몇 번 쳤습니까?

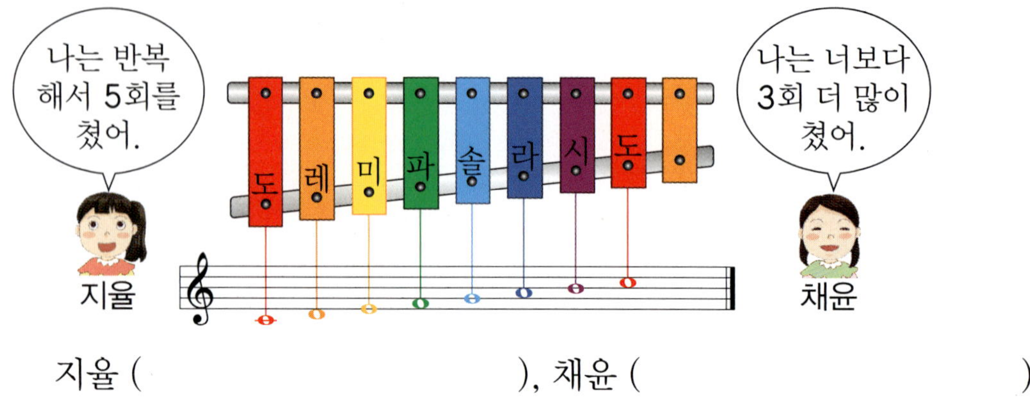

지율 (   ), 채윤 (   )

2 •보기•와 같이 색종이를 반으로 1번 접었다가 펴면 사각형이 2개 생기고, 반으로 2번 접었다가 펴면 사각형이 4개 생깁니다. 계속 같은 방법으로 다음과 같이 반으로 4번 접었다가 폈습니다. 접힌 선을 따라 자르면 사각형이 몇 개 생깁니까?

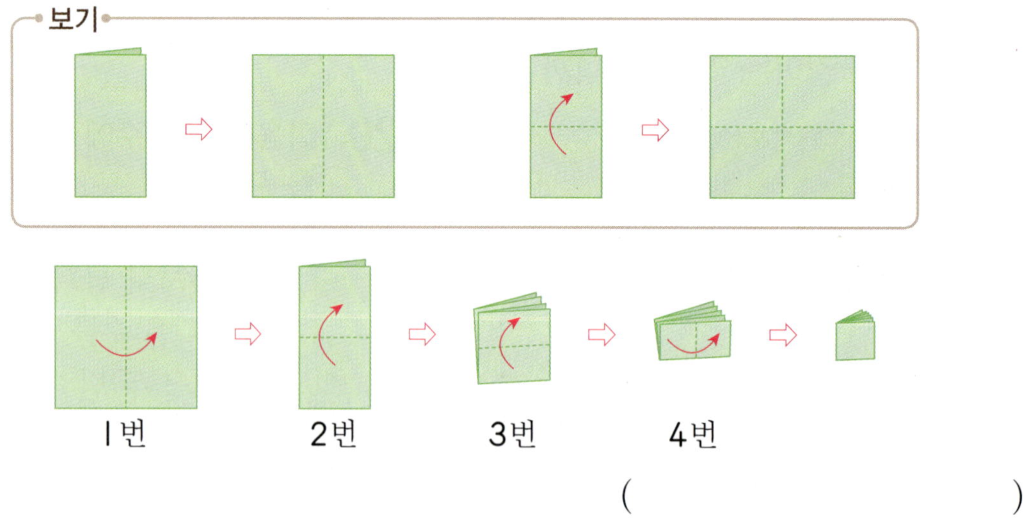

(   )

3 길이 재기

비법 **1** ■▲● cm를 ■ m ▲● cm로 나타내기

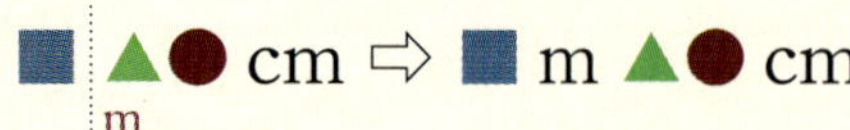
오른쪽에서부터 두 자리 끊기

■ ▲● cm ⇨ ■ m ▲● cm
　m

예 5⏐06 cm ⇨ 5 m 6 cm, 10⏐50 cm ⇨ 10 m 50 cm

비법 **2** 5 m 32 cm와 470 cm의 길이 비교

① 같은 형태로 나타내기 ⇨ ② 크기 비교하기

5 m 32 cm
470 cm=4 m 70 cm ⟩ ⇨ 5 m 32 cm > 4 m 70 cm

비법 **3** 줄자로 길이 재기

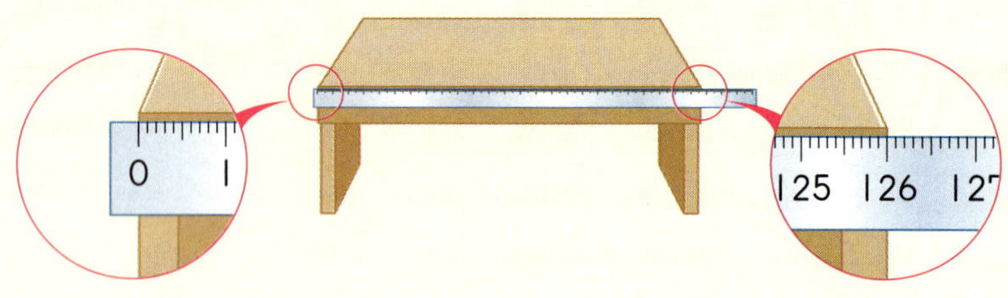

① 탁자의 한끝을 줄자의 눈금 0에 맞추기

② 탁자의 다른 쪽 끝에 있는 줄자의 눈금 읽기
⇨ 126 cm=1 m 26 cm

비법 **4** 2 m 52 cm+1 m 30 cm 구하기

〈가로로 계산〉
2 m 52 cm+1 m 30 cm
=(2+1) m+(52+30) cm
=3 m 82 cm

m는 m끼리, cm는 cm끼리 더합니다.

〈세로로 계산〉
```
  2 m 52 cm
+ 1 m 30 cm
─────────────
  3 m 82 cm
```

· 1 m 알아보기
100 cm는 1 m와 같습니다.
1 m는 1 미터라고 읽습니다.

$$100 \text{ cm}=1 \text{ m}$$

5 m 32 cm를 532 cm로 나타낸 다음 532 cm>470 cm로 비교할 수도 있습니다.

· **자로 길이를 잴 때 주의점**
자로 길이를 잴 때에는 자의 눈금 0이 물건의 한끝에 잘 맞추어져 있는지 확인합니다.
재려는 길이와 자를 나란히 놓고 길이를 잽니다.

· 1 m 50 cm+2 m 60 cm
```
  1 m 50 cm
+ 2 m 60 cm
```

m는 m끼리, cm는 cm끼리 자리를 맞추어 씁니다.

```
    1
  1 m 50 cm
⇨ + 2 m 60 cm
────────────
  4 m 10 cm
```

cm끼리의 합을 먼저 구한 다음 m끼리의 합을 구합니다. 이때, cm끼리의 합이 100 cm이거나 100 cm를 넘으면 1 m로 받아올림합니다.

비법 ⑤ 5 m 80 cm와 210 cm의 차 구하기

(1) 210 cm를 몇 m 몇 cm로 나타내기 — 단위를 통일하기

$$2|10 \text{ cm} \Rightarrow 2 \text{ m } 10 \text{ cm}$$

(2) 긴 길이에서 짧은 길이 빼기

$$
\begin{array}{r}
5 \text{ m } \ 80 \text{ cm} \\
- \ 2 \text{ m } \ 10 \text{ cm} \\
\hline
3 \text{ m } \ 70 \text{ cm}
\end{array}
$$

비법 ⑥ 몸의 일부로 길이 어림하기

(1) 주어진 길이를 재는 데 알맞은 몸의 일부를 정합니다.
(2) 단위길이를 일정하게 하여 잽니다.

> 예 • 교실 긴 쪽의 길이나 거실의 길이와 같은 긴 길이
> ⇨ 양팔을 벌린 길이나 걸음이 알맞습니다.
> • 책상 짧은 쪽의 길이나 의자의 높이
> ⇨ 뼘이나 발의 길이 등으로 재는 것이 알맞습니다.

비법 ⑦ 다양한 방법으로 막대의 길이 어림하기

(1) 양팔을 벌린 길이가 약 1 m라면 양팔을 벌린 길이로 2번
이므로 막대의 길이는 약 2 m라고 어림할 수 있습니다.
(2) 한 걸음이 약 40 cm라면 5걸음이므로 약 200 cm=2 m
라고 어림할 수 있습니다.

일·등·특·강

• 5 m 30 cm − 3 m 50 cm

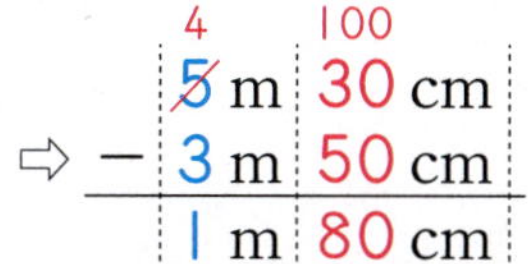

$$
\begin{array}{r}
5 \text{ m } \ 30 \text{ cm} \\
- \ 3 \text{ m } \ 50 \text{ cm} \\
\hline
\end{array}
$$

> m는 m끼리, cm는 cm끼리 자리를 맞추어 씁니다.

$$
\Rightarrow
\begin{array}{r}
\overset{4}{\cancel{5}} \text{ m } \ \overset{100}{30} \text{ cm} \\
- \ 3 \text{ m } \ 50 \text{ cm} \\
\hline
1 \text{ m } \ 80 \text{ cm}
\end{array}
$$

> cm끼리 뺄 수 없을 때에는 1 m를 100 cm로 받아내림 하여 계산합니다.

3

길이 재기

• 길이 어림하기
(1) 1 m보다 긴 길이를 어림하기 위해 몸의 어디까지가 1 m인지 알아봅니다.
(2) 자신의 몸에서 1 m의 길이를 알면 자가 없어도 길이를 어림할 수 있습니다.

STEP 1 기본 유형 익히기

---

1 cm보다 더 큰 단위 알아보기

- 100 cm=1 m
- 120 cm=100 cm+20 cm
        =1 m 20 cm

1-1 길이를 바르게 읽어 보시오.

> 3 m 60 cm

⇨ _______________

1-2 길이를 m 단위로 나타내기에 알맞은 것을 모두 찾아 기호를 쓰시오.

> ㉠ 색연필의 길이
> ㉡ 방문의 높이
> ㉢ 건물의 높이
> ㉣ 젓가락의 길이

(_______________)

1-3 미라가 집에 있는 물건의 길이를 2가지 방법으로 나타내려고 합니다. □ 안에 알맞은 수를 써넣으시오.

> - 냉장고의 높이:
>   1 m 80 cm (☐ cm)
> - 침대 긴 쪽의 길이:
>   ☐ m ☐ cm (192 cm)

1-4 옳게 나타낸 것은 어느 것입니까?

⋯⋯⋯⋯⋯⋯⋯⋯⋯⋯⋯(   )

① 8 m=80 cm
② 490 cm=4 m 9 cm
③ 3 m 70 cm=370 cm
④ 560 cm=5 m 6 cm
⑤ 2 m 3 cm=230 cm

`서술형`

1-5 감나무의 높이는 180 cm이고, 배나무의 높이는 1 m 83 cm입니다. 감나무와 배나무 중에서 더 높은 것은 어느 것인지 풀이 과정을 쓰고 답을 구하시오.

`풀이` _______________

____

____

`답` _______________

---

2 자로 길이 재기

- 줄자를 사용하여 길이 재는 방법
  ① 재려고 하는 물건의 한끝을 줄자의 눈금 0에 맞춥니다.
  ② 물건의 다른 쪽 끝에 있는 줄자의 눈금을 읽습니다.

2-1 자의 눈금을 읽어 보시오.

☐ m   ☐ m ☐ cm

2-2 액자 긴 쪽의 길이를 두 가지 방법으로 나타내 보시오.

☐ cm, ☐ m ☐ cm

2-3 길이를 잘못 잰 이유를 쓰시오.

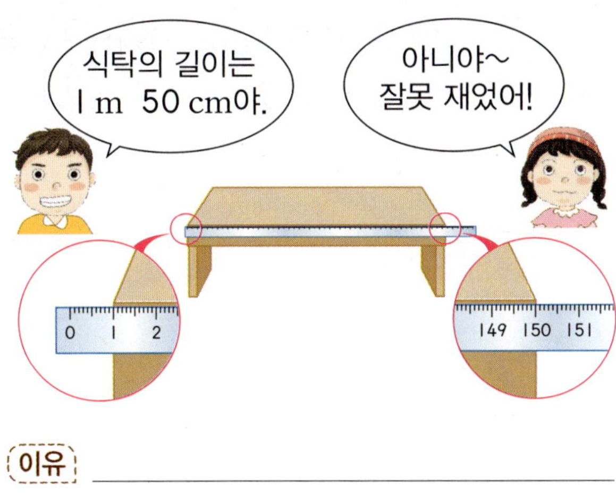

이유 ________________________

____

3	길이의 합 구하기

$$
\begin{array}{r}
1\ \text{m}\quad 40\ \text{cm} \\
+\ 3\ \text{m}\quad 50\ \text{cm} \\
\hline
4\ \text{m}\quad 90\ \text{cm}
\end{array}
$$

m는 m끼리, cm는 cm끼리 계산합니다.

3-1 길이의 합을 구하시오.

$$
\begin{array}{r}
3\ \text{m}\quad 18\ \text{cm} \\
+\ 2\ \text{m}\quad 4\ \text{cm} \\
\hline
\boxed{}\ \text{m}\quad \boxed{}\ \text{cm}
\end{array}
$$

3-2 ☐ 안에 알맞은 수를 써넣으시오.

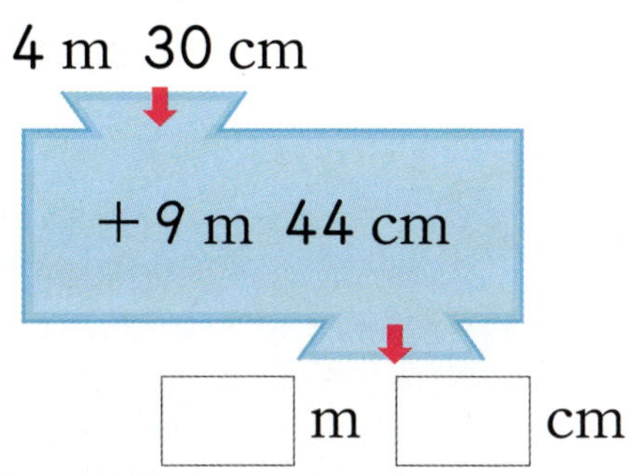

☐ m ☐ cm

3-3 색 테이프의 전체 길이는 몇 m 몇 cm입니까?

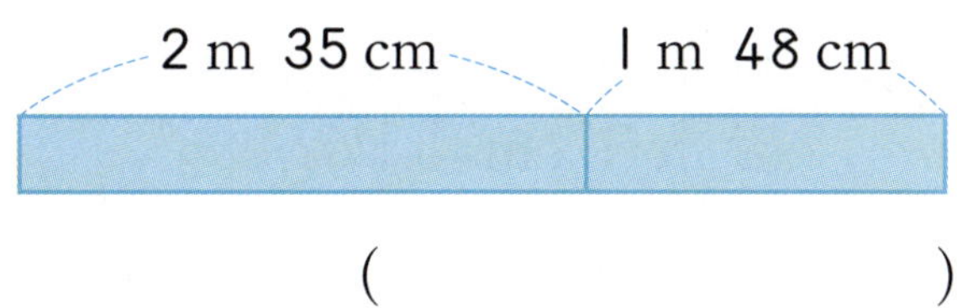

(   )

3-4 민우가 가지고 있는 색 테이프의 길이는 몇 m 몇 cm입니까?

(   )

3-5 천재수목원입니다. 본관에서 연구동을 거쳐 쉼터까지 가는 거리는 몇 m 몇 cm입니까?

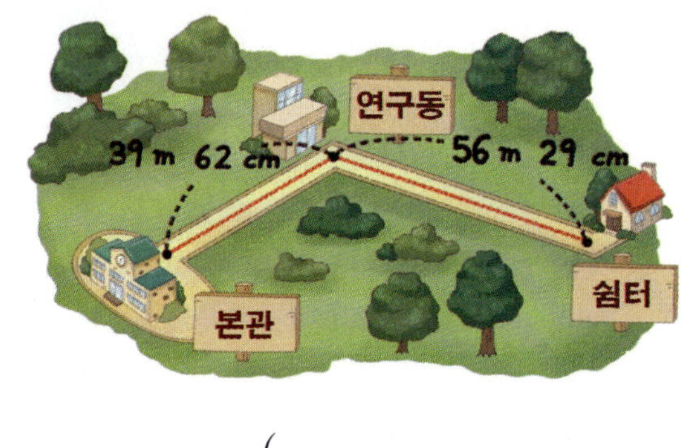

( )

3-6 가장 긴 길이와 가장 짧은 길이의 합은 몇 m 몇 cm입니까?

386 cm, 3 m 51 cm, 3 m 9 cm

( )

4	길이의 차 구하기

$$
\begin{array}{r}
5\ \text{m} \quad 80\ \text{cm} \\
-\ 2\ \text{m} \quad 20\ \text{cm} \\
\hline
3\ \text{m} \quad 60\ \text{cm}
\end{array}
$$

m는 m끼리, cm는 cm끼리 계산합니다.

4-1 길이의 차를 구하시오.

$$
\begin{array}{r}
7\ \text{m} \quad 95\ \text{cm} \\
-\ 3\ \text{m} \quad 20\ \text{cm} \\
\hline
\boxed{}\ \text{m} \quad \boxed{}\ \text{cm}
\end{array}
$$

4-2 두 길이의 차는 몇 m 몇 cm입니까?

2 m 7 cm	6 m 85 cm

( )

4-3 더 긴 길이의 기호를 쓰시오.

㉠ 8 m 70 cm − 6 m 10 cm
㉡ 7 m 83 cm − 5 m 46 cm

( )

4-4 지혁이의 멀리뛰기 기록이 1 m 78 cm일 때 현수와 지혁이 중 누가 몇 cm 더 멀리 뛰었는지 차례로 쓰시오.

( ), ( )

4-5 길이가 2 m 43 cm인 고무줄이 있습니다. 이 고무줄을 양쪽에서 잡아당겼더니 392 cm가 되었습니다. 늘어난 길이는 몇 m 몇 cm인지 풀이 과정을 쓰고 답을 구하시오.

풀이 ___________________________

____

답 ___________________________

---

5 **길이 어림하기**

⇨ 양팔을 벌린 길이가 1 m라면 칠판 긴 쪽의 길이는 약 2 m입니다.

5-1 민솔이의 키가 1 m일 때, 나무의 높이는 약 몇 m입니까?

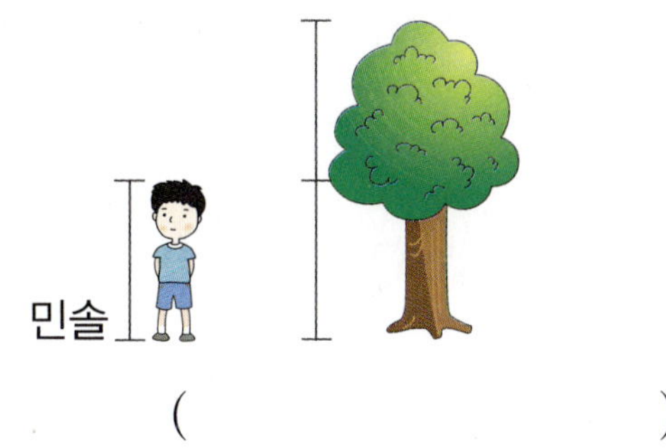

( )

5-2 •보기•에서 알맞은 길이를 골라 문장을 완성하여 보시오.

┌ 보기 ┐
50 cm   120 cm   4 m

유치원생의 키는 약 [ ]입니다.

5-3 길이가 5 m보다 긴 것을 모두 찾아 기호를 쓰시오.

┌─────────────────┐
㉠ 기차의 길이
㉡ 방문의 높이
㉢ 30층 아파트의 높이
㉣ 아빠의 키
└─────────────────┘

( )

5-4 복도의 길이를 재려고 합니다. 양팔을 벌린 길이가 약 1 m인데 복도의 길이는 양팔을 벌린 길이로 10번 잰 길이와 같습니다. 복도의 길이는 약 몇 m입니까?

( )

5-5 현욱이의 두 걸음이 1 m라면 꽃밭 긴 쪽의 길이는 약 몇 m입니까?

( )

3

길이 재기

2 STEP 응용 유형 익히기

응용 1 길이 비교하기

예제 1-1 키가 큰 사람부터 차례로 알아보시오.

> 규리: 1 m 42 cm,   경수: 136 cm,   미라: 139 cm

생각 열기
규리의 키를 몇 cm로 나타내어 비교합니다.

(1) 규리의 키는 몇 cm입니까?　　　　　(　　　　　　　)

(2) 키가 큰 사람부터 차례로 이름을 쓰시오.

　　　　　　　　　　　(　　　　　　　)

예제 1-2 색 테이프를 소희는 7 m 59 cm, 미조는 6 m 95 cm, 현지는 768 cm 가지고 있습니다. 길이가 가장 긴 색 테이프를 가지고 있는 사람은 누구입니까?

　　　　　　　　　　　(　　　　　　　)

예제 1-3 짧은 길이부터 차례로 기호를 쓰시오.

> ㉠ 4 m 52 cm   ㉡ 306 cm
> ㉢ 409 cm   ㉣ 5 m 2 cm

　　　　　　　　　　　(　　　　　　　)

응용 2 □ 안에 알맞은 수 구하기

예제 2-1 ●와 ★에 알맞은 수를 각각 알아보시오.

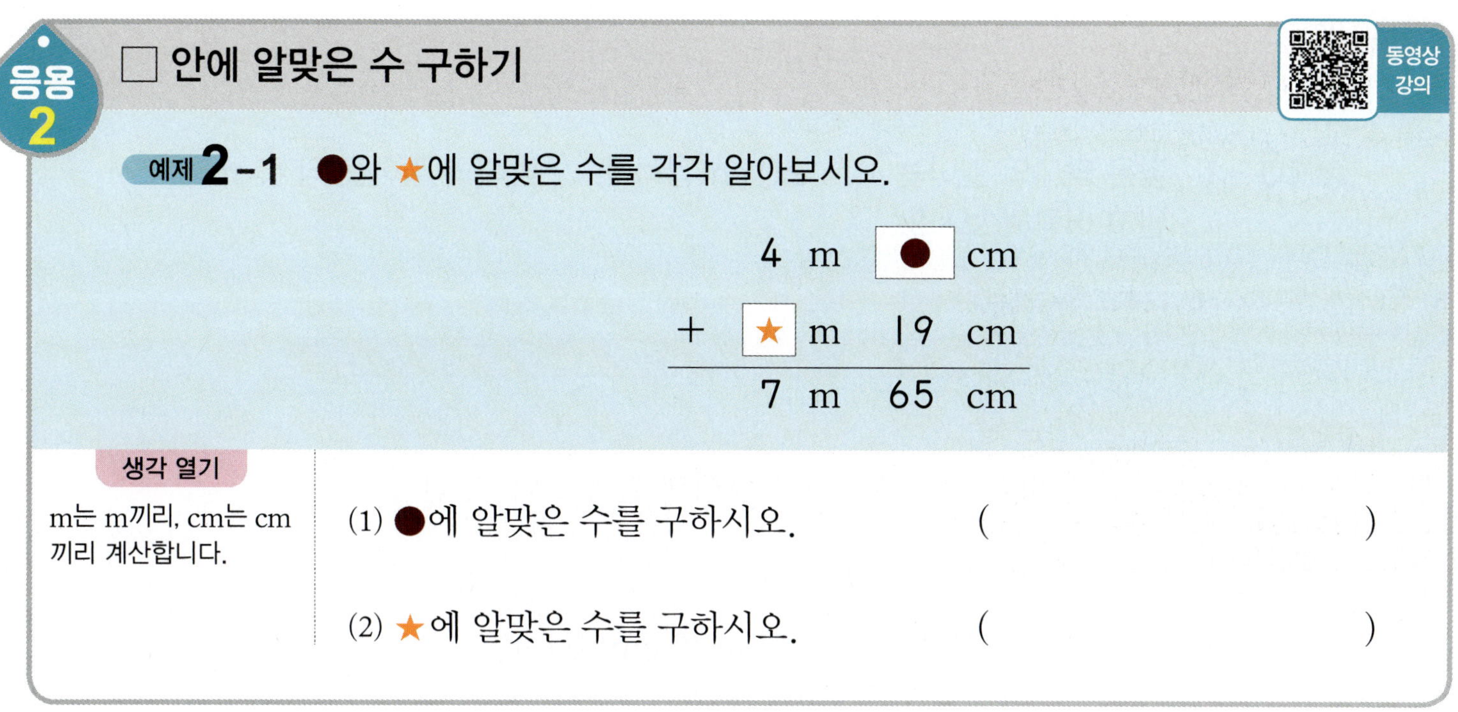

생각 열기

m는 m끼리, cm는 cm 끼리 계산합니다.

(1) ●에 알맞은 수를 구하시오. (   )

(2) ★에 알맞은 수를 구하시오. (   )

예제 2-2 □ 안에 알맞은 수를 써넣으시오.

$$3 \text{ m } \square \text{ cm}$$
$$+ \square \text{ m } 37 \text{ cm}$$
$$8 \text{ m } 82 \text{ cm}$$

예제 2-3 □ 안에 알맞은 수를 써넣으시오.

$$\square \text{ m } 75 \text{ cm} - 4 \text{ m } \square \text{ cm}$$
$$= 946 \text{ cm}$$

응용 3 길이 어림하기 (1)

예제 3 - 1 짧은 막대의 길이는 1 m 20 cm입니다. 긴 막대의 길이는 약 몇 m 몇 cm인지 어림해 보시오.

생각 열기

먼저 긴 막대의 길이는 짧은 막대의 길이로 약 몇 번인지 알아봅니다.

(1) 긴 막대의 길이는 짧은 막대의 길이로 약 몇 번입니까?

( )

(2) 긴 막대의 길이는 약 몇 m 몇 cm입니까?

( )

예제 3 - 2 짧은 막대의 길이는 2 m 10 cm입니다. 긴 막대의 길이는 약 몇 m 몇 cm인지 어림해 보시오.

( )

예제 3 - 3 짧은 막대의 길이는 50 cm입니다. 긴 막대의 길이는 약 몇 m인지 어림해 보시오.

( )

응용 4 길이 어림하기 (2)

예제 4 – 1 지아와 친구들이 우산의 길이를 다음과 같이 어림하였습니다. 우산의 실제 길이가 1 m 20 cm일 때, 가장 가깝게 어림한 사람을 알아보시오.

이름	지아	형준	민석
어림한 길이	1 m 30 cm	1 m 50 cm	1 m 40 cm
차			

생각 열기

실제 길이와 어림한 길이의 차가 작을수록 가깝게 어림한 것입니다.

(1) 위의 빈칸에 어림한 길이와 실제 길이의 차를 써넣으시오.

(2) 가장 가깝게 어림한 사람은 누구입니까?

( )

예제 4 – 2 우준이와 친구들이 줄넘기의 길이를 다음과 같이 어림하였습니다. 줄넘기의 실제 길이가 1 m 60 cm일 때, 가장 가깝게 어림한 사람은 누구입니까?

우준	혜영	현우	시연
1 m 50 cm	1 m 45 cm	1 m 65 cm	1 m 75 cm

( )

예제 4 – 3 상원이와 친구들이 책꽂이의 높이를 다음과 같이 어림하였습니다. 책꽂이의 실제 높이가 220 cm일 때, 가장 가깝게 어림한 사람은 누구입니까?

상원	채린	서현	명기
2 m 10 cm	2 m	225 cm	2 m 5 cm

( )

응용 5 이어 붙인 색 테이프의 전체 길이 구하기

예제 5-1 길이가 1 m 40 cm인 색 테이프 두 장을 30 cm 겹치게 이어 붙였습니다. 이어 붙인 색 테이프의 전체 길이를 알아보시오.

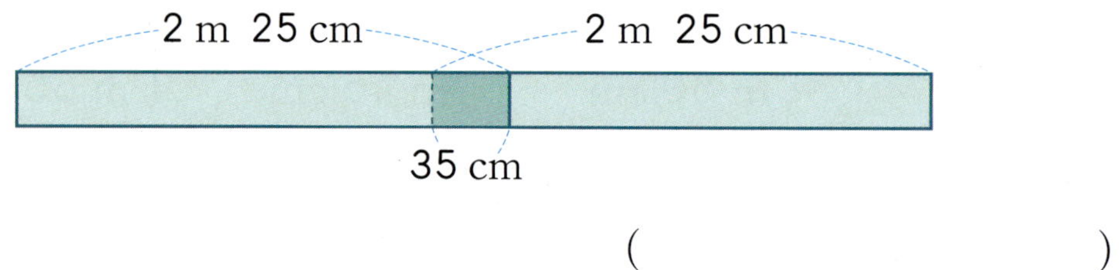

생각 열기

이어 붙인 색 테이프의 전체 길이는 색 테이프 두 장의 길이의 합에서 겹쳐진 부분의 길이를 뺍니다.

(1) 색 테이프 두 장의 길이의 합은 몇 m 몇 cm입니까?

(　　　　　　　　　　)

(2) 이어 붙인 색 테이프의 전체 길이는 몇 m 몇 cm입니까?

(　　　　　　　　　　)

예제 5-2 길이가 2 m 25 cm인 색 테이프 두 장을 35 cm 겹치게 이어 붙였습니다. 이어 붙인 색 테이프의 전체 길이는 몇 m 몇 cm입니까?

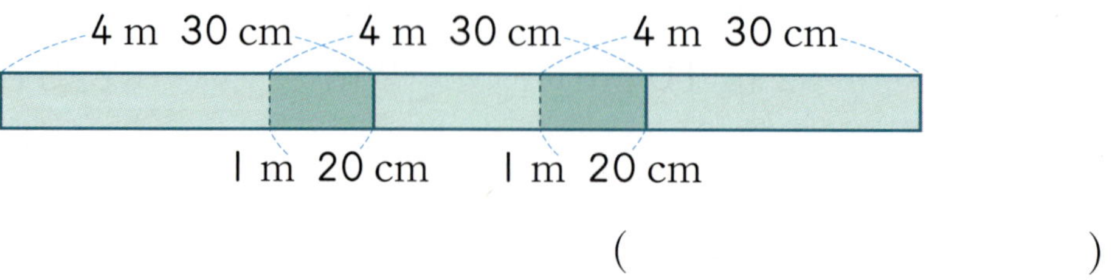

(　　　　　　　　　　)

예제 5-3 길이가 4 m 30 cm인 색 테이프 세 장을 그림과 같이 1 m 20 cm씩 겹치게 이어 붙였습니다. 이어 붙인 색 테이프의 전체 길이는 몇 m 몇 cm입니까?

(　　　　　　　　　　)

 응용 6 길이의 합 구하기

예제 6-1 빨간색 끈의 길이는 137 cm이고, 파란색 끈의 길이는 빨간색 끈의 길이보다 10 cm 더 깁니다. 두 끈의 길이의 합은 몇 m 몇 cm인지 알아보시오.

생각 열기

(파란색 끈의 길이)
＝(빨간색 끈의 길이)
　＋10 cm

(1) 빨간색 끈의 길이는 몇 m 몇 cm입니까?

(　　　　　　　　)

(2) 파란색 끈의 길이는 몇 m 몇 cm입니까?

(　　　　　　　　)

(3) 두 끈의 길이의 합은 몇 m 몇 cm입니까?

(　　　　　　　　)

예제 6-2 진환이의 키는 118 cm이고, 우진이의 키는 진환이의 키보다 12 cm 더 큽니다. 두 사람의 키의 합은 몇 m 몇 cm입니까?

(　　　　　　　　)

예제 6-3 준영이의 키는 미소의 키보다 20 cm 크고, 미소의 키는 은진이의 키보다 13 cm 작습니다. 은진이의 키가 120 cm일 때, 준영이의 키는 몇 m 몇 cm입니까?

(　　　　　　　　)

3 STEP 응용 유형 뛰어넘기

cm보다 더 큰 단위 알아보기

1 약 1 m 길이를 잘못 찾은 사람의 이름을 쓰시오.
🐴 쌍둥이

> • 민호: 4살 동생의 키
> • 은솔: 방바닥부터 방문 손잡이까지의 높이
> • 해주: 트럭의 길이

( )

길이 어림하기

2 그림의 실제 길이에 가까운 것을 찾아 선으로 이어
🐴 쌍둥이 보시오.

시소의 길이　　　건물의 높이　　　세탁기의 높이

약 1 m　　　약 3 m　　　약 30 m

길이 어림하기

3 경선이와 윤찬이가 어림하여 3 m가 되도록 철사를
잘랐습니다. 자른 철사의 길이가 3 m에 더 가까운
사람의 이름을 쓰시오.

> • 경선: 2 m 95 cm
> • 윤찬: 3 m 15 cm

( )

cm보다 더 큰 단위 알아보기 [서술형]

4 잘못 나타낸 것을 찾아 기호를 쓰고 잘못된 이유를 쓰시오.
🔵쌍둥이
🔵동영상

> ㉠ 157 cm=1 m 57 cm
> ㉡ 202 cm=2 m 20 cm
> ㉢ 138 cm=1 m 38 cm

(   )

[이유] ____________________
____
____
____

길이 비교하기 [창의·융합]

5 경주에 있는 다보탑, 석가탑, 첨성대의 높이입니다.
🔵쌍둥이 높은 것부터 차례로 쓰시오.

다보탑	석가탑	첨성대

10 m 29 cm	10 m 75 cm	917 cm

(   )

길이 어림하기

6 두 사람이 각자 어림하여 2 m 50 cm가 되도록 끈을 잘랐습니다. 자른 끈의 길이가 2 m 50 cm에 더 가까운 사람의 이름을 쓰시오.

이름	윤아	호경
끈의 길이	2 m 30 cm	2 m 60 cm

(   )

3
길이 재기

길이의 합, 차

7 키가 가장 작은 사람의 키는 몇 m 몇 cm입니까?

> • 서연이의 키는 3 m보다 1 m 78 cm만큼 더 작습니다.
> • 경훈이는 서연이보다 7 cm만큼 더 큽니다.
> • 은정이는 경훈이보다 3 cm만큼 더 작습니다.

( )

길이의 합, 차   창의·융합

8 긴 길이를 나타내는 글자부터 차례로 써서 단어를 완성해 보시오.

🐴쌍둥이
▶동영상

> 來 래: 7 m 25 cm+6 m 42 cm
> 苦 고: 18 m 51 cm−3 m 29 cm
> 甘 감: 4 m 68 cm+9 m 17 cm
> 盡 진: 19 m 95 cm−5 m 21 cm

( )

길이 어림하기

9 준혁이의 양팔을 벌린 길이가 1 m 20 cm일 때, 줄의 길이는 약 몇 m 몇 cm입니까?

🐴쌍둥이

( )

길이의 차 구하기 〔서술형〕

10 그림을 보고 길이의 차 문제를 만들고 답을 구하
🔸쌍둥이 시오.

〔문제〕

(   )

길이의 합과 차의 활용

11 삼각형에서 가장 긴 한 변의 길이는 나머지 두 변의
🔸쌍둥이 길이의 합보다 몇 m 몇 cm만큼 더 짧습니까?
▶동영상

(   )

길이의 합과 차의 활용

12 은서의 끈의 길이는 4 m 70 cm입니다. 예준이
의 끈의 길이는 은서의 끈보다 120 cm만큼 더
길고, 찬영이의 끈의 길이는 예준이의 끈보다
1 m 10 cm만큼 더 짧습니다. 찬영이의 끈의 길
이는 몇 m 몇 cm입니까?

(   )

3

길
이
재
기

길이 비교하기

13 수 카드 3장을 한 번씩만 사용하여 2 m보다 길고 5 m 30 cm보다 짧은 길이를 만들려고 합니다. 모두 몇 가지의 길이를 만들 수 있습니까?

2 7 5 ⇨ ☐ m ☐ ☐ cm

( )

길이의 합 구하기 창의·융합

14 여자 100 m 허들 경기에서 첫 번째 허들과 4번째 허들 사이의 거리는 몇 m 몇 cm입니까? (단, 허들의 두께는 생각하지 않습니다.)

쌍둥이
동영상

( )

길이의 합과 차의 활용

15 길이가 6 m인 실을 두 도막으로 잘랐습니다. 한 도막의 길이가 1 m 80 cm일 때 자른 두 도막의 길이의 차는 몇 m 몇 cm입니까?

( )

길이의 합과 차의 활용 〔서술형〕

16 길이가 1 m 30 cm인 색 테이프 세 장을 다음과 같이 겹치게 이어 붙였습니다. 이어 붙인 색 테이프의 전체 길이는 몇 m 몇 cm인지 풀이 과정을 쓰고 답을 구하시오.

🔖쌍둥이

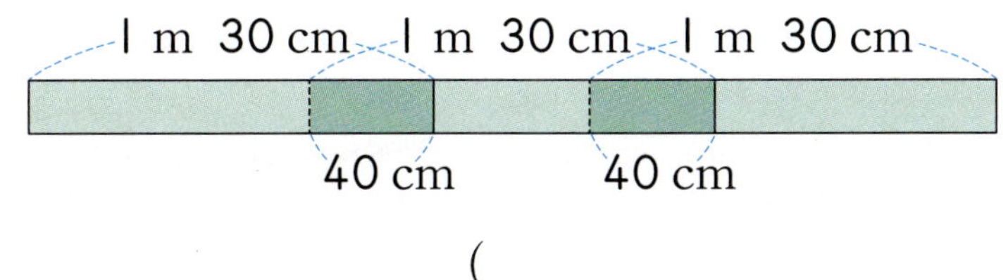

(   )

〔풀이〕

길이의 합과 차의 활용

17 유나가 집에서 마트까지 갔다가 오면서 수찬이를 만났습니다. 유나가 수찬이를 만날 때까지 36 m 50 cm를 걸었다면 수찬이를 만날 때의 위치는 집에서 몇 m 몇 cm 떨어진 곳입니까?

(   )

길이의 합과 차의 활용

18 재윤이가 높이가 45 cm인 의자 위에 올라서서 바닥에서부터 머리끝까지 높이를 재었더니 1 m 80 cm였습니다. 다시 책상 위에 올라서서 바닥에서부터 머리끝까지 높이를 재었더니 2 m 10 cm가 되었습니다. 책상의 높이는 몇 cm입니까?

🔖쌍둥이
▶동영상

(   )

3
길이 재기

1　□ 안에 알맞은 수를 써넣으시오.

9 m 17 cm = [　　] cm

2　다음을 읽고 □ 안에 cm와 m 중 알맞은 단위를 써넣으시오.

> 대왕고래
>
> 지구상에서 현존하는 가장 큰 동물로 몸길이는 24~26 [　　] 이고, 갓 태어난 새끼의 몸길이는 7 [　　] 입니다.

3　길이의 합을 구하시오.

```
   12  m   56  cm
+   3  m   24  cm
-------------------
  [   ] m  [   ] cm
```

4　주어진 1 m로 끈의 길이를 어림하였습니다. 어림한 끈의 길이는 약 몇 m입니까?

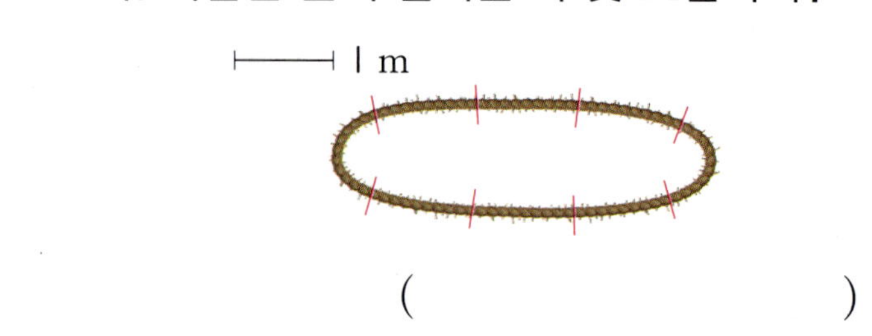

(　　　　　　　　　　　)

5　자에서 ↓ 부분의 눈금을 두 가지 방법으로 읽어 보시오.

[　　] cm,　[　　] m [　　] cm

6　□ 안에 알맞은 수를 써넣으시오.

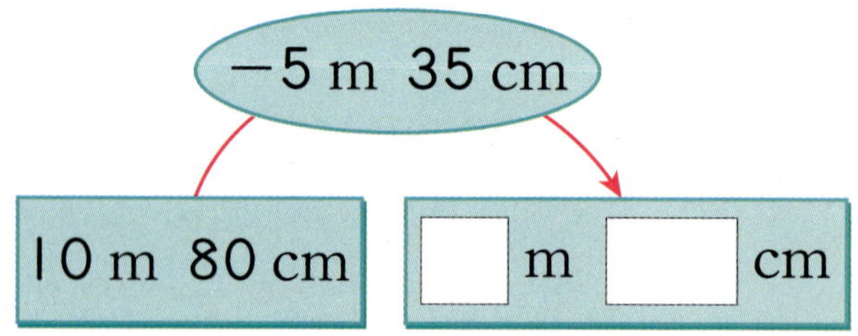

7 두 길이를 비교하여 ○ 안에 >, =, <를 알맞게 써넣으시오.

$$3\,\text{m}\ 97\,\text{cm}\ \bigcirc\ 4\,\text{m}$$

8 두 길이의 차는 몇 m 몇 cm인지 식을 쓰고 답을 구하시오.

> 7 m 47 cm, 5 m 28 cm

식 _______________________________

답 _______________________________

9 누리가 굴린 축구공이 굴러간 거리를 나타낸 것입니다. 축구공이 굴러간 거리는 몇 m 몇 cm입니까?

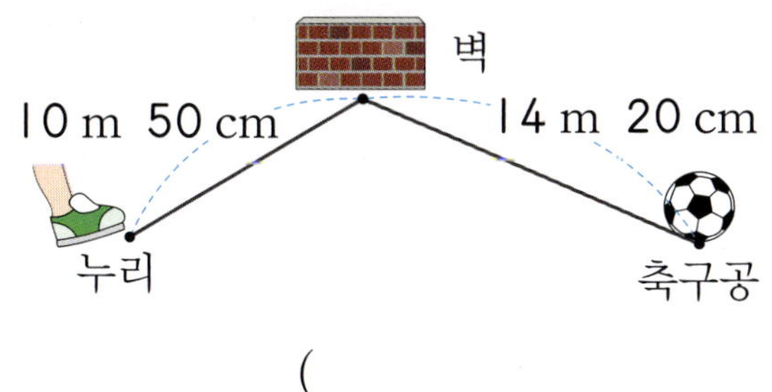

(   )

10 화단의 긴 쪽의 길이는 3 m 55 cm이고 짧은 쪽의 길이는 130 cm입니다. 화단 긴 쪽과 짧은 쪽의 길이의 차는 몇 m 몇 cm입니까?

(   )

11 다이빙은 높은 곳에서 뛰어 머리를 먼저 물속에 잠기게 하여 들어가는 경기입니다. 다음은 다이빙대의 높이입니다. ㉠은 ㉡보다 몇 m 몇 cm 더 높습니까?

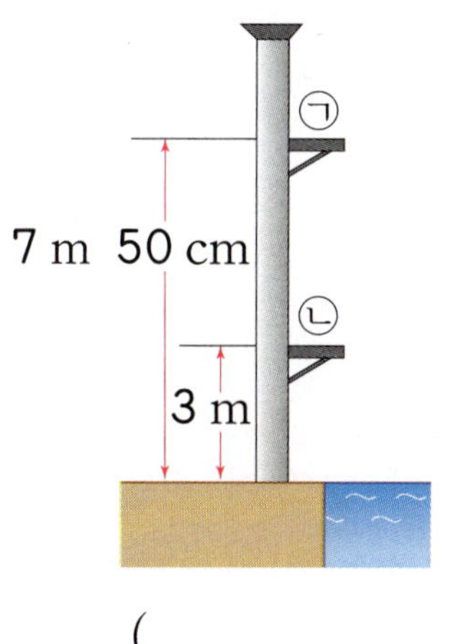

(   )

12 민재와 친구들이 가지고 있는 끈의 길이입니다. 끈의 길이가 <u>다른</u> 사람의 이름을 쓰시오.

> • 민재: 12 m 54 cm — 6 m 28 cm
> • 선호: 13 m 85 cm — 7 m 49 cm
> • 연정: 15 m 91 cm — 9 m 65 cm

(   )

13 ㉮에서 ㉯까지의 거리는 몇 m 몇 cm입니까?

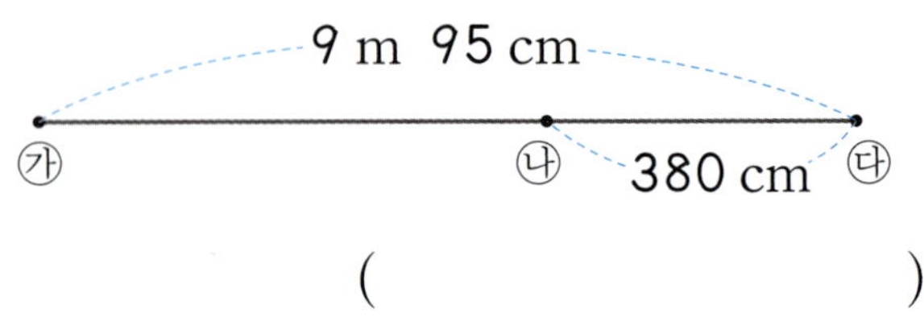

(   )

14 삼각형 모양의 꽃밭이 있습니다. 꽃밭의 세 변의 길이의 합은 몇 m 몇 cm입니까?

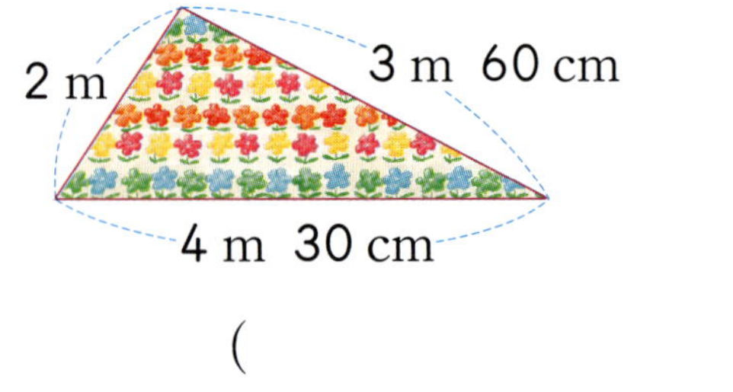

(   )

15 가장 긴 길이와 가장 짧은 길이의 차는 몇 cm입니까?

> 3 m 42 cm   376 cm
> 308 cm   2 m 94 cm

(   )

서술형

16 나무늘보가 땅에서 나무 위로 4 m 30 cm 올라갔다가 아래로 1 m 15 cm 미끄러졌습니다. 나무늘보는 땅에서 몇 m 몇 cm 높이에 있는지 풀이 과정을 쓰고 답을 구하시오.

풀이 _______________________

____

____

____

답 _______________________

17 6장의 수 카드를 한 번씩만 사용하여 가장 긴 길이와 가장 짧은 길이를 만들고 그 차를 구하시오.

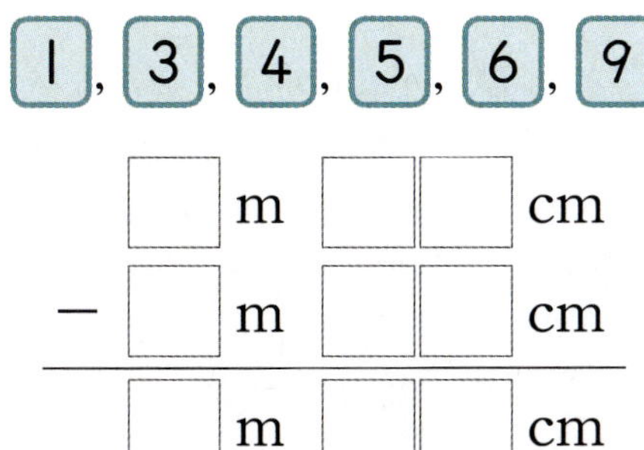


```
   □ m  □ □ cm
 − □ m  □ □ cm
 ──────────────
   □ m  □ □ cm
```

18 색 테이프 두 장을 다음과 같이 겹치게 이어 붙였습니다. 이어 붙인 색 테이프의 전체 길이는 몇 m 몇 cm입니까?

5 m 28 cm 7 m 63 cm

3 m 10 cm

(   )

19 창문 긴 쪽의 길이를 어림한 것입니다. 창문 긴 쪽의 실제 길이가 1 m 50 cm일 때, 가장 가깝게 어림한 사람은 누구인지 쓰고 그렇게 생각한 이유를 쓰시오.

승우	100 cm	경아	1 m 40 cm
태윤	155 cm	정호	1 m 60 cm

(   )

이유

20 정민이는 멀리뛰기를 하는 데 매일 전날보다 10 cm씩 더 멀리 뛰었습니다. 첫째 날에 1 m 15 cm를 뛰었다면 첫째 날부터 셋째 날까지 뛴 거리는 모두 몇 m 몇 cm입니까?

(   )

1 지민이의 양팔을 벌린 길이는 30 cm 길이의 막대 4개를 겹치지 않고 길게 이어 붙인 길이와 같습니다. 지민이 방의 긴 쪽의 길이는 약 몇 m 몇 cm입니까?

(   )

2 야구에서 타자가 홈런을 치면 본루 → 1루 → 2루 → 3루 → 본루 순서로 한 바퀴 돌아야 합니다. 루와 루 사이의 거리는 약 27 m 43 cm입니다. 어느 타자가 홈런을 치고 한 바퀴 뛰었다면 이 타자가 뛴 거리는 약 몇 m 몇 cm입니까?

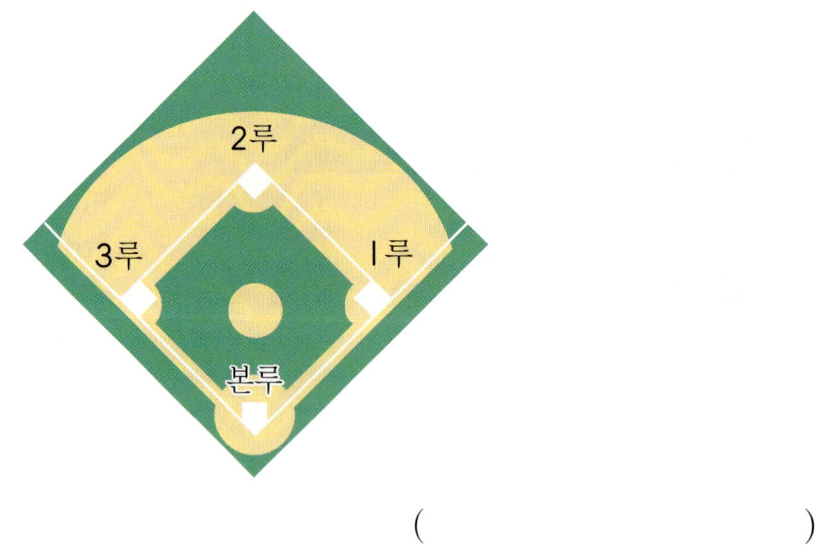

(   )

4 시각과 시간

4. 시각과 시간

비법 1 몇 시 몇 분 전으로 시각 읽기

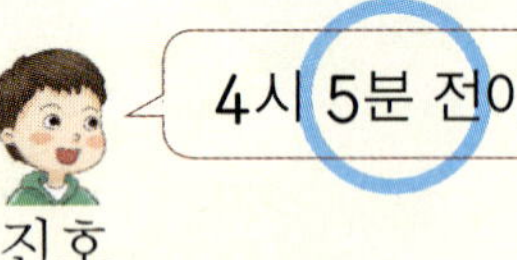

진호: 3시 55분 ⇨ 4시 5분 전
└─ 4시가 되려면 5분이 더 지나야 합니다.

해주: 7시 50분 ⇨ 8시 10분 전
└─ 8시가 되려면 10분이 더 지나야 합니다.

비법 2 거울에 비친 시계의 시각 알아보기

거울에 비친 시계는 시계의 왼쪽과 오른쪽이 바뀝니다.
짧은바늘: 3과 4 사이
긴바늘: 7
⇨ 3시 35분

비법 3 걸린 시간 알아보기

은솔이는 3시 10분부터 4시 40분까지 축구를 했습니다. 은솔이가 축구를 하는 데 걸린 시간을 알아보시오.

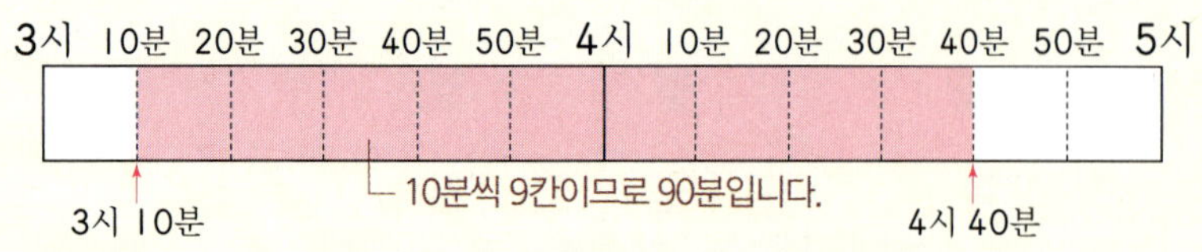

1시간 30분=90분
└─ 60분+30분

⇨ 은솔이는 1시간 30분(=90분) 동안 축구를 했습니다.

- **시각 읽기**

시계의 긴바늘이 가리키는 숫자가 1이면 5분, 2이면 10분, 3이면 15분……을 나타냅니다.
시계에서 긴바늘이 가리키는 작은 눈금 한 칸은 1분을 나타냅니다.

⇨ 2시 50분

⇨ 2시 53분

- **거울에 비친 시계의 시각**

거울에 비친 시계를 다시 거울에 비추면 원래 시계의 모양을 알 수 있습니다.

- **1시간 알아보기**

시계의 긴바늘이 한 바퀴 도는 데 걸린 시간은 60분입니다.

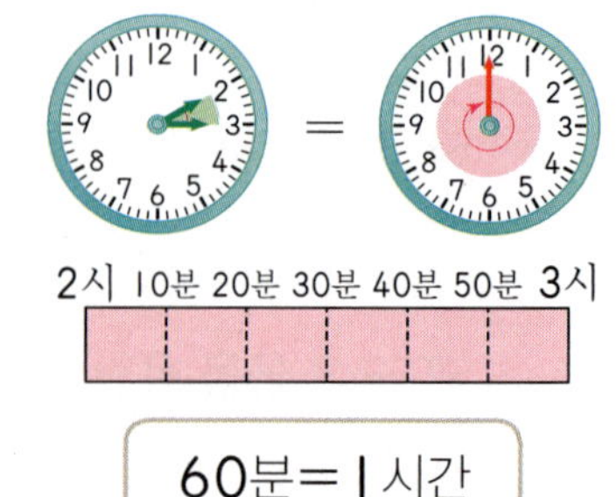

60분=1시간

비법 ④ 학교에 있었던 시간 구하기

| 오전 9시 | →3시간 후→ | 낮 12시 | →2시간 후→ | 오후 2시 |

⇨ (학교에 있었던 시간)=3시간+2시간=5시간

비법 ⑤ 찢어진 달력 알아보기

7월

일	월	화	수	목	금	토
			1	2	3	4	5
6	7	8	9	10	11	12

- 셋째 수요일은 9일+7일=16일입니다.
  └ 둘째 수요일
- 마지막 날인 31일은 31일−7일−7일−7일=10일과 같은 목요일입니다.
  └ 7월은 31일까지 있습니다.

비법 ⑥ 고장난 시계가 가리키는 시각

> 1시간에 1분씩 **빨라지는** 시계의 시각을 오늘 오전 10시에 정확하게 맞추었습니다. 내일 오전 10시에 이 시계가 가리키는 시각은 몇 시 몇 분인지 알아보시오.

오늘 오전 10시부터 내일 오전 10시까지는 24시간입니다.
⇨ 빨라지는 시간: **24분** —1시간에 1분씩 24시간
⇨ 내일 오전 10시에 가리키는 시각: 오전 10시 **24분**
  빨라지는 시간만큼 더해 줍니다.

- **하루의 시간 알아보기**
  전날 밤 12시부터 낮 12시까지를 오전이라고 하고, 낮 12시부터 밤 12시까지를 오후라고 합니다. 하루는 24시간입니다.

  | 1일=24시간 |

  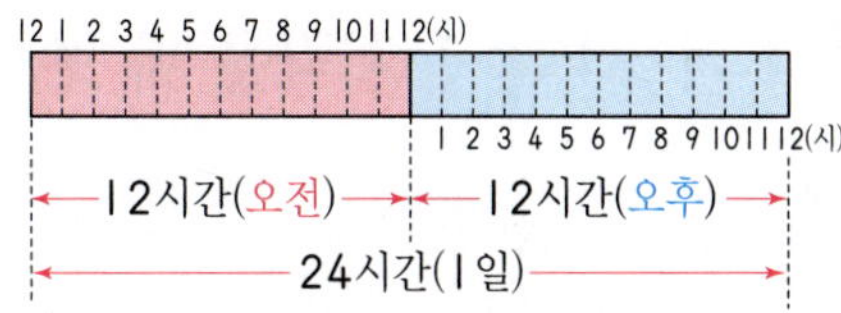

- **달력 알아보기**
  (1) 1주일=7일
  (2) 1년=12개월
  (3) 각 월의 날수 쉽게 알기

- **고장난 시계의 시각**
  (1) 빨리 가는 시계는 빨라지는 시간만큼 더해 줍니다.
  (2) 느리게 가는 시계는 느려지는 시간만큼 빼 줍니다.

STEP 1 기본 유형 익히기

1 몇 시 몇 분 알아보기

- 시계의 긴바늘이 가리키는 숫자가 1이면 5분, 2이면 10분, 3이면 15분……을 나타냅니다.
- 시계에서 긴바늘이 가리키는 작은 눈금 한 칸은 1분을 나타냅니다.

[1-1~1-2] 시각을 써 보시오.

1-1

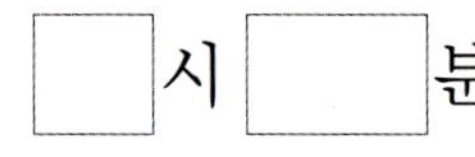

☐ 시 ☐ 분

1-2

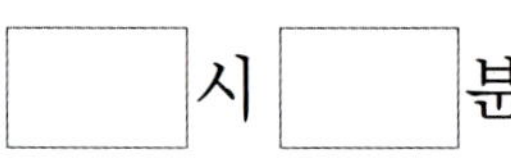

☐ 시 ☐ 분

1-3 ☐ 안에 알맞은 수나 말을 써넣어 8시 15분을 설명해 보시오.

시계의 ☐ 바늘이 8과 9 사이를 가리키고 ☐ 바늘이 ☐ 을/를 가리키면 8시 15분입니다.

1-4 같은 시각을 나타내는 것끼리 선으로 이어 보시오.

1-5 시각에 맞게 긴바늘을 그려 넣으시오.

서술형

1-6 혜지가 몇 시 몇 분에 어떤 일을 하였는지 써 보시오.

____

____

2 몇 시 몇 분 전 알아보기

8시 55분
=9시 5분 전

2-1 몇 시 몇 분 전으로 써 보시오.

□시 □분 전

2-2 □ 안에 알맞은 수를 써넣으시오.

(1) 6시 55분은 7시 □분 전입니다.

(2) 11시 5분 전은 □시 □분 입니다.

서술형

2-3 시계에 시각을 잘못 나타낸 사람은 누구인지 쓰고, 그 이유를 써 보시오.

| 현지 5시 10분 전 | 준호 6시 5분 전 |

답 _______________

이유 _______________

____

____

2-4 시각에 맞게 시곗바늘을 그려 넣으시오.

4시 10분 전

창의·융합

2-5 대화를 읽고 동우와 지은이가 만나기로 한 시각은 몇 시 몇 분인지 구하시오.

(_______________)

3 1시간 알아보기, 걸린 시간 알아보기

시계의 긴바늘이 한 바퀴 도는 데 걸린 시간은 60분입니다.

60분=1시간

3-1 □ 안에 알맞은 수를 써넣으시오.

(1) 1시간 10분= □분

(2) 150분= □시간 □분

4

시각과 시간

3-2 두 시계를 보고 시간이 얼마나 흘렀는지 시간 띠에 색칠하고 구해 보시오.

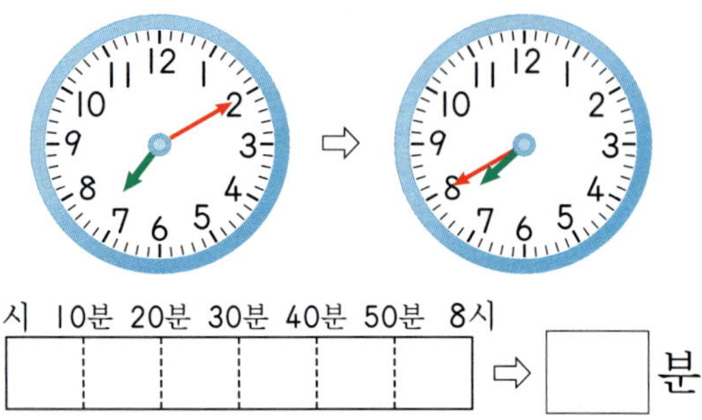

7시 10분 20분 30분 40분 50분 8시

⇨ ☐ 분

3-3 혜영이가 글짓기를 시작한 시각과 끝낸 시각입니다. 혜영이가 글짓기를 하는 데 걸린 시간은 몇 시간 몇 분입니까?

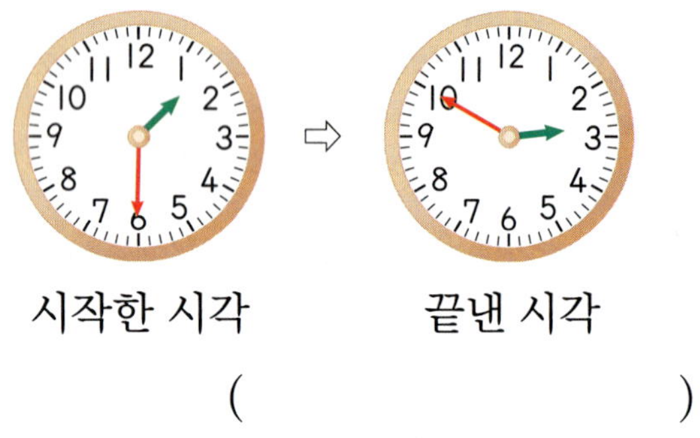

시작한 시각　　　　끝낸 시각

(　　　　　　　)

3-4 소현이가 호두까기 인형 발레 공연이 시작할 때 손목시계를 보았더니 오른쪽과 같았습니다. 2시간 20분 후에 공연이 끝났다면 공연이 끝난 시각은 몇 시 몇 분입니까?

(　　　　　　　)

4　　하루의 시간 알아보기

- 1일=24시간
- 오전: 전날 밤 12시부터 낮 12시까지
- 오후: 낮 12시부터 밤 12시까지

[4-1~4-2] 어느 날 석주가 집에서 출발한 시각과 할머니 댁에 도착한 시각을 나타낸 것입니다. 물음에 답하시오.

출발한 시각　　　　도착한 시각

4-1 석주가 할머니 댁에 도착하는 데 걸린 시간을 시간 띠에 색칠해 보시오.

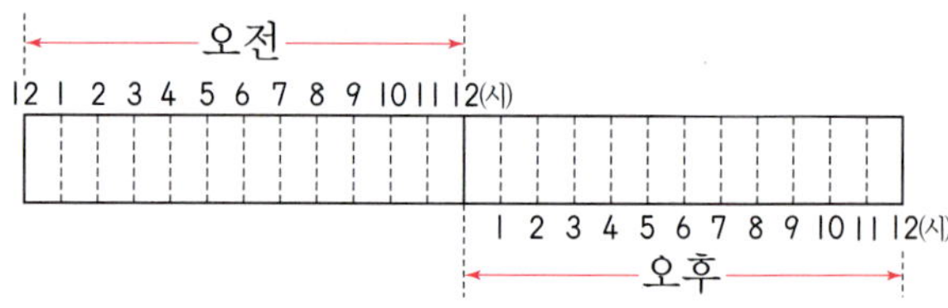

4-2 석주가 할머니 댁에 도착하는 데 걸린 시간은 몇 시간입니까?

(　　　　　　　)

4-3 진호와 미라 중에서 더 긴 시간을 말하고 있는 사람은 누구입니까?

(　　　　　　　)

4-4 지금 시각은 오전 **9**시입니다. 긴바늘이 시계를 **6**바퀴 돌았을 때의 시각은 오후 몇 시입니까?

( )

4-5 지금은 **5**일 오후 **7**시입니다. 시계의 짧은 바늘이 한 바퀴 돌면 며칠 몇 시입니까?

알맞은 것에 ◯표 하기

□ 일 (오전 , 오후) □ 시

---

5 달력 알아보기

• **1**주일은 **7**일입니다. **1**주일=**7**일

• **1**년은 **12**개월입니다. **1**년=**12**개월

5-1 □ 안에 알맞은 수를 써넣으시오.

(1) **2**주일은 □ 일입니다.

(2) **28**일은 □ 주일입니다.

(3) **1**년 **8**개월은 □ 개월입니다.

5-2 날수가 <u>다른</u> 하나를 찾아 ✕표 하시오.

1월	**5**월	**11**월

( ) ( ) ( )

[**5**-3~**5**-4] 어느 해 **8**월 달력의 일부분입니다. 물음에 답하시오.

8월

일	월	화	수	목	금	토
	1	2	3	4	5	6
7	8	9	10	11	12	13

5-3 **8**월의 셋째 월요일은 며칠입니까?

( )

5-4 **8**월 **17**일은 무슨 요일입니까?

( )

서술형

5-5 어느 해의 **10**월 첫째 토요일은 **4**일입니다. **10**월 넷째 토요일은 며칠인지 풀이 과정을 쓰고 답을 구하시오.

풀이 ________________________

____

____

답 ________________________

5-6 대화를 읽고 <u>잘못</u> 설명한 사람을 찾아 이름을 쓰시오.

선미: 어느 수요일의 **8**일 후는 목요일이야.
준하: **1**월 **5**일의 **2**주일 후는 **1**월 **19**일이지.
성주: 어느 일요일의 **10**일 전은 수요일이야.

( )

응용 1 — 몇 시 몇 분인지 알아보기

예제 1-1 아버지, 어머니, 승준이가 아침에 일어난 시각을 나타낸 것입니다. 가장 먼저 일어난 사람은 누구인지 알아보시오.

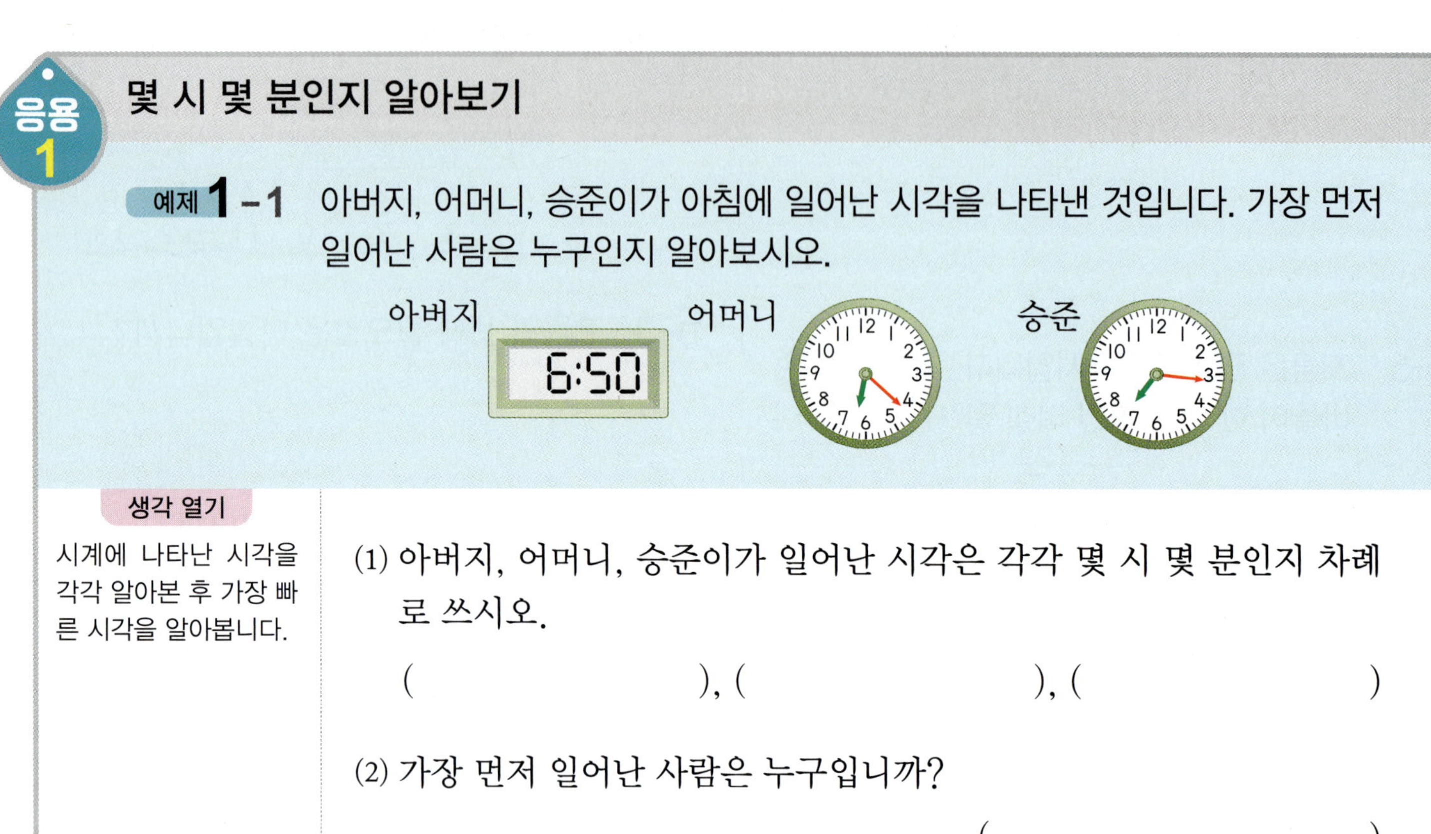

생각 열기

시계에 나타난 시각을 각각 알아본 후 가장 빠른 시각을 알아봅니다.

(1) 아버지, 어머니, 승준이가 일어난 시각은 각각 몇 시 몇 분인지 차례로 쓰시오.

(   ), (   ), (   )

(2) 가장 먼저 일어난 사람은 누구입니까?

(   )

예제 1-2 선호, 정아, 수린이가 아침에 등교한 시각을 나타낸 것입니다. 가장 늦게 등교한 사람은 누구입니까?

(   )

예제 1-3 형, 준호, 동생이 밤에 잠자리에 든 시각을 나타낸 것입니다. 일찍 잠자리에 든 사람부터 차례로 쓰시오.

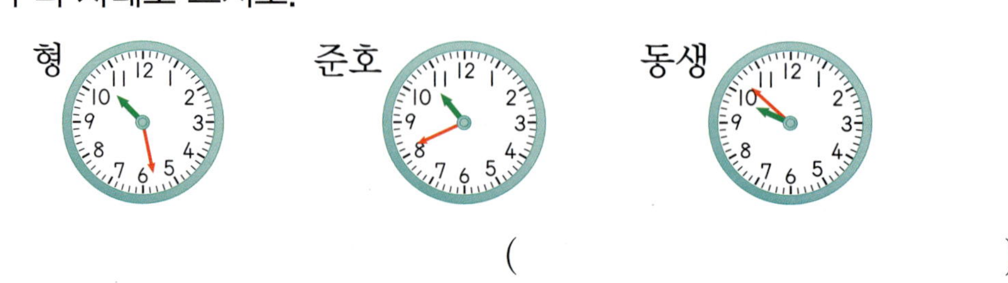

(   )

몇 시 몇 분 전으로 나타내기

응용 **2**

예제 2-1 현지, 연우, 진서가 각각 시계를 보고 몇 시 몇 분 전으로 나타낸 것입니다. 잘못 나타낸 사람은 누구인지 알아보시오.

4:55		
현지 5시 5분 전	연우 2시 10분 전	진서 8시 15분 전

생각 열기

먼저 각각의 시계를 보고 몇 시 몇 분 전으로 나타내 봅니다.

(1) 현지, 연우, 진서의 시계를 보고 몇 시 몇 분 전인지 차례로 쓰시오.

(　　　　　　), (　　　　　　　), (　　　　　　　)

(2) 잘못 나타낸 사람은 누구입니까? 　　　　　(　　　　　　　)

예제 2-2 종우, 민경, 태주가 각각 시계를 보고 몇 시 몇 분 전으로 나타낸 것입니다. 잘못 나타낸 사람은 누구입니까?

	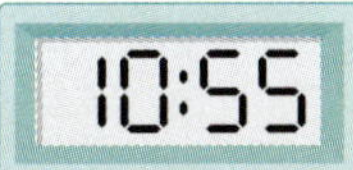	
종우 8시 15분 전	민경 11시 5분 전	태주 12시 10분 전

(　　　　　　　　　　　　)

예제 2-3 시계를 보고 몇 시 몇 분 전으로 나타낸 것입니다. 잘못 나타낸 것을 찾아 기호를 쓰고 바르게 나타내 보시오.

가 	나 	다
4시 9분 전	6시 16분 전	3시 12분 전

(　　　　　　　　　　), (　　　　　　　)

응용 3 시간 비교하기

예제 3-1 혜주와 윤호가 어느 날 오후에 작품 만들기를 시작한 시각과 끝낸 시각입니다. 작품 만들기를 더 오래 한 사람은 누구인지 알아보시오.

	시작한 시각	끝낸 시각
혜주	1시 40분	4시 10분
윤호	2시 35분	5시 20분

생각 열기

혜주와 윤호가 작품 만들기를 한 시간을 각각 구해 봅니다.

(1) 혜주와 윤호가 작품 만들기를 한 시간은 각각 몇 시간 몇 분입니까?

혜주 ( ), 윤호 ( )

(2) 작품 만들기를 더 오래 한 사람은 누구입니까?

( )

예제 3-2 어느 날 오후에 영화가 시작한 시각과 끝난 시각입니다. 상영 시간이 더 긴 영화는 어느 것입니까?

( )

영화	시작한 시각	끝난 시각
여름 왕국	3:55	6:05
해피토피아	8:30	10:25

예제 3-3 어느 날 은혜와 승호가 운동을 시작한 시각과 끝낸 시각입니다. 운동을 더 오래 한 사람은 누구입니까?

은혜  오후  승호  오전 

시작한 시각   끝낸 시각   시작한 시각   끝낸 시각

( )

응용 4 · 하루의 시간 알아보기

예제 4-1 수정이네 반 학생들이 스키 캠프를 갔습니다. 어제 오전 9시에 출발하여 오늘 오후 2시에 돌아왔습니다. 수정이네 반 학생들이 스키 캠프를 다녀오는 데 걸린 시간을 알아보시오.

생각 열기

하루의 시간은 24시간임을 이용하여 걸린 시간을 알아봅니다.

(1) 어제 오전 9시부터 오늘 오전 9시까지는 몇 시간입니까?

( )

(2) 오늘 오전 9시부터 오늘 오후 2시까지는 몇 시간입니까?

( )

(3) 수정이네 반 학생들이 스키 캠프를 다녀오는 데 걸린 시간은 몇 시간입니까? ( )

예제 4-2 시훈이네 가족이 여행을 다녀왔습니다. 어제 오전 10시에 출발하여 여행을 마치고 집에 돌아오니 오늘 오후 10시였습니다. 시훈이네 가족이 여행을 다녀오는 데 걸린 시간은 몇 시간입니까?

( )

예제 4-3 동훈이네 가족이 오늘 오전에 등산을 시작할 때 시계를 보았더니 오른쪽과 같았습니다. 동훈이네 가족이 등산을 마친 시각이 오늘 오후 5시라면 등산을 한 시간은 몇 시간 몇 분입니까?

( )

응용 5 · 생일은 몇 월 며칠인지 알아보기

예제 5-1 다음 설명을 읽고 혜교의 생일을 알아보시오.

> • 현주의 생일은 6월 마지막 날입니다.
> • 석민이의 생일은 현주 생일의 3일 후입니다.
> • 혜교의 생일은 석민이 생일의 1주일 전입니다.

생각 열기

현주, 석민, 혜교의 생일을 차례로 알아봅니다.

(1) 현주와 석민이의 생일은 몇 월 며칠인지 차례로 쓰시오.

(　　　　　　　　　　), (　　　　　　　　　　)

(2) 혜교의 생일은 몇 월 며칠입니까?　　　(　　　　　　　　　　)

예제 5-2 다음 설명을 읽고 현민이의 생일은 몇 월 며칠인지 구하시오.

> • 어머니의 생신은 8월 마지막 날입니다.
> • 아버지의 생신은 어머니 생신의 2주일 후입니다.
> • 현민이의 생일은 아버지 생신의 15일 전입니다.

(　　　　　　　　　　)

예제 5-3 대화를 읽고 준서의 생일은 몇 월 며칠인지 구하시오.

> • 정훈: 내 생일은 12월 마지막 날의 1주일 전이야.
> • 경미: 내 생일은 정훈이 생일의 9일 전이야.
> • 준서: 내 생일은 경미 생일의 3주일 후야.

(　　　　　　　　　　)

고장난 시계 알아보기

예제 6-1 ㅣ시간에 ㅣ분씩 빨라지는 시계가 있습니다. 이 시계의 시각을 오늘 오전 7시에 정확하게 맞추었습니다. 내일 오전 7시에 이 시계가 가리키는 시각은 오전 몇 시 몇 분인지 알아보시오.

생각 열기

오늘 오전 7시부터 내일 오전 7시까지 빨라지는 시간을 먼저 알아봅니다.

(1) 오늘 오전 7시부터 내일 오전 7시까지는 몇 시간입니까? 또, 이 시간 동안 빨라지는 시간은 몇 분인지 차례로 쓰시오.

(   ), (   )

(2) 내일 오전 7시에 이 시계가 가리키는 시각은 오전 몇 시 몇 분입니까?

오전 (   )

예제 6-2 ㅣ시간에 2분씩 빨라지는 시계가 있습니다. 이 시계의 시각을 오늘 오후 5시에 정확하게 맞추었습니다. 내일 오후 5시에 이 시계가 가리키는 시각은 오후 몇 시 몇 분입니까?

오후 (   )

예제 6-3 ㅣ시간에 ㅣ분씩 느려지는 시계가 있습니다. 이 시계의 시각을 오늘 오전 ㅣㅣ시에 정확하게 맞추었습니다. 내일 오후 ㅣㅣ시에 이 시계가 가리키는 시각은 오후 몇 시 몇 분입니까?

오후 (   )

STEP 3 응용 유형 뛰어넘기

몇 시 몇 분 알아보기 서술형

1 형진이가 시각을 잘못 읽은 이유를 쓰고 올바른
쌍둥이 시각은 몇 시 몇 분인지 써 보시오.

(   )

이유
____
____
____
____
____
____

몇 시 몇 분 알아보기

2 서진이가 시계를 보았더니 짧은바늘은 3과 4 사
쌍둥이 이를 가리키고 긴바늘은 7에서 작은 눈금 2칸 더
간 곳을 가리키고 있습니다. 서진이가 본 시계의
시각은 몇 시 몇 분입니까?

(   )

____
____
____
____

몇 시 몇 분 전 알아보기 창의·융합

3 수진이가 학교에 갈 준비를 하
쌍둥이 며 거울에 비친 시계를 보았더
니 오른쪽과 같았습니다. 이 시
계가 나타내는 시각은 몇 시 몇
분 전입니까?

(   )

____
____
____
____

몇 시 몇 분 전 알아보기

4 오른쪽 시계를 보고 옳게 말한 사람
◐쌍둥이 을 찾아 이름을 쓰시오.

창의·융합

미라   진호   해주

(   )

걸린 시간 알아보기, 달력 알아보기

5 잘못 말한 사람을 찾아 이름을 쓰시오.

> • 지안: 110분은 1시간 50분이야.
> • 석희: 6월은 31일까지 있어.
> • 용호: 2주일 3일은 17일이야.

(   )

하루의 시간 알아보기

창의·융합

6 지호네 가족이 갯벌체험을 하고 있는 시각은 오전 `11:00` 이고 5시간 20분 후에 바닷물이 들어 오기 시작하면 갯벌에서 나가야 합니다. 갯벌에서 나가야 하는 시각은 오후 몇 시 몇 분입니까?

(   )

시각과 시간 **4**

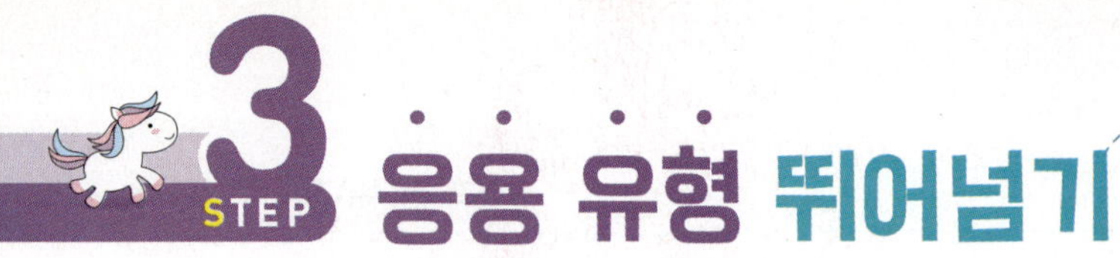

하루의 시간 알아보기

7 어느 날 다음과 같이 시간이 흐르는 동안 시계의 긴바늘이 몇 바퀴를 돌았습니까?

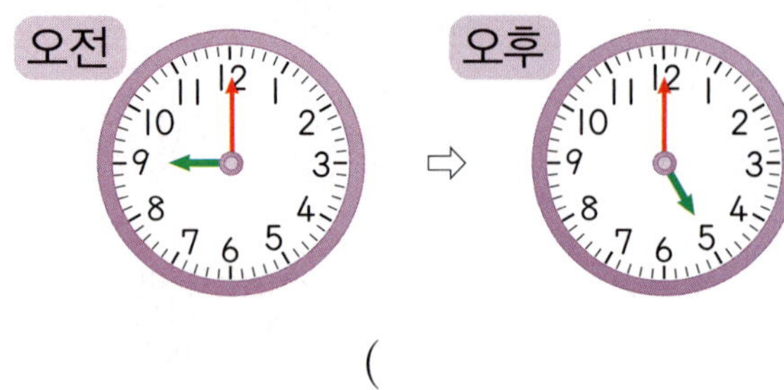

(   )

걸린 시간 알아보기

8 쌍둥이 동영상 혜준이가 2시간 40분 동안 영화를 보고 나서 시계를 보았더니 오른쪽과 같았습니다. 영화가 시작된 시각은 몇 시 몇 분입니까?

(   )

걸린 시간 알아보기

9 쌍둥이 동영상 제인이네 학교는 오전 9시 20분에 1교시 수업을 시작하여 40분 동안 수업을 하고 10분 동안 쉽니다. 4교시 수업을 시작하는 시각은 오전 몇 시 몇 분입니까?

오전 (   )

⭐ 정답은 **37**쪽

달력 알아보기

10 주항이는 매주 수요일마다 도서관에 갑니다. 9월 3일이 수요일이면 9월에는 도서관에 모두 몇 번 가게 되는지 풀이 과정을 쓰고 답을 구하시오.

(   )

풀이

하루의 시간 알아보기

11 🔖쌍둥이 어느 날 정민이와 선예가 동물원에 들어간 시각과 동물원에서 나온 시각입니다. 동물원에 더 오래 있었던 사람은 누구입니까?

이름	들어간 시각	나온 시각
정민	오후 1:30	오후 4:20
선예	오전 (10시 15분)	오후 (1시 10분)

(   )

달력 알아보기

12 준영이와 세은이의 대화를 읽고 세은이가 과학관에 간 날은 준영이가 과학관에 간 날의 며칠 후인지 구하시오.

(   )

[13~14] 어느 해 7월 달력의 일부분입니다. 물음에 답하시오.

7월

일	월	화	수	목	금	토
					1	2	3

달력 알아보기

13 7월 첫째 화요일의 23일 후는 몇 월 며칠이고 무
쌍둥이 슨 요일인지 차례로 쓰시오.

( ), ( )

달력 알아보기 · 서술형

14 8월 15일은 광복절입니다. 이 해의 광복절은 무
쌍둥이 슨 요일인지 풀이 과정을 쓰고 답을 구하시오.
동영상

( )

풀이

하루의 시간 알아보기 · 창의·융합

15 동지는 24절기 중 하나로, 1년 중 밤이 가장 길
쌍둥이 고 낮이 가장 짧은 날입니다. 어느 해 동짓날 해가
동영상 오전 7시 30분에 떠서 오후 5시 25분에 졌습
니다. 이날 낮의 길이는 몇 시간 몇 분입니까?
(단, 낮의 길이는 해가 뜰 때부터 해가 질 때까지
의 시간입니다.)

( )

하루의 시간 알아보기

16 석훈이가 탄 배는 가 선착장에서 강 건너에 있는 나 선착장까지 가는 데 30분이 걸립니다. 선착장에 도착하면 40분 동안 승객을 내려주거나 태우고 다시 출발합니다. 이 배가 처음으로 가 선착장에서 승객을 태우고 오전 8시 30분에 출발했다면 오전에 강을 몇 번 건너는지 구하시오. (단, 배는 쉬지 않고 가 선착장과 나 선착장 사이만 다닙니다.)

( )

달력 알아보기   서술형

17 어느 해 6월 30일은 화요일입니다. 같은 해 8월 1일은 무슨 요일인지 풀이 과정을 쓰고 답을 구하시오.
🔸쌍둥이
🔹동영상

( )

풀이

하루의 시간 알아보기

18 은진이네 집 거실에는 괘종시계가 걸려 있습니다. 이 괘종시계는 1시에는 1번, 2시에는 2번, 3시에는 3번…… 12시에는 12번 종을 치고, 매시 30분마다 1번씩 종을 칩니다. 이 괘종시계는 같은 날 오전 11시 10분부터 오후 3시 10분까지 모두 몇 번 종을 치겠습니까?
🔸쌍둥이
🔹동영상

( )

4. 시각과 시간

1 시계의 긴바늘이 가리키는 숫자가 몇 분을 나타내는지 써넣으시오.

2 시각을 써 보시오.

(   )

3 날수가 같은 월끼리 짝 지은 것에 색칠하시오.

| 2월, 4월 | 5월, 12월 | 7월, 11월 |

4 같은 시각을 나타내는 것끼리 선으로 이어 보시오.

 2:43 ·

9:12 ·

5 지우와 경호가 도서관에 도착한 시각을 나타낸 것입니다. 도서관에 더 먼저 도착한 사람은 누구인지 풀이 과정을 쓰고 답을 구하시오.

| 지우 | 2시 55분 | 경호 | 3시 10분 전 |

풀이 ________________________________

____

____

답 ________________________________

[6~7] 은지가 학교에 도착한 시각과 학교에서 나온 시각입니다. 물음에 답하시오.

도착한 시각　　　　나온 시각

6 은지가 학교에 있었던 시간을 시간 띠에 색칠해 보시오.

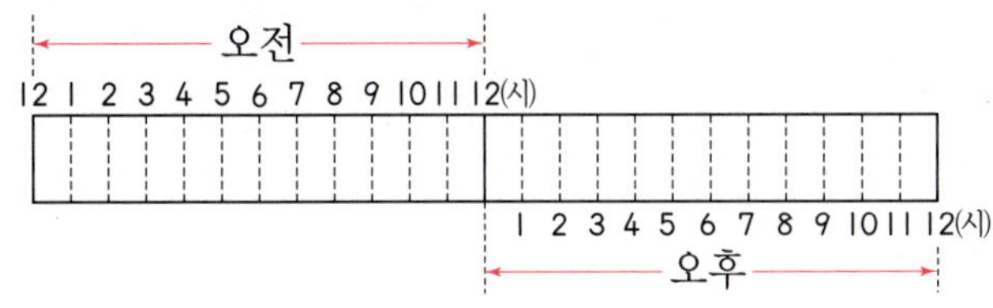

7 은지가 학교에 있었던 시간은 몇 시간입니까?

(　　　　　　　)

8 시각에 맞게 시곗바늘을 그려 넣으시오.

6시 5분 전

[9~10] 어느 해 3월 달력의 일부분입니다. 물음에 답하시오.

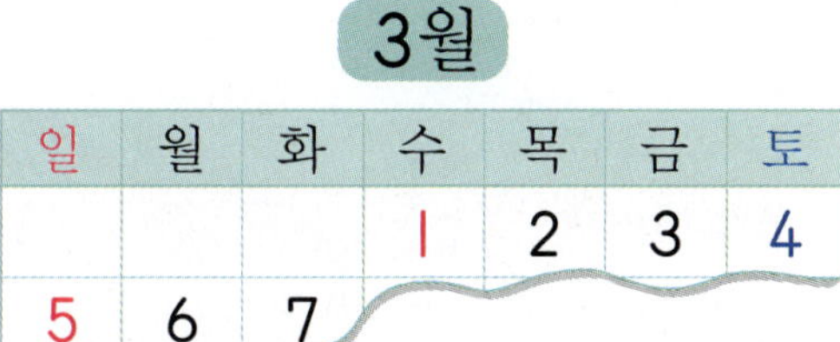

3월

일	월	화	수	목	금	토
			1	2	3	4
5	6	7				

9 3월의 셋째 금요일은 며칠입니까?

(　　　　　　　)

10 정우의 생일은 3월 9일의 16일 후입니다. 정우의 생일은 무슨 요일입니까?

(　　　　　　　)

11 은서가 시계를 보았더니 짧은바늘은 9와 10 사이를 가리키고 긴바늘은 4에서 작은 눈금 1칸 더 간 곳을 가리키고 있습니다. 은서가 본 시계의 시각은 몇 시 몇 분입니까?

( )

창의·융합

12 친구들이 놀이공원에 있었던 시간은 몇 시간입니까?

( )

13 시계의 짧은바늘이 4에서 9까지 움직이는 동안 긴바늘은 시계를 몇 바퀴 돌겠습니까?

( )

서술형

14 어느 날 오후에 민기가 축구 연습을 시작한 시각과 끝낸 시각입니다. 민기는 축구 연습을 몇 시간 몇 분 동안 했는지 풀이 과정을 쓰고 답을 구하시오.

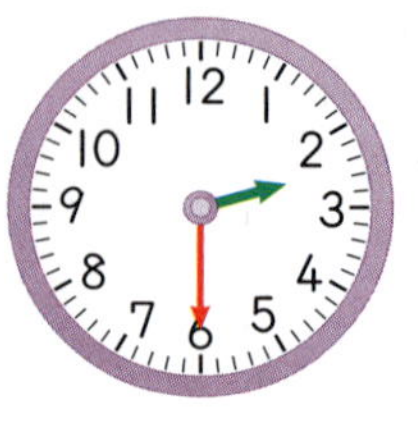 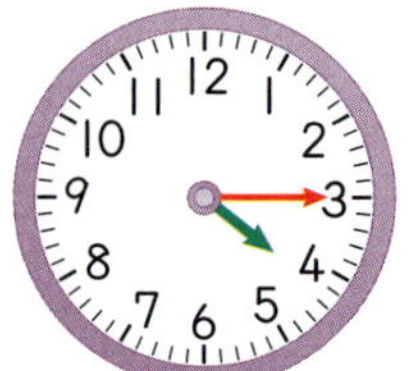

시작한 시각   끝낸 시각

풀이

____

____

____

답 ______________

15 영훈이가 거울에 비친 시계를 보았더니 다음과 같았습니다. 시계가 나타내는 시각은 몇 시 몇 분입니까?

( )

16 어느 날 오후에 뮤지컬이 시작하는 시각과 끝나는 시각입니다. 뮤지컬 공연 시간은 몇 시간 몇 분인지 구하시오.

시작하는 시각	2시 10분 전
끝나는 시각	4시 5분 전

(   )

17 지금은 7월 15일 오후 10시입니다. 지금부터 시계의 짧은바늘이 반 바퀴 돌면 며칠 몇 시가 됩니까?

알맞은 것에 ◯표 하기

7월 [   ]일 (오전 , 오후) [   ]시

18 전시회를 하는 기간은 며칠입니까?

(   )

19 철우가 105분 동안 숙제를 하고 시계를 보았더니 5시 30분이었습니다. 철우가 숙제를 시작한 시각은 몇 시 몇 분인지 풀이 과정을 쓰고 답을 구하시오.

풀이 ________________________

____

____

답 ________________________

20 서현이의 생일은 9월 1일이고 준호의 생일은 서현이 생일의 8일 전입니다. 미진이의 생일은 준호 생일의 3주일 후라면 미진이의 생일은 몇 월 며칠입니까?

(   )

4

시각과 시간

정답은 42쪽

1 서울에 사는 준호는 할아버지 댁이 있는 울산에 가기 위해 고속버스터미널에 갔습니다. 서울에서 울산까지 가는 버스의 운행 시각은 다음과 같고 40분마다 한 대씩 출발한다고 합니다. 하루 동안 서울에서 울산까지 가는 버스는 모두 몇 대입니까?

	울산행
첫차	오전 9시 30분
막차	오후 4시 50분

(   )

2 세계의 시각은 영국의 그리니치 천문대를 기준으로 정해진 것으로 위치에 따라 다릅니다. 다음은 12월 어느 날 지금 시각을 나타낸 것입니다. 이날 서울에 사는 혜진이가 서울 시각으로 오후 5시 20분에 파리에 사시는 고모와 통화를 했습니다. 고모는 파리 시각으로 몇 시 몇 분에 혜진이와 통화를 했습니까?

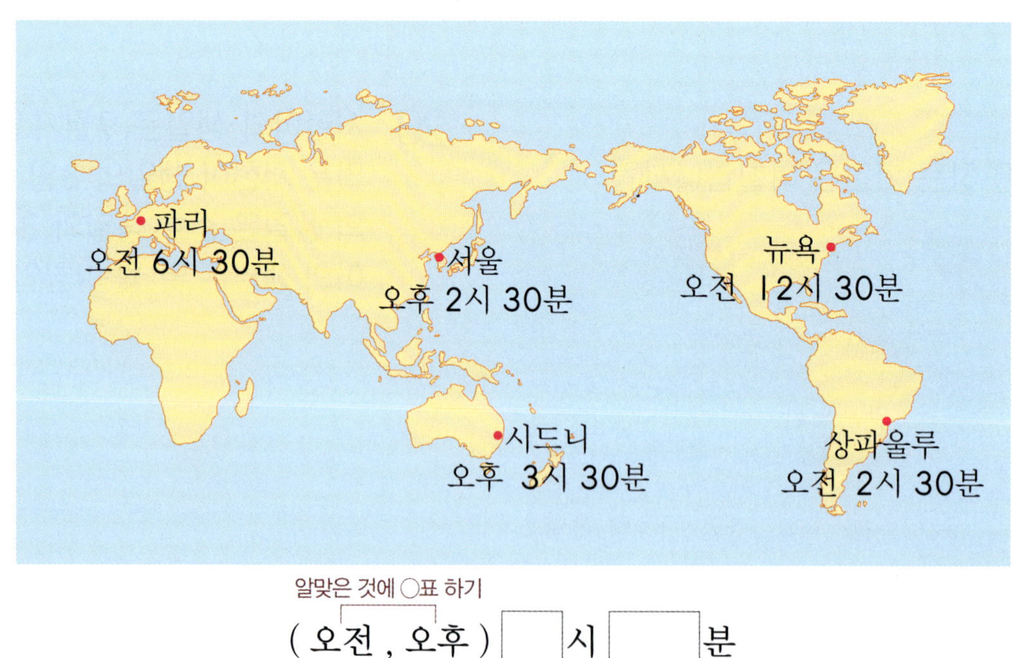

알맞은 것에 ○표 하기

(오전 , 오후) ☐ 시 ☐ 분

5 표와 그래프

5. 표와 그래프

비법 1 표를 완성하고 그래프로 나타내기

민주네 반 학생들이 좋아하는 운동별 학생 수

운동	축구	줄넘기	피구	달리기	야구	합계
학생 수(명)	5	4	5	2		20

(야구를 제외한 운동을 좋아하는 학생 수의 합)
$=5+4+5+2=16$(명)
⇨ (야구를 좋아하는 학생 수)$=20-16=4$(명)
　　　　　　　　　　　　　　　　합계
〈그래프로 나타내기〉

민주네 반 학생들이 좋아하는 운동별 학생 수

5	○		○		
4	○	○	○		○
3	○	○	○		○
2	○	○	○	○	○
1	○	○	○	○	○
학생 수(명) / 운동	축구	줄넘기	피구	달리기	야구

② 좋아하는 운동별 학생 수만큼 ○를 채웁니다.

① 그래프의 가로에 운동을 나타내고, 세로에 학생 수를 나타냅니다.

비법 2 표 완성하기

여름을 좋아하는 학생이 가을을 좋아하는 학생보다 3명 더 많을 때 표를 완성해 봅니다.

민선이네 반 학생들이 좋아하는 계절별 학생 수

계절	봄	여름	가을	겨울	합계
학생 수(명)	5	□+3	□	8	24

(봄과 겨울을 좋아하는 학생 수)$=5+8=13$(명)
(여름과 가을을 좋아하는 학생 수)$=24-13=11$(명)
　　　　　　　　　　　　　　　　　합계

가을을 좋아하는 학생: □명, 여름을 좋아하는 학생: (□+3)명
□+□+3=11, □+□=8, □=4
⇨ 가을을 좋아하는 학생: 4명
　 여름을 좋아하는 학생: 4+3=7(명)

• 표에서 한 항목의 수를 모를 때에는 합계를 이용합니다.

• **그래프로 나타낼 때 유의할 점**

모둠별 남학생 수

모둠	가	나	다	합계
남학생 수(명)	2	4	3	9

① 항목의 수를 모두 나타낼 수 있도록 칸 수를 정합니다.
⇨ 나 모둠이 4명으로 가장 많으므로 적어도 4칸이 필요합니다.
② 학생 수를 나타내는 기호는 한 칸에 한 개씩 빠짐없이 채워야 합니다.

모둠별 남학생 수

4		○	○
3		○	○
2	○	○	○
1	○	○	○
남학생 수(명) / 모둠	가	나	다

세로로 그래프를 그릴 때에는 아래에서 위로 기호를 채웁니다.

비법 ③ 표와 그래프 완성하기

은표네 반 학급 문고의 종류별 책 수

종류	위인전	동화책	동시집	과학책	합계
책 수(권)	㉠	10	㉡		25

은표네 반 학급 문고의 종류별 책 수

과학책										
동시집	×	×	×	×						
동화책										
위인전	×	×	×	×	×	×				
종류 / 책 수(권)	1	2	3	4	5	6	7	8	9	10

• 그래프에서 위인전은 6권, 동시집은 4권입니다.
  ⇨ ㉠=6, ㉡=4
• (위인전, 동화책, 동시집 수의 합)=6+10+4=**20**(권)
  ⇨ (과학책 수)=25−**20**=5(권)
  (합계)

비법 ④ 그래프에서 한 칸이 나타내는 수

소정이네 반 학생들이 좋아하는 악기별 학생 수

10	○			
	○			
	○	○		
	○	○	○	
	○	○	○	○
학생 수(명) / 악기	피아노	플루트	바이올린	단소

5칸(5칸)

5칸이 10명을 나타내므로 한 칸이 나타내는 수는 2명입니다.
  └2명+2명+2명+2명+2명

⇨ 플루트를 좋아하는 학생은 2명씩 3칸이므로 6명입니다.
  바이올린을 좋아하는 학생은 2명씩 2칸이므로 4명입니다.

• 그래프는 세로로 나타낼 수도 있고, 가로로 나타낼 수도 있습니다.

세로로 나타내기 →

좋아하는 운동별 학생 수

5		○	
4		○	
3	○	○	
2	○	○	○
1	○	○	○
학생 수(명) / 운동	야구	축구	농구

⇩

가로로 나타내기 →

좋아하는 운동별 학생 수

농구	○	○			
축구	○	○	○	○	○
야구	○	○	○		
운동 / 학생 수(명)	1	2	3	4	5

5

• 세로 한 칸이 1보다 큰 수를 나타낼 수도 있습니다. 이때 한 칸은 같은 수를 나타냅니다.
• 그래프에서 한 칸을 1보다 큰 수로 하면 공간을 적게 사용할 수 있습니다.

좋아하는 과목별 학생 수

8		○	
6	○	○	
4	○	○	○
2	○	○	○
학생 수(명) / 과목	국어	수학	창·체

⇨ 그래프의 세로 한 칸은 2명을 나타냅니다.
  국어(**6**명), 수학(**8**명), 창·체(**4**명)
  3칸   4칸   2칸

1 STEP 기본 유형 익히기

1 자료를 보고 표로 나타내기

① 기준을 정하여 자료를 분류합니다.
② 항목별 수를 세어 표에 씁니다.
③ 전체 항목의 수의 합을 합계에 써넣습니다.

[1-1~1-3] 종우네 반 학생들이 좋아하는 색깔을 조사하였습니다. 물음에 답하시오.

종우네 반 학생들이 좋아하는 색깔

종우	혜연	철웅	민서	태현
서진	은수	현우	동욱	진경
혜림	성훈	지우	승현	정민
은지	세현	경림	종훈	승미

1-1 종우가 좋아하는 색깔은 무엇입니까?

( )

1-2 종우네 반 학생은 모두 몇 명입니까?

( )

1-3 자료를 보고 표로 나타내 보시오.

종우네 반 학생들이 좋아하는 색깔별 학생 수

색깔	빨간색	노란색	파란색	분홍색	합계
학생 수(명)					

1-4 오른쪽 모양을 만드는 데 사용한 조각 수를 표로 나타내 보시오.

사용한 조각 수

조각	■	▲	◆	▱	합계
조각 수(개)					

[1-5~1-6] 혜주네 반 학생들이 좋아하는 꽃을 조사하였습니다. 물음에 답하시오.

혜주네 반 학생들이 좋아하는 꽃

혜주	민경	동현	진영	승철	민국
성현	혜진	진태	효림	진호	정아
필립	성준	세나	연서	혜림	은호

1-5 자료를 보고 표로 나타내 보시오.

혜주네 반 학생들이 좋아하는 꽃별 학생 수

꽃	장미	백합	코스모스	개나리	합계
학생 수(명)					

1-6 1-5의 표를 보고 표로 나타내면 좋은 점을 쓰시오.

____

____

<table>
<tr><td colspan="2">2 그래프로 나타내기</td></tr>
</table>

〈그래프로 나타내는 순서〉
① 가로와 세로에 어떤 것을 나타낼지 정합니다.
② 가로와 세로를 각각 몇 칸으로 할지 정합니다.
③ 기호를 정해 자료를 나타냅니다.
④ 그래프의 제목을 씁니다.

[2-1~2-3] 준호네 반 학생들이 좋아하는 동물을 조사하여 표로 나타냈습니다. 물음에 답하시오.

준호네 반 학생들이 좋아하는 동물별 학생 수

동물	강아지	고양이	코끼리	토끼	합계
학생 수(명)	7	6	3	5	21

2-1 표를 보고 ○를 이용하여 그래프로 나타내 보시오.

준호네 반 학생들이 좋아하는 동물별 학생 수

7				
6				
5				
4				
3				
2				
1				
학생 수 (명) \ 동물	강아지	고양이	코끼리	토끼

2-2 그래프의 세로에 나타낸 것은 무엇입니까?

(   )

2-3 가장 많은 학생들이 좋아하는 동물은 무엇입니까?　(   )

[2-4~2-6] 정우네 반의 반장 선거에서 각 후보들이 얻은 표의 수를 세어 표로 나타냈습니다. 물음에 답하시오.

정우네 반 반장 후보별 얻은 표 수

후보	정우	선혜	미진	동우	합계
표 수(표)	9	4	7	2	22

서술형

2-4 표를 보고 다음 그래프로 나타낼 때 그래프를 완성할 수 <u>없는</u> 이유를 쓰시오.

정우네 반 반장 후보별 얻은 표 수

3				
2				○
1				○
표 수(표) \ 후보	정우	선혜	미진	동우

이유 ________________________________

____

2-5 표를 보고 /를 이용하여 그래프로 나타내 보시오.

정우네 반 반장 후보별 얻은 표 수

동우									
미진									
선혜									
정우									
후보 \ 표 수(표)	1	2	3	4	5	6	7	8	9

2-6 반장과 부반장은 누가 되었는지 쓰시오.

반장 (   ), 부반장 (   )

5
표와 그래프

[2-7~2-9] 수진이가 외운 영어 단어 수를 조사하여 표로 나타냈습니다. 물음에 답하시오.

요일별 외운 영어 단어 수

요일	월	화	수	목	금	합계
단어 수(개)	6	4	10		12	40

서술형

2-7 목요일에 외운 영어 단어 수는 몇 개인지 풀이 과정을 쓰고 답을 구하시오.

풀이 ___________________________

____

답 ___________________

2-8 표를 보고 ○를 이용하여 그래프로 나타내 보시오.

요일별 외운 영어 단어 수

단어 수 (개) \ 요일	월	화	수	목	금
4					
2					

2-9 외운 영어 단어 수가 6개보다 많은 날은 모두 며칠입니까?

( )

---

3 표와 그래프의 내용 알기

• 표와 그래프의 편리한 점

표	항목별 수와 자료의 전체 수를 알아보기 편리합니다.
그래프	가장 많은 것과 가장 적은 것을 한눈에 알아보기 편리합니다.

[3-1~3-5] 지찬이네 반 학생들이 가 보고 싶어 하는 나라를 조사하여 표로 나타냈습니다. 물음에 답하시오.

가 보고 싶어 하는 나라별 학생 수

나라	미국	프랑스	스위스	중국	호주	합계
학생 수(명)	6	7	5	2	4	

3-1 지찬이네 반 학생은 모두 몇 명입니까?

( )

3-2 가장 적은 학생들이 가 보고 싶어 하는 나라는 어디입니까?

( )

3-3 표를 보고 ×를 이용하여 그래프로 나타내 보시오.

가 보고 싶어 하는 나라별 학생 수

학생 수 (명) \ 나라	미국	프랑스	스위스	중국	호주
7					
6					
5					
4					
3					
2					
1					

3-4 가 보고 싶어 하는 학생 수가 많은 나라부터 차례로 쓰시오.

(   )

3-5 표와 그래프를 보고 바르게 말한 사람을 찾아 이름을 쓰시오.

> 선우: 표를 보면 지찬이가 가 보고 싶어 하는 나라를 알 수 있어.
>
> 민경: 그래프를 보면 가장 많은 학생들이 가 보고 싶어 하는 나라를 한눈에 알 수 있어.
>
> 수진: 프랑스에 가 보고 싶어 하는 학생은 스위스에 가 보고 싶어 하는 학생보다 **3**명 더 많아.

(   )

4	표와 그래프로 나타내기

- 조사한 자료를 보고 표와 그래프로 나타내기
  ① 기준을 정해 분류한 후 표로 나타냅니다.
  ② 각 항목별 수를 기호를 사용하여 그래프로 나타냅니다.

[4-1~4-3] 어느 해 **11**월의 날씨를 조사하여 나타냈습니다. 물음에 답하시오.

11월

일	월	화	수	목	금	토
			1	2	3	4
5	6	7	8	9	10	11
12	13	14	15	16	17	18
19	20	21	22	23	24	25
26	27	28	29	30		

☀: 맑음, ☁: 흐림, ☂: 비, ⛄: 눈

4-1 달력을 보고 날씨별로 날수를 세어 표로 나타내 보시오.

날씨별 날수

날씨	☀	☁	☂	⛄	합계
날수(일)					

4-2 표를 보고 ○를 이용하여 그래프로 나타내 보시오.

날씨별 날수

⛄										
☂										
☁										
☀										
날씨 / 날수(일)	1	2	3	4	5	6	7	8	9	10

창의·융합

4-3 위에서 만든 표와 그래프를 보고 일기를 완성하시오.

12월 3일	날씨: ☀ ☁ ☂ ⛄

11월 한 달 동안의 날씨를 조사하였다. 표와 그래프를 보니 한 달 동안 눈 온 날은 (   )일이었고, 한 달 동안 (   ) 날이 가장 많았다. 가장 적은 날씨는 비 온 날씨였고 가장 많은 날씨보다 (   )일이나 적었다. 이번 달에는 눈 오는 날이 가장 많았으면 좋겠다.

5 표와 그래프

STEP 2 응용 유형 익히기

응용 1

표를 보고 그래프로 나타내기

예제 1-1 진아네 모둠 학생들이 지난주에 읽은 책 수를 조사하여 나타낸 표입니다. 표를 보고 ○를 이용하여 그래프로 나타내 보고, 지난주에 책을 가장 많이 읽은 학생은 누구인지 알아보시오.

진아네 모둠 학생별 읽은 책 수

이름	진아	민혜	선우	준호	승하	합계
책 수(권)	3	5	2		4	17

진아네 모둠 학생별 읽은 책 수

승하					
준호					
선우					
민혜					
진아					
이름 \ 책 수(권)	1	2	3	4	5

생각 열기

먼저 합계를 이용하여 준호가 읽은 책 수를 구합니다.

(1) 준호가 읽은 책은 몇 권입니까? (   )

(2) 표를 보고 ○를 이용하여 그래프로 나타내 보시오.

(3) 지난주에 책을 가장 많이 읽은 학생은 누구입니까?

(   )

예제 1-2 서우가 윷가락을 던져서 나온 윷 모양별 횟수를 조사한 표입니다. 표를 보고 ×를 이용하여 그래프로 나타내 보고, 세 번째로 많이 나온 윷 모양은 어느 것인지 구하시오.

윷 모양별 나온 횟수

모양	도	개	걸	윷	모	합계
횟수(번)	6	5		4	3	25

윷 모양별 나온 횟수

모							
윷							
걸							
개							
도							
모양 \ 횟수(번)	1	2	3	4	5	6	7

(   )

응용 2 표와 그래프로 나타내기

동영상 강의

예제 2-1 도형별 수를 표와 그래프로 나타내 보시오.

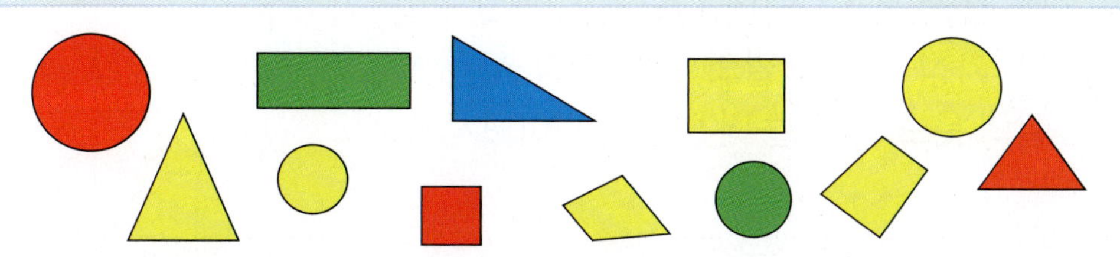

도형별 수

도형	원	삼각형	사각형	합계
수(개)				

도형별 수

5			
4			
3			
2			
1			
수(개) / 도형	원	삼각형	사각형

생각 열기

색깔은 생각하지 않고 도형별로 수를 세어 표로 나타내 봅니다.

(1) 도형별 수를 세어 표로 나타내 보시오.

(2) 표를 보고 ○를 이용하여 그래프로 나타내 보시오.

예제 2-2 위 **예제 2-1**의 도형을 보고 색깔별 도형의 수를 표로 나타내 보시오.
또, 표를 보고 /를 이용하여 그래프로 나타내 보시오.

색깔별 도형 수

색깔	빨간색	노란색	초록색	파란색	합계
도형 수(개)					

색깔별 도형 수

파란색							
초록색							
노란색							
빨간색							
색깔 / 도형 수(개)	1	2	3	4	5	6	7

응용 3 그래프 활용하기

예제 3-1 오른쪽은 혜정이가 가지고 있는 옷 14벌의 색깔을 조사하여 나타낸 그래프입니다. 가장 많은 색깔의 옷은 가장 적은 색깔의 옷보다 몇 벌 더 많은지 알아보시오.

혜정이가 가지고 있는 색깔별 옷 수

옷 수(벌) \ 색깔	흰색	검은색	빨간색	분홍색
6				
5				
4	○			
3	○		○	
2	○		○	○
1	○		○	○

생각 열기

그래프에서 알 수 있는 색깔별 옷의 수와 전체 옷의 수를 이용하여 검은색 옷의 수를 구해 봅니다.

(1) 검은색 옷은 몇 벌입니까? (   )

(2) 가장 많은 옷의 색깔과 가장 적은 옷의 색깔을 차례로 쓰시오.
(   ), (   )

(3) 가장 많은 색깔의 옷은 가장 적은 색깔의 옷보다 몇 벌 더 많습니까?
(   )

예제 3-2 수정이가 방학 동안 읽은 책 40권을 종류별로 조사하여 나타낸 그래프입니다. 수정이가 두 번째로 많이 읽은 책의 종류는 가장 적게 읽은 책의 종류보다 몇 권 더 많이 읽었습니까?

수정이가 방학 동안 읽은 종류별 책 수

종류 \ 책 수(권)	1	2	3	4	5	6	7	8	9	10	11	12
동시집	×	×	×	×	×	×						
학습 만화	×	×	×	×								
과학책	×	×	×	×	×	×	×					
위인전												
동화책	×	×	×	×	×	×	×	×	×	×	×	

(   )

응용 4 | 표 완성하기

예제 4–1 주현이네 반 학생들이 좋아하는 꽃을 조사하여 나타낸 표입니다. 장미를 좋아하는 학생 수가 해바라기를 좋아하는 학생 수보다 1명 더 많을 때 가장 많은 학생들이 좋아하는 꽃은 무엇인지 알아보시오.

주현이네 반 학생들이 좋아하는 꽃별 학생 수

꽃	튤립	국화	장미	해바라기	진달래	합계
학생 수(명)	7	4			2	24

생각 열기

먼저 장미를 좋아하는 학생 수와 해바라기를 좋아하는 학생 수의 합을 알아봅니다.

(1) 장미와 해바라기를 좋아하는 학생은 각각 몇 명입니까?

  장미 (   ), 해바라기 (   )

(2) 가장 많은 학생들이 좋아하는 꽃은 무엇입니까?

  (   )

5

표와 그래프

예제 4–2 성효네 반 학생들의 장래 희망을 조사하여 나타낸 표입니다. 디자이너가 되고 싶은 학생 수가 과학자가 되고 싶은 학생 수보다 3명 더 많을 때 두 번째로 많은 학생들의 장래 희망은 무엇입니까?

성효네 반 학생들의 장래 희망별 학생 수

장래 희망	선생님	운동선수	디자이너	과학자	요리사	합계
학생 수(명)	7	6			3	29

  (   )

예제 4–3 수진이네 반 학생들이 배우고 싶은 악기를 조사하여 나타낸 표입니다. 피아노를 배우고 싶은 학생 수가 첼로를 배우고 싶은 학생 수의 3배일 때 가장 많은 학생들이 배우고 싶은 악기는 가장 적은 학생들이 배우고 싶은 악기보다 배우고 싶은 학생 수가 몇 명 더 많습니까?

수진이네 반 학생들이 배우고 싶은 악기별 학생 수

악기	기타	피아노	바이올린	플루트	첼로	합계
학생 수(명)	11		8	5		36

  (   )

응용 5 표와 그래프 완성하기

 동영상 강의

예제 5-1 준용이네 반 학생들이 좋아하는 과일 주스를 조사하여 표와 그래프로 나타내려고 합니다. 표와 그래프를 완성하시오.

좋아하는 과일 주스별 학생 수

주스	사과	딸기	포도	자몽	수박	합계
학생 수(명)	6		7	5		22

좋아하는 과일 주스별 학생 수

학생 수(명) / 주스	사과	딸기	포도	자몽	수박
7			○		
6			○		
5			○		
4			○		
3		○	○		
2		○	○		
1		○	○		

생각 열기

표에서 알 수 있는 것으로 그래프를 채우고 그래프에서 알 수 있는 것으로 표를 채워 봅니다.

(1) 딸기 주스와 수박 주스를 좋아하는 학생은 각각 몇 명입니까?

딸기 주스 (   ), 수박 주스 (   )

(2) 표와 그래프를 완성하시오.

예제 5-2 유정이네 반 학생들이 생일에 받고 싶은 선물을 조사하여 표와 그래프로 나타내려고 합니다. 표와 그래프를 완성하시오.

생일에 받고 싶은 선물별 학생 수

선물	책	학용품	옷	게임기	인형	합계
학생 수(명)	4	6			2	30

생일에 받고 싶은 선물별 학생 수

학생 수(명) / 선물	책	학용품	옷	게임기	인형
12					
10					
8			○		
6			○		
4	○		○		
2	○		○		

 응용 6 — 표 활용하기

예제 6-1 준영이네 모둠 학생들이 수학 문제를 10개씩 풀어서 맞힌 문제와 틀린 문제 수를 조사하여 나타낸 표입니다. 수학 문제를 가장 많이 맞힌 사람은 누구인지 알아보시오.

준영이네 모둠 학생별 맞힌 문제와 틀린 문제 수

이름	준영	성희	호선	이진	합계
맞힌 문제 수(개)	6				26
틀린 문제 수(개)			7	2	14

생각 열기

학생별 푼 수학 문제가 10개씩이므로 맞힌 문제 수와 틀린 문제 수의 합이 10이 되도록 표를 완성합니다.

(1) 표를 완성하시오.

(2) 수학 문제를 가장 많이 맞힌 사람은 누구입니까?

(   )

예제 6-2 어느 학교 2학년의 반별 안경을 쓴 학생과 쓰지 않은 학생 수를 조사하여 나타낸 표입니다. 이 학교의 2학년의 반별 학생 수가 각각 25명씩일 때 안경을 쓴 학생이 가장 많은 반은 몇 반입니까?

반별 안경을 쓴 학생과 쓰지 않은 학생 수

반	1반	2반	3반	4반	5반	합계
안경을 쓴 학생 수(명)	12				8	57
안경을 쓰지 않은 학생 수(명)			14	9		68

(   )

예제 6-3 송현이네 모둠 학생들이 국어 문제를 10개씩 풀고 틀린 문제 수를 조사하여 나타낸 표입니다. 국어 문제 1개의 점수가 10점씩이라면 70점보다 높은 점수를 받은 학생은 몇 명입니까?

송현이네 모둠 학생별 틀린 문제 수

이름	송현	주희	서진	은경	수애	합계
틀린 문제 수(개)	4	5	2	1		16

(   )

자료를 보고 표로 나타내기

1 악보를 보고 표로 나타내 보시오.

🐴쌍둥이 　창의·융합

계이름별 수

계이름	도	레	미	파	합계
수(개)					

[2~3] 지영이네 학교 2학년 학생 중 지난주에 도서관에서 책을 빌린 학생 수를 반별로 조사하여 나타낸 표입니다. 물음에 답하시오.

반별 책을 빌린 학생 수

반	1반	2반	3반	4반	5반	합계
학생 수(명)	4	2	7	5	6	

표의 내용 알아보기

2 표를 보고 잘못 말한 사람을 찾아 이름을 쓰시오.

🐴쌍둥이

(　　　　　　)

그래프로 나타내기 　서술형

3 표를 보고 지영이가 다음과 같이 그래프로 잘못 나타냈습니다. 잘못된 이유를 쓰시오.

🐴쌍둥이
▶동영상

이유

반별 책을 빌린 학생 수

5반	○	○	○	○	○	○	
4반	○		○	○	○	○	
3반	○	○	○	○	○	○	○
2반	○		○				
1반	○	○		○	○		
반 \ 학생 수(명)	1	2	3	4	5	6	7

그래프의 내용 알아보기

4 소람이와 친구들이 이번 주에 모은 칭찬 붙임딱지 수를 조사하여 나타낸 그래프입니다. 소람이가 경훈이보다 칭찬 붙임딱지를 더 많이 모으려면 적어도 몇 장을 더 모아야 합니까?

이번 주에 모은 칭찬 붙임딱지 수

5			○	
4			○	○
3	○		○	○
2	○	○	○	○
1	○	○	○	○
칭찬 붙임딱지 수(장) / 이름	소람	현주	경훈	문호

(　　　　　　　　　　)

[5~6] 은주네 반 학생 30명의 생일이 있는 월을 조사하여 나타낸 그래프입니다. 물음에 답하시오.

월별 생일인 학생 수

5			○				○					
4			○				○					
3	○		○			○	○			○		
2	○	○	○		○	○	○		○	○	○	
1	○	○	○	○	○	○	○	○	○	○	○	
학생 수(명) / 월	1월	2월	3월	4월	5월	6월	7월	8월	9월	10월	11월	12월

그래프의 내용 알아보기 　서술형

5 쌍둥이 동영상

그래프의 일부분이 찢어져 보이지 않습니다. 12월에 생일인 학생은 몇 명인지 풀이 과정을 쓰고 답을 구하시오.

풀이

(　　　　　　　　　　)

그래프의 내용 알아보기

6 쌍둥이

생일인 학생 수가 5월보다 적은 월을 모두 쓰시오.

(　　　　　　　　　　)

5 표와 그래프

자료를 조사하여 표로 나타내기

7 소진이네 모둠 친구의 이름에 있는 낱자의 개수를 세어 표로 나타내 보시오.

쌍둥이
동영상

창의·융합

우리 모둠 친구들

김소진	노우리
지윤호	이지은
강다솜	박아름

이름	낱자의 개수(개)	이름	낱자의 개수(개)
김소진	8	노우리	
지윤호		이지은	
강다솜		박아름	

친구 이름에 있는 낱자의 개수별 학생 수

낱자의 개수(개)		6		합계
학생 수(명)				

[8~9] 영주네 반 학생들이 좋아하는 운동을 조사하여 나타낸 표의 일부분에 붙임딱지가 붙어 보이지 않습니다. 물음에 답하시오.

영주네 반 학생들이 좋아하는 운동별 학생 수

운동	야구	축구	수영	스키	농구	합계
학생 수(명)	♥	10	3	★	7	30

표의 내용 알아보기

8 야구와 스키를 좋아하는 학생은 모두 몇 명입니까?

쌍둥이

(   )

표의 내용 알아보기

서술형

9 영주가 위의 표를 보고 그래프로 나타내려고 합니다. 가로에는 운동을 나타내고 세로에는 학생 수를 나타낸다면 세로는 적어도 몇 명까지 나타낼 수 있어야 하는지 풀이 과정을 쓰고 답을 구하시오.

쌍둥이

(   )

풀이

표와 그래프의 내용 알아보기

10 혜진이가 신발장에 있는 신발의 색깔을 조사하여 나타낸 표와 그래프입니다. 신발장에 있는 신발은 모두 몇 켤레입니까?

🔵 **쌍둥이**
🔵 **동영상**

색깔별 신발 수

색깔	신발 수(켤레)
흰색	
검은색	
파란색	3
빨간색	1
합계	

색깔별 신발 수

신발 수(켤레) \ 색깔		검은색	파란색	빨간색
5		○		
4	○	○		
3				
2				
1				

(   )

표와 그래프의 내용 알아보기

〔창의·융합〕

11 우리가 헌혈을 하면 그 혈액을 팩에 담아 보관합니다. 어느 날 사람들이 헌혈한 혈액형별 헌혈팩의 수를 조사하여 나타낸 그래프입니다. 이날 병원에서 필요한 혈액형별 헌혈팩 수를 나타낸 표를 보고 부족한 혈액형은 무엇인지 모두 쓰시오.

사람들이 헌혈한 혈액형별 헌혈팩의 수

혈액형 \ 헌혈팩 수(개)	1	2	3	4	5	6	7	8	9	10
AB형	/	/	/	/	/					
O형	/	/	/	/	/	/	/			
B형	/	/	/	/	/	/				
A형	/	/	/	/	/	/	/	/	/	

병원에서 필요한 혈액형별 헌혈팩 수

혈액형	A형	B형	O형	AB형	합계
헌혈팩 수(개)	3	7		6	20

(   )

그래프의 내용 알아보기

12 색깔별로 주머니에 들어 있는 구슬 수를 나타낸 그래프입니다. 4가지 색깔의 구슬을 각각 같은 수만큼씩 최대한 많이 꺼낸다면 주머니에 남아 있는 구슬은 몇 개입니까?

색깔별 구슬 수

구슬 수(개) \ 색깔	노란색	빨간색	파란색	초록색
4		×		
3	×	×		×
2	×	×	×	×
1	×	×	×	×

(   )

[13~14] 성지네 가족이 낚시터에서 잡은 물고기의 수를 조사하여 나타낸 표와 그래프입니다. 엄마가 잡은 물고기 수가 성지가 잡은 물고기 수의 2배일 때 물음에 답하시오.

성지네 가족이 잡은 물고기 수

가족	아빠	엄마	성지	동생	합계
물고기 수(마리)	5	6			

성지네 가족이 잡은 물고기 수

가족 \ 물고기 수(마리)	1	2	3	4	5	6	7
동생	○	○					
성지							
엄마	○	○	○	○	○	○	
아빠	○	○	○	○	○		

표와 그래프의 내용 알아보기

13 성지가 잡은 물고기는 몇 마리입니까?

(   )

표와 그래프의 내용 알아보기

14 성지네 가족이 잡은 물고기는 모두 몇 마리입니까?

(   )

그래프의 내용 알아보기

15 I반과 2반 학생들이 운동회 때 가장 재미있었던 종목을 조사하여 나타낸 그래프입니다. I반과 2반 학생들에게 운동회 기념으로 한 사람에게 공책을 2권씩 나누어 주려고 합니다. 준비해야 할 공책은 모두 몇 권입니까?

🔲쌍둥이
▶동영상

재미있었던 종목별 학생 수

18			◯		
			◯		
	◯		◯		
	◯	◯	◯		
	◯	◯	◯		◯
	◯	◯	◯	◯	◯
학생 수(명) \ 종목	줄다리기	이어달리기	박터트리기	기마전	이인삼각달리기

(   )

표의 내용 알아보기

16 어느 학교 2학년 학생 I34명의 반별 학생 수를 조사하여 나타낸 표입니다. 남학생 I명과 여학생 I명이 항상 짝을 지어 앉을 수 있는 반은 몇 반입니까?

🔲쌍둥이
▶동영상

> • I반과 3반의 남학생 수는 같습니다.
> • 5반은 3반보다 남학생이 I명 더 적습니다.

반별 학생 수

반	I반	2반	3반	4반	5반	합계
남학생 수(명)		12		15		68
여학생 수(명)	12		14	13	14	66

(   )

5

표와 그래프

[1~3] 지연이네 반 학생들이 좋아하는 계절을 조사하였습니다. 물음에 답하시오.

지연이네 반 학생들이 좋아하는 계절

이름	계절	이름	계절	이름	계절
지연	봄	영수	여름	혜원	가을
혜진	여름	재인	겨울	민애	겨울
동현	여름	성현	가을	준호	여름
민석	가을	민국	봄	승현	겨울
준영	겨울	현태	여름	태희	여름

1 지연이가 좋아하는 계절은 무엇입니까?

(   )

2 가을을 좋아하는 학생들의 이름을 모두 쓰시오.

(   )

3 좋아하는 계절별 학생 수를 세어 표로 나타내 보시오.

지연이네 반 학생들이 좋아하는 계절별 학생 수

계절	봄	여름	가을	겨울	합계
학생 수(명)					

4 시간표의 과목별 시간 수를 표로 나타내 보시오.

교시	월	화	수	목	금
1	국어	수학	국어	국어	국어
2	국어	수학	창·체	창·체	국어
3	통합	통합	수학	창·체	통합
4	통합	통합	통합	통합	수학
5		통합	통합	창·체	

과목별 시간 수

과목	국어	수학	창·체	통합	합계
시간 수 (시간)					

5 은지네 반 학생들의 가족 수를 조사하여 표로 나타냈습니다. 가족 수가 4명인 학생은 몇 명입니까?

은지네 반 학생들의 가족 수

가족 수	2명	3명	4명	5명	합계
학생 수(명)	2	8		3	18

(   )

[6~10] 농구공 넣기를 하여 넣은 것은 ○표, 넣지 못한 것은 ×표 한 것입니다. 물음에 답하시오.

농구공 넣기 기록

이름 \ 순서	1	2	3	4	5	6	7	8	9	10
승재	○	×	×	×	×	○	×	○	○	×
인하	×	○	×	○	○	○	×	×	×	○
연수	○	×	○	×	×	○	×	○	×	×
준호	×	○	○	○	○	○	×	○	○	×

6 학생별 넣은 공 수를 표로 나타내 보시오.

학생별 넣은 공 수

이름	승재	인하	연수	준호	합계
공 수(개)					

7 표를 보고 ○를 이용하여 그래프로 나타내 보시오.

학생별 넣은 공 수

7				
6				
5				
4				
3				
2				
1				
공 수(개) \ 이름	승재	인하	연수	준호

8 공을 가장 많이 넣은 학생은 누구입니까?

( )

9 넣은 공의 수가 같은 학생은 누구누구입니까?

( )

10 연수보다 공을 더 많이 넣은 학생의 이름을 모두 쓰시오.

( )

[11~15] 아름이네 반 학생들이 가고 싶어 하는 산을 조사하여 나타낸 표와 그래프입니다. 물음에 답하시오.

아름이네 반 학생들이 가고 싶어 하는 산별 학생 수

산	한라산	설악산	북한산	지리산	합계
학생 수(명)	7			3	21

아름이네 반 학생들이 가고 싶어 하는 산별 학생 수

7				
6				
5		×		
4		×		
3		×		
2		×		
1		×		
학생 수 (명) ＼ 산	한라산	설악산	북한산	지리산

11 설악산에 가고 싶어 하는 학생은 몇 명입니까?

(   )

12 위 표의 빈칸에 알맞은 수를 써넣으시오.

13 ×를 이용하여 왼쪽 그래프를 완성하시오.

14 왼쪽 그래프를 보고 바르게 말한 사람을 모두 찾아 이름을 쓰시오.

(   )

서술형

15 가장 많은 학생들이 가고 싶어 하는 산과 가장 적은 학생들이 가고 싶어 하는 산의 학생 수의 차는 몇 명인지 풀이 과정을 쓰고 답을 구하시오.

풀이 ___________________

____

____

답 ___________________

[**16~17**] 연아네 모둠 학생들이 지난주에 읽은 책의 수를 조사하여 표로 나타냈습니다. 민혜가 지난주에 읽은 책의 수가 동우보다 3권 더 많을 때 물음에 답하시오.

연아네 모둠 학생별 읽은 책 수

이름	연아	민혜	동우	세영	준하	합계
책 수(권)	6			5	2	24

서술형

16 민혜가 읽은 책은 몇 권인지 풀이 과정을 쓰고 답을 구하시오.

풀이 ____________________

____

____

____

답 ____________________

17 표를 보고 ○를 이용하여 그래프로 나타내 보시오.

연아네 모둠 학생별 읽은 책 수

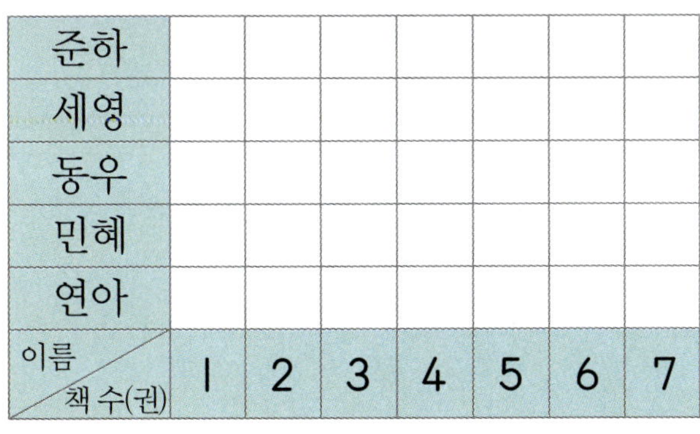

[**18~19**] 은서네 반 학생 30명의 혈액형을 조사하여 그래프로 나타냈습니다. O형인 여학생 수가 O형인 남학생 수의 2배이고, AB형인 남학생과 여학생의 수가 같을 때 물음에 답하시오.

은서네 반 학생들의 혈액형별 학생 수

18 O형인 여학생은 몇 명입니까?

(   )

19 위 그래프를 완성하시오.

20 혜수네 학교 2학년의 반별 글짓기 대회 참가자 수를 조사하여 나타낸 그래프입니다. 참가한 학생이 모두 20명이고 1반 참가자 수가 2반 참가자 수보다 2명 더 많을 때 그래프를 완성하시오.

반별 글짓기 대회 참가자 수

4반	○	○	○	○	○	○		
3반	○	○						
2반								
1반								
반 \ 학생 수(명)	1	2	3	4	5	6	7	8

5
표와 그래프

★정답은 **52**쪽

1 소희네 모둠 학생 6명이 수학 문제를 6개씩 풀고 2개의 그래프로 나타냈습니다. 학생들이 맞힌 문제 수를 ○를 이용하여 하나의 그래프로 나타내 보시오.

학생별 맞힌 문제 수

문제 수(개) \ 이름	소희	지후	성진
6			○
5		○	○
4		○	○
3	○	○	○
2	○	○	○
1	○	○	○

학생별 틀린 문제 수

문제 수(개) \ 이름	민아	준기	서우
6			
5			
4	×		
3	×		
2	×	×	
1	×	×	×

학생별 맞힌 문제 수

이름 \ 문제 수(개)	1	2	3	4	5	6
서우						
준기						
민아						
성진						
지후						
소희						

2 상자에 빨간색, 노란색, 파란색 구슬이 모두 100개 들어 있습니다. 상자의 구슬을 한 컵에 가득 세 번 꺼내어 색깔별로 세어 다음과 같이 표로 나타냈습니다. 표를 보고 알 수 있는 내용을 쓰시오.

색깔별 구슬 수(1회)

색깔	구슬 수(개)
빨간색	4
노란색	7
파란색	2
합계	13

색깔별 구슬 수(2회)

색깔	구슬 수(개)
빨간색	5
노란색	
파란색	3
합계	16

색깔별 구슬 수(3회)

색깔	구슬 수(개)
빨간색	
노란색	7
파란색	3
합계	14

6 규칙 찾기

비법 ❶ ■번째 색깔 알아보기

규칙을 찾아 30번째에 꿸 구슬은 어떤 색인지 알아봅시다.

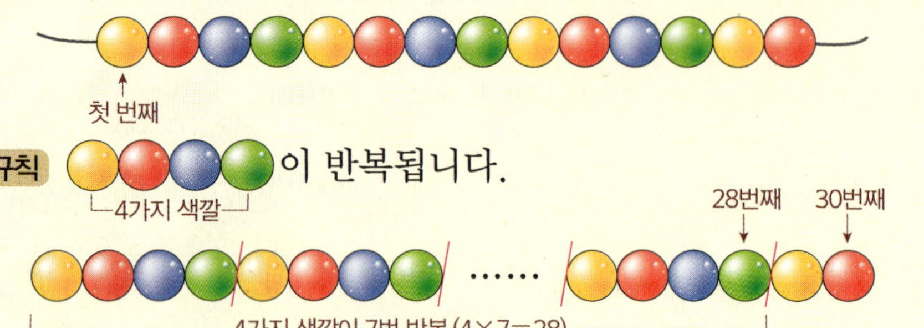

➡ 30번째에 꿸 구슬의 색깔은 두 번째와 같은 빨간색입니다.

비법 ❷ 규칙에 따라 쌓은 쌓기나무의 수 구하기

규칙에 따라 쌓기나무를 쌓은 것입니다. 1층에 쌓은 쌓기나무가 10개일 때 쌓은 쌓기나무의 수를 알아봅시다.

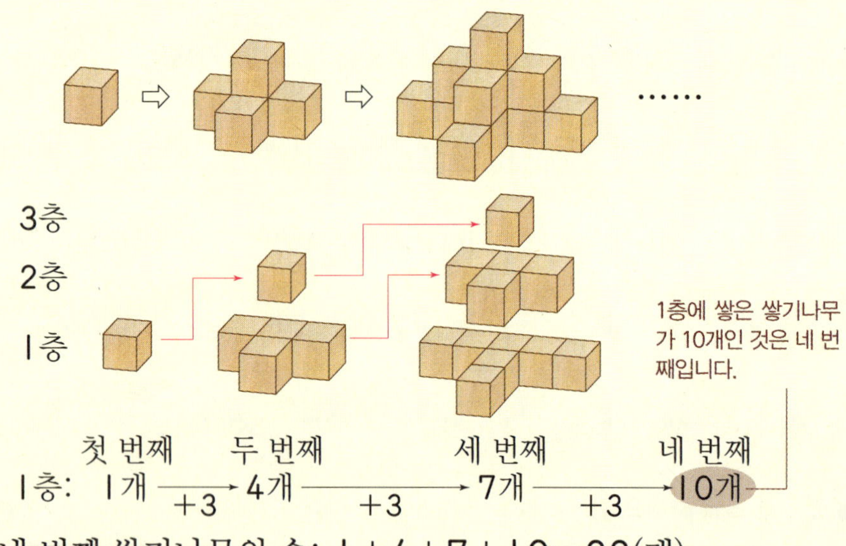

➡ 네 번째 쌓기나무의 수: 1+4+7+10=22(개)

비법 ❸ 덧셈표에서 규칙 찾기

+	1	3	5	7
1	2	4		8
3	4	6	㉠	10
5	6		10	㉡

오른쪽으로 갈수록 2씩 커지므로
4-6-㉠-10 ➡ ㉠=8
아래쪽으로 내려갈수록 2씩 커지므로
8-10-㉡ ➡ ㉡=12

• 쌓기나무를 쌓은 규칙 찾아보기

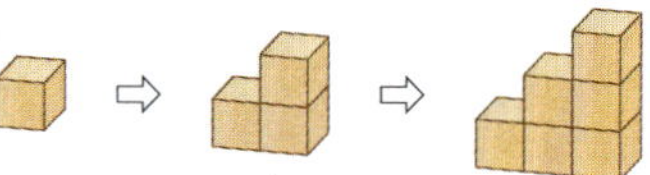

쌓기나무가 1층에서 오른쪽으로 2층, 3층으로 쌓이고 있습니다.

• 덧셈표 알아보기

+	1	2	3	4
1	2	3	4	5
2	3	4	5	6
3	4	5	6	7
4	5	6	7	8

➡ 오른쪽으로 갈수록 1씩 커지고 아래쪽으로 내려갈수록 1씩 커집니다.

비법 ④ 곱셈표의 일부분에서 규칙 찾기

① ㉠, 25, 30은 오른쪽으로 갈수록 5씩 커집니다.

　⇨ ㉠+5=25, ㉠=25−5=20

② 20, 25, ㉢은 아래쪽으로 내려갈수록 5씩 커집니다.

　⇨ ㉢=25+5=30

③ ㉢이 30이므로 ㉡, 24, 30, 36은 오른쪽으로 갈수록 6씩 커집니다.

　⇨ ㉡+6=24, ㉡=24−6=18

비법 ⑤ 생활에서 규칙 찾기

어느 공연장의 자리를 나타낸 그림입니다.

무대

	첫째	둘째	셋째	……					
가열	1	2	3	4	5				
나열	10	11	12						
⋮	19								

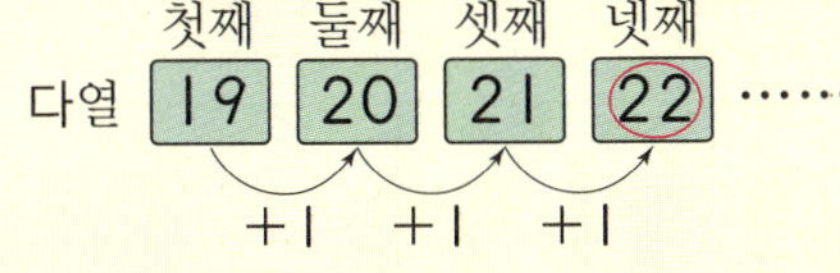

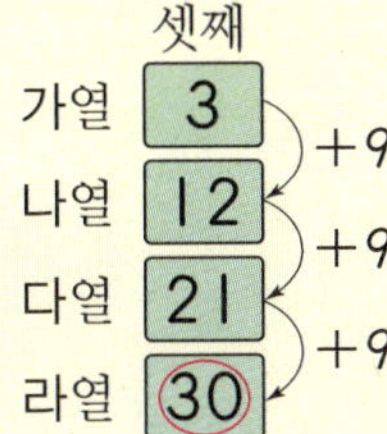

• 진호의 자리

	첫째	둘째	셋째	넷째	
다열	19	20	21	22	……

　+1　+1　+1

⇨ 진호의 자리는 다열 넷째입니다.

• 해주의 자리

	셋째
가열	3
나열	12
다열	21
라열	30

　+9　+9　+9

⇨ 해주의 자리는 30번입니다.

• 곱셈표 알아보기

×	1	2	3	4	5	6	7	8	9
1	1	2	3	4	5	6	7	8	9
2	2	4	6	8	10	12	14	16	18
3	3	6	9	12	15	18	21	24	27
4	4	8	12	16	20	24	28	32	36
5	5	10	15	20	25	30	35	40	45
6	6	12	18	24	30	36	42	48	54
7	7	14	21	28	35	42	49	56	63
8	8	16	24	32	40	48	56	64	72
9	9	18	27	36	45	54	63	72	81

① ▨으로 칠해진 수는 오른쪽으로 갈수록 3씩 커집니다.

② ▨으로 칠해진 수는 아래쪽으로 내려갈수록 5씩 커집니다.

③ 2단, 4단, 6단, 8단 곱셈구구에 있는 수는 모두 짝수입니다.

• 생활 속에서 규칙 찾기

여러 가지 물건이나 상황에서 규칙을 찾을 수 있습니다.

예 휴대 전화 번호판의 수

→ : 1씩 커집니다.

↓ : 3씩 커집니다.

↗ : 2씩 작아집니다.

6

규칙 찾기

STEP 1 기본 유형 익히기

1 무늬에서 규칙 찾기

⇨ 🔴, 🔺, 🟦가 반복되는 규칙이 있습니다.

1-1 규칙을 찾아 ☐ 안에 알맞은 모양을 그려 보시오.

1-2 (창의·융합) 학교 운동회날 운동장에 다음과 같은 만국기를 걸어 놓았습니다. 만국기를 보고 바르게 설명한 것을 찾아 기호를 쓰시오.

㉠ 한국, 프랑스, 미국, 한국의 국기가 반복되는 규칙입니다.
㉡ 한국, 프랑스, 미국의 국기가 반복되는 규칙입니다.

(   )

1-3 팔찌의 규칙을 찾아 알맞게 색칠해 보시오.

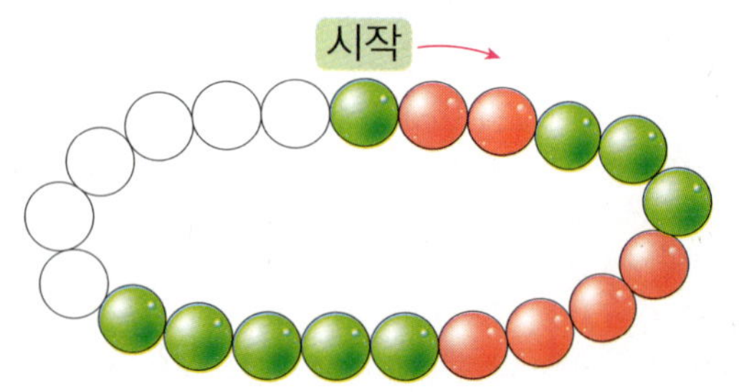

1-4 (서술형) 규칙을 찾아 ☐ 안에 알맞은 모양을 그려 보고 규칙을 쓰시오.

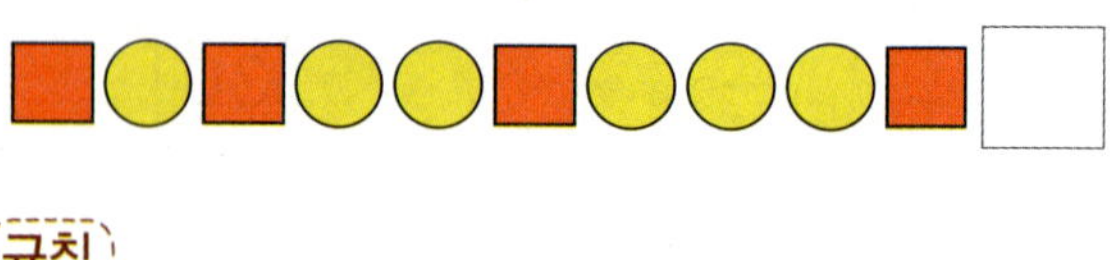

규칙 _______________________

1-5 그림을 보고 물음에 답하시오.

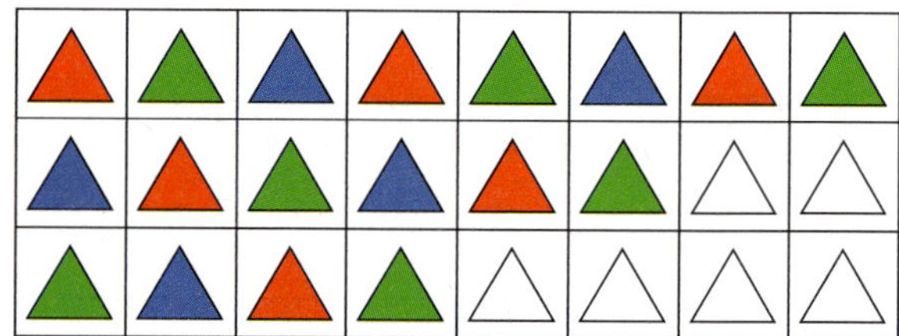

(1) 반복되는 무늬를 찾아 색칠해 보시오.

(2) 위 그림의 △ 안에 알맞게 색칠해 보시오.

(3) 위의 모양을 🔺은 1, 🔺은 2, 🔺은 3으로 바꾸어 나타내 보시오.

1-6 자음 카드를 규칙에 따라 놓았습니다. 규칙에 맞게 빈칸을 완성하고 어떤 규칙이 있는지 쓰시오.

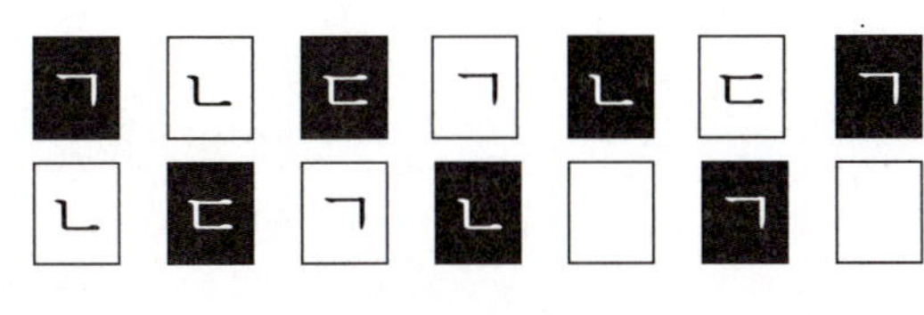

규칙 ______________________________

____

1-7 규칙을 찾아 알맞은 모양을 그려 보시오.

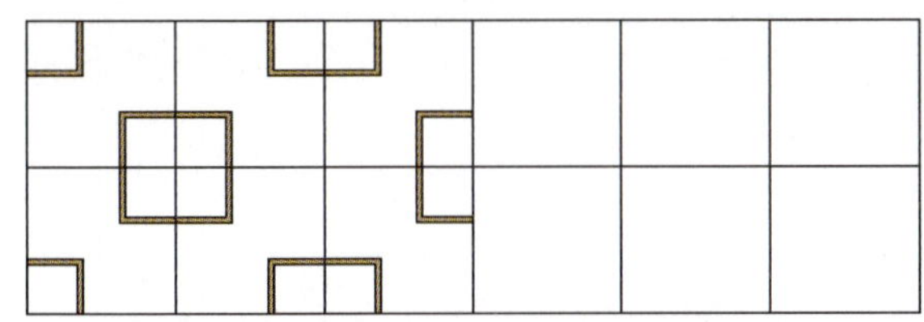

2 쌓은 모양에서 규칙 찾기

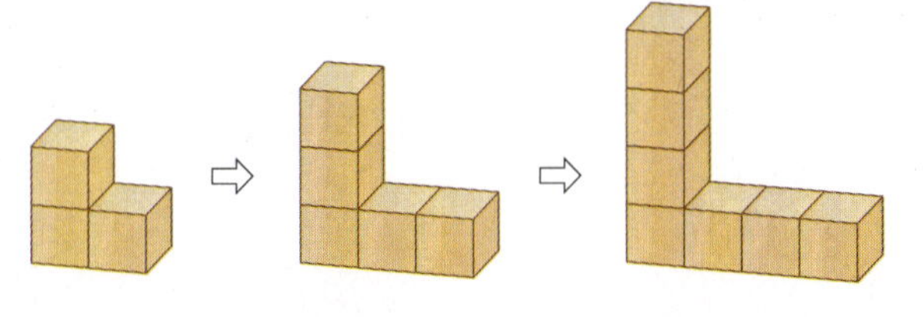

규칙 쌓기나무가 위쪽과 오른쪽으로 각각 1개씩 늘어나는 규칙입니다.

2-1 쌓기나무를 쌓은 모양을 보고 ☐ 안에 알맞은 수를 써넣으시오.

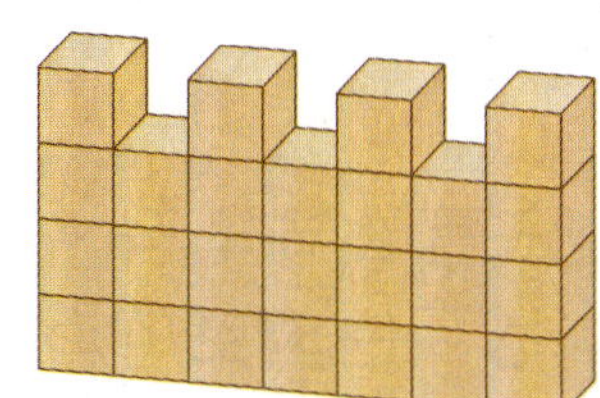

쌓기나무의 수가 왼쪽에서 오른쪽으로 4개, ☐개씩 반복되는 규칙이 있습니다.

2-2 규칙에 따라 쌓기나무를 쌓아 갈 때 ☐ 안에 놓을 쌓기나무는 몇 개입니까?

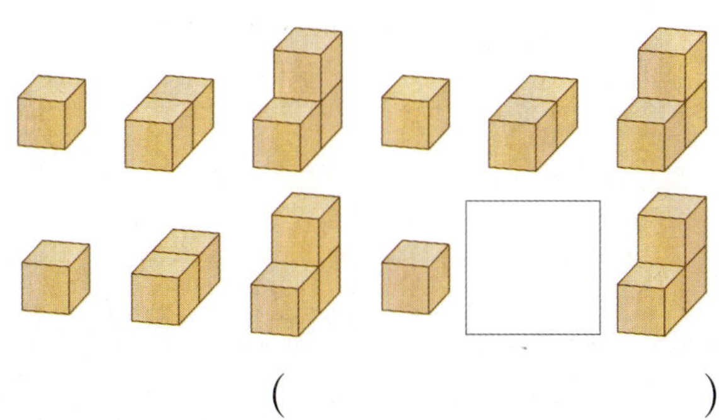

(   )

2-3 오른쪽은 어떤 규칙에 따라 벽돌을 쌓은 것입니다. 벽돌을 5층으로 쌓으려면 벽돌이 모두 몇 개 필요한지 풀이 과정을 쓰고 답을 구하시오.

풀이 ______________________________

____

____

답 ______________________________

2-4 다음은 어떤 규칙에 따라 쌓기나무를 쌓은 것입니다. 네 번째 모양에 쌓을 쌓기나무는 모두 몇 개입니까?

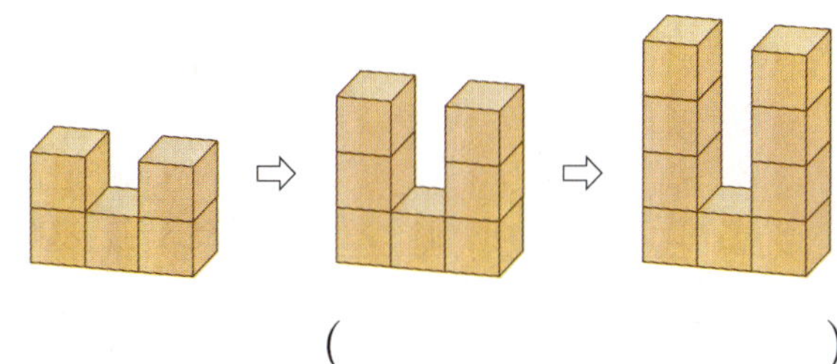

(   )

규칙 찾기 **6**

3 덧셈표와 곱셈표에서 규칙 찾기

+	1	2	3
1	2	3	4
2	3	4	5
3	4	5	6

- →의 수는 1씩 커집니다.
- ↓의 수는 1씩 커집니다.
- ↘의 수는 2씩 커집니다.

[3-1~3-3] 덧셈표를 보고 물음에 답하시오.

+	3	4	5	6	7
3	6	7	8	9	10
4	7	8	9	10	11
5	8	9	10		
6	9	10			
7	10				

3-1 규칙을 찾아 빈칸에 알맞은 수를 써넣으시오.

3-2 ▨으로 칠해진 수의 규칙을 완성하시오.

　규칙　오른쪽으로 갈수록 ☐씩 커지는 규칙이 있습니다.

3-3 초록색 점선에 놓인 수의 규칙을 완성하시오.

　규칙　↘ 방향으로 갈수록 ☐씩 커지는 규칙이 있습니다.

3-4 규칙을 찾아 빈칸에 알맞은 수를 써넣으시오.

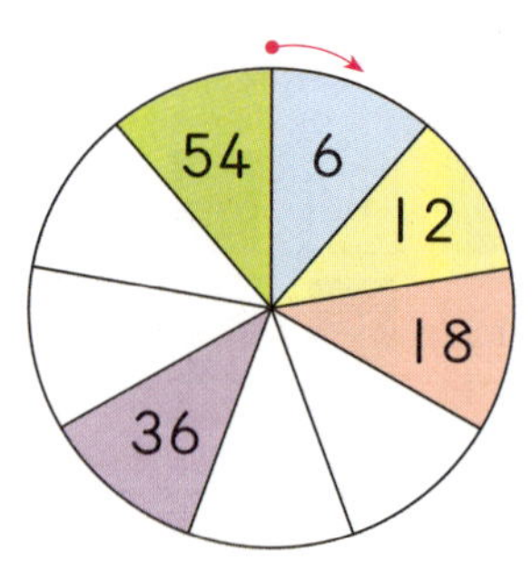

[3-5~3-7] 곱셈표를 보고 물음에 답하시오.

×	4	5	6	7	8
4	16	20	24	28	
5	20	25			
6	24		36		48
7					
8					

3-5 규칙을 찾아 빈칸에 알맞은 수를 써넣으시오.

3-6 ▨으로 칠해진 수와 규칙이 같은 수를 찾아 색칠해 보시오.

3-7 곱셈표를 초록색 점선을 따라 접었을 때 만나는 수는 서로 같습니까, 다릅니까?

(　　　　　　　　)

3-8 규칙을 찾아 빈칸에 알맞은 수를 써넣었을 때 초록색 점선에 놓인 수와 같은 규칙으로 5부터 수를 5개 쓰려고 합니다. 풀이 과정을 쓰고 □ 안에 알맞은 수를 차례로 써넣으시오.

+	1	3	5	7	9
1	2	4			
3	4				
5					
7					
9					

5, 9, □, □, □

풀이 ________________________________

____

____

____

4	**생활에서 규칙 찾기**

달력, 시계, 영화관 의자 번호, 전자계산기의 숫자 버튼 등에서 수의 규칙을 찾을 수 있습니다.

4-1 전자계산기의 빨간색 선 안의 수에서 찾을 수 있는 규칙을 완성하시오.

규칙 아래쪽으로 내려갈수록 □씩 작아집니다.

4-2 어느 해 10월의 달력입니다. 수요일에 있는 수의 규칙을 완성하시오.

10월

일	월	화	수	목	금	토
1	2	3	4	5	6	7
8	9	10	11	12	13	14
15	16	17	18	19	20	21
22	23	24	25	26	27	28
29	30	31				

규칙 수요일은 □일마다 반복됩니다.

4-3 승강기 버튼의 수를 보고 □ 안에 알맞은 수를 써넣으시오.

↑ 의 수는 □씩 커지고,

→ 의 수는 □씩 커지고,

↗ 의 수는 □씩 커지는 규칙입니다.

4-4 현진이네 반 학생들은 그림과 같이 번호 순서대로 자리에 앉습니다. 현진이는 몇 번인지 풀이 과정을 쓰고 답을 구하시오.

풀이 ________________________________

____

____

답 ________________________________

6

규칙 찾기

 2 STEP 응용 유형 익히기

응용 1 덧셈표에서 규칙 찾기

예제 1-1 오른쪽 덧셈표에서 노란색 칸에 알맞은 수는 이 덧셈표에서 모두 몇 번 들어가는지 알아보시오.

+	2	3	4	5
2	4	5	6	
3	5			
4				
5				

생각 열기

규칙을 찾아 빈칸에 알맞은 수를 써넣은 후 노란색 칸에 알맞은 수가 몇 번 들어가는지 알아봅니다.

(1) 규칙을 찾아 위 덧셈표를 완성하시오.

(2) 노란색 칸에 알맞은 수는 이 덧셈표에서 모두 몇 번 들어갑니까?

(   )

예제 1-2 오른쪽 덧셈표에서 분홍색 칸에 알맞은 수는 이 덧셈표에서 모두 몇 번 들어가는지 구하시오.

+	6	7	8	9
6				
7				
8				
9				

(   )

예제 1-3 오른쪽 덧셈표에서 분홍색 칸에 알맞은 수는 하늘색 칸에 알맞은 수보다 이 덧셈표에서 몇 번 더 많이 들어가는지 구하시오.

+	2	4	6	8
1				
3				
5				
7				

(   )

응용 2 곱셈표에서 규칙 찾기

예제 2-1 오른쪽 곱셈표에서 ㉠, ㉡, ㉢에 알맞은 수 중 가장 큰 수와 가장 작은 수의 차를 알아보시오.

×	4	5	6	7
4		20		㉠
5	㉡			
6	24			
7		㉢		

생각 열기

색칠한 부분의 가로줄과 세로줄에 있는 수들의 곱으로 ㉠, ㉡, ㉢에 알맞은 수를 각각 구해 봅니다.

(1) ㉠, ㉡, ㉢에 알맞은 수를 각각 구하시오.

㉠ (   ), ㉡ (   ), ㉢ (   )

(2) ㉠, ㉡, ㉢에 알맞은 수 중 가장 큰 수와 가장 작은 수의 차를 구하시오.

(   )

예제 2-2 오른쪽 곱셈표에서 ㉠, ㉡, ㉢에 알맞은 수 중 가장 큰 수와 가장 작은 수의 차를 구하시오.

×	2	4	6	8
2	4	8		
4			㉠	
6	㉡			48
8	16	㉢		

(   )

예제 2-3 오른쪽 곱셈표에서 ㉠, ㉡, ㉢, ㉣에 알맞은 수 중 가장 큰 수와 가장 작은 수의 차를 구하시오.

×	3	5	7	9
3	9			㉠
5	㉡	25		
7			㉢	63
9			㉣	

(   )

6

규칙 찾기

응용 3 달력에서 규칙 찾기

예제 3-1 어느 해 11월 달력입니다. 빨간색 점선에 놓인 수들의 규칙을 찾아 ㉠에 알맞은 수는 얼마인지 알아보시오.

11월

생각 열기

먼저 달력에서 찾을 수 있는 규칙을 생각해 봅니다.

(1) 빨간 점선에 놓인 수들은 ↘ 방향으로 몇씩 커집니까?

( )

(2) ㉠에 알맞은 수는 얼마입니까?

( )

예제 3-2 어느 해 12월 달력입니다. 빨간색 점선에 놓인 수들의 규칙을 찾아 ㉠에 알맞은 수를 구하시오.

12월

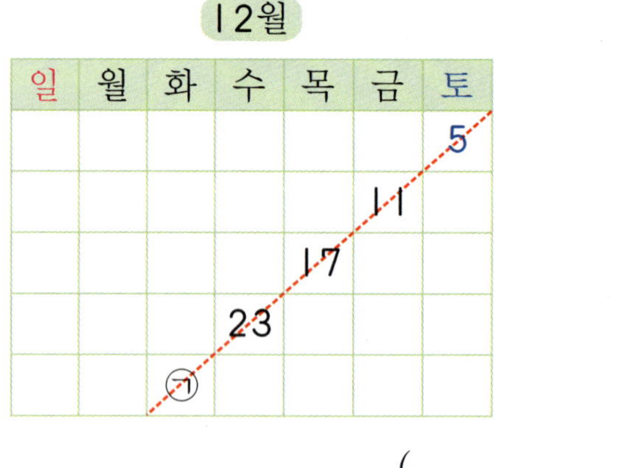

( )

응용 4 · 무늬에서 규칙 찾기

동영상 강의

예제 4 - 1 규칙을 찾아 23번째 모양을 알아보시오.

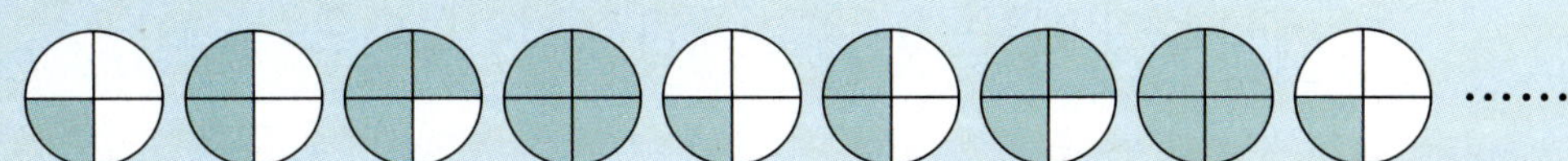

생각 열기

무늬의 규칙을 먼저 찾아봅니다.

(1) 무늬의 규칙을 쓰시오.

규칙 ________________________________

(2) 23번째 모양을 규칙에 맞게 색칠해 보시오.

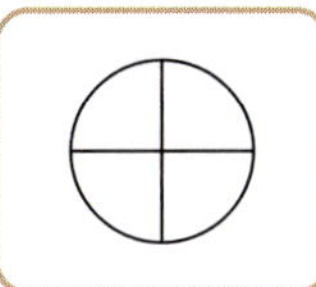

예제 4 - 2 규칙을 찾아 25번째 모양을 규칙에 맞게 색칠해 보시오.

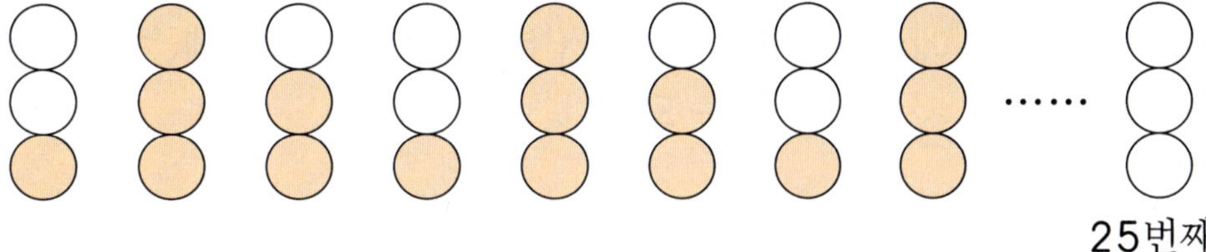

25번째

예제 4 - 3 규칙을 찾아 ☐ 안에 15번째 모양을 그려 보시오.

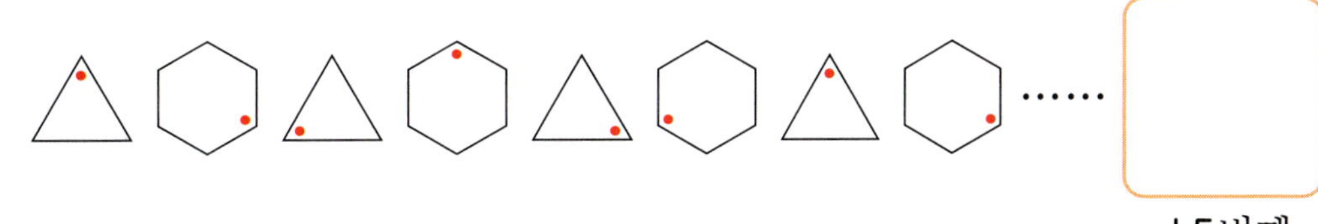

15번째

6

규칙 찾기

응용 5 쌓기나무를 쌓은 모양에서 규칙 찾기

예제 5-1 규칙에 따라 쌓기나무를 쌓은 것입니다. 1층에 쌓은 쌓기나무가 7개인 모양에서 쌓기나무는 모두 몇 개인지 알아보시오.

    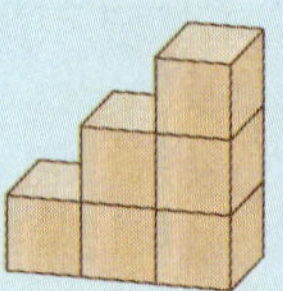

첫 번째

생각 열기

쌓기나무를 쌓은 규칙을 먼저 찾아봅니다.

(1) 쌓기나무를 쌓은 규칙을 쓰시오.

[규칙] ____

(2) 1층에 쌓은 쌓기나무가 7개인 모양은 몇 번째입니까?

( )

(3) 1층에 쌓은 쌓기나무가 7개인 모양에서 쌓기나무는 모두 몇 개입니까?

( )

예제 5-2 규칙에 따라 쌓기나무를 쌓은 것입니다. 1층에 쌓은 쌓기나무가 15개인 모양에서 쌓기나무는 모두 몇 개입니까?

첫 번째

( )

예제 5-3 규칙에 따라 쌓기나무를 쌓은 것입니다. 첫 번째 모양부터 1층에 쌓은 쌓기나무가 21개인 모양까지 쌓을 때 쌓은 쌓기나무는 모두 몇 개입니까?

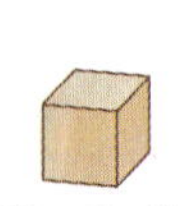   

첫 번째

( )

 응용 6 · 바둑돌을 놓은 규칙 찾기

예제 6 – 1 어떤 규칙에 따라 바둑돌을 놓은 것입니다. 바둑돌을 12줄로 놓을 때 흰색 바둑돌과 검은색 바둑돌 중 어떤 색 바둑돌이 몇 개 더 많은지 알아보시오.

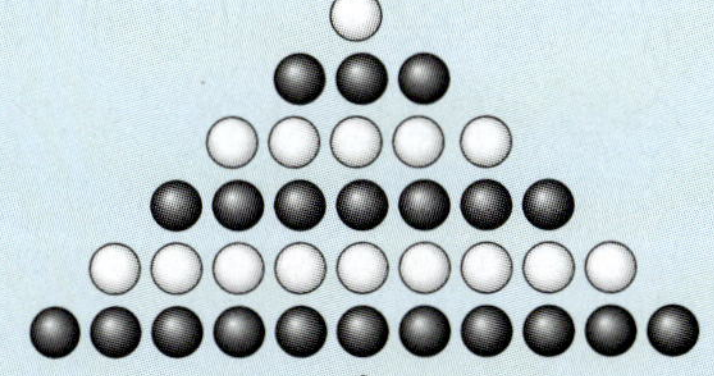

생각 열기
흰색과 검은색 바둑돌을 놓은 규칙을 찾아 12줄까지 놓을 때 각 바둑돌의 수를 구해 봅니다.

(1) 바둑돌을 놓은 규칙을 쓰시오.

  규칙 ____

(2) 바둑돌을 12줄로 놓을 때 놓이는 흰색과 검은색 바둑돌은 각각 몇 개입니까?

  흰색 (   ), 검은색 (   )

(3) 어떤 색 바둑돌이 몇 개 더 많은지 차례로 쓰시오.

  (   ), (   )

예제 6 – 2 어떤 규칙에 따라 바둑돌을 놓은 것입니다. 가로줄과 세로줄에 놓인 바둑돌이 각각 10개씩일 때 검은색 바둑돌과 흰색 바둑돌 중 어떤 색 바둑돌이 몇 개 더 많은지 차례로 쓰시오.

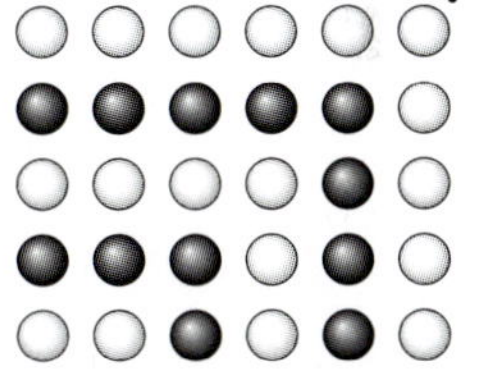

  (   ), (   )

예제 6 – 3 어떤 규칙에 따라 바둑돌을 놓은 것입니다. 첫 번째 모양부터 여섯 번째 모양까지 모두 놓는 데 필요한 바둑돌은 검은색 바둑돌과 흰색 바둑돌 중 어떤 색 바둑돌이 몇 개 더 많은지 차례로 쓰시오.

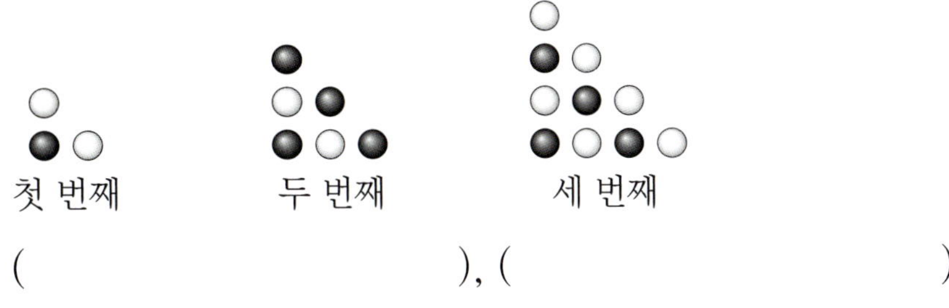

  (   ), (   )

3 STEP 응용 유형 뛰어넘기

덧셈표에서 규칙 찾기

1 오른쪽 덧셈표의 일부분에서 규칙을 찾아 빈칸에 알맞은 수를 써넣으시오.

쌍둥이

		14	15
13	14	15	
	15		
			18

곱셈표에서 규칙 찾기

2 규칙을 찾아 빈칸에 알맞은 수를 써넣으시오.

쌍둥이

×	2	4	6	
2	4	8	12	16
4	8	16	24	
6	12			48
	16	32		

쌓은 모양에서 규칙 찾기

3 모형을 사용하여 규칙에 따라 만든 모양입니다. 다섯 번째 모양에 사용할 모형은 모두 몇 개입니까?

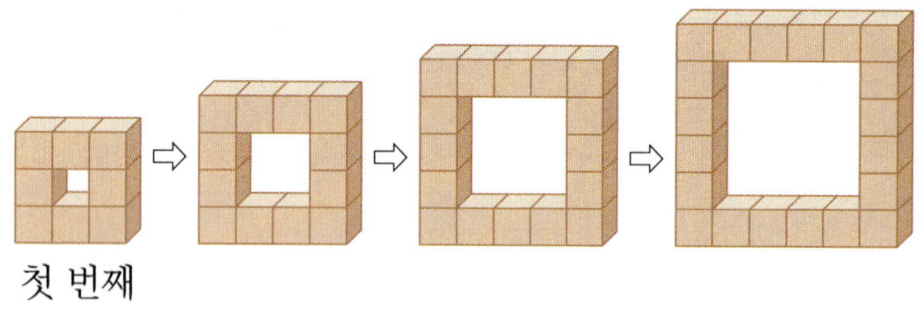

(   )

✿ 정답은 **57**쪽

생활에서 규칙 찾기 `창의·융합`

4 차들이 다니는 도로의 신호등은 초록색, 노란색, 빨간색의 순서로 등의 색깔이 바뀝니다. 지금 **빨**간색 등이 켜져 있다면 앞으로 **14**번째에 켜지는 등은 무슨 색입니까?

◯쌍둥이
◯동영상

(   )

무늬에서 규칙 찾기 `서술형`

5 동우가 다음과 같은 규칙으로 빨래를 널었습니다. 빈 곳에 알맞은 옷을 찾아 기호를 쓰려고 합니다. 풀이 과정을 쓰고 답을 구하시오.

◯쌍둥이

(   )

`풀이`

덧셈표에서 규칙 찾기

6 덧셈표 안의 수를 활용하여 덧셈표를 완성하시오.

◯쌍둥이

+	5	6	7	8	9
	10				
		12			
			14		
				16	
					18

창의·융합

7 지수는 15층에 삽니다. 집에 가기 위
해 승강기 버튼을 누르려고 하는데
버튼의 수가 보이지 않습니다. 지수
가 눌러야 하는 버튼에 ◯표 하시오.

쌍둥이

쌓은 모양에서 규칙 찾기

8 보람이와 규진이가 규칙에 따라 쌓기나무를 쌓았
습니다. 다섯 번째 모양에는 누가 쌓기나무를 몇
개 더 많이 쌓게 되는지 차례로 쓰시오.

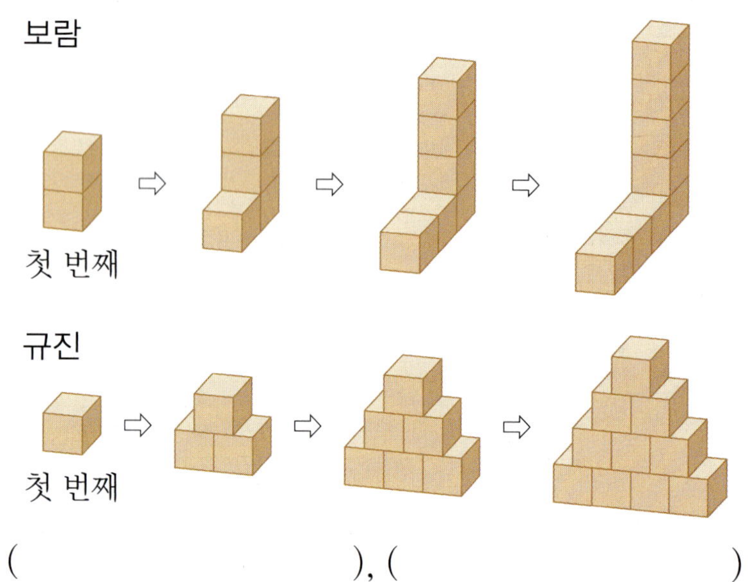

(   ), (   )

덧셈표에서 규칙 찾기
서술형

9 오른쪽은 덧셈표의 일부
분입니다. 규칙에 따라
빈칸에 알맞은 수를 써
넣고, 분홍색 칸에 있는
수의 규칙을 쓰시오.

5	7	9	11	13
6	8			14
7	9			15
8		12		
9		13	15	

규칙

달력에서 규칙 찾기

10 어느 해 9월 달력입니다. ㉠과 ㉡에 알맞은 수의 합을 구하시오.

9월

일	월	화	수	목	금	토
			3			
		9				
	15					
	21					
㉠	㉡					

( )

생활에서 규칙 찾기 　창의·융합

11 규칙에 따라 시계를 놓은 것입니다. 규칙을 찾아 마지막 시계에 시곗바늘을 알맞게 그려 넣으시오.

🐣쌍둥이
▶동영상

무늬에서 규칙 찾기

12 다음과 같은 규칙으로 실에 빨간색 구슬과 파란색 구슬을 꿰고 있습니다. 36번째에는 어떤 색 구슬을 꿰어야 합니까?

( )

6

규칙 찾기

무늬에서 규칙 찾기

13 윤하는 ★ 모양과 ● 모양 붙임딱지를 각각 15개씩 가지고 있었습니다. 다음 규칙에 따라 붙임딱지를 21번째까지 붙였다면 남은 ★ 모양 붙임딱지 수와 ● 모양 붙임딱지 수의 차는 몇 개입니까?

★ ★ ● ★ ★ ● ● ★ ★ ● ● ● ★ ★ ……
↑
첫 번째

(   )

무늬에서 규칙 찾기 　　　　　　　　　　　　　창의·융합

14 규칙을 찾아 □ 안에 알맞은 자음과 모음을 차례로 써서 단어를 만들어 보시오.

쌍둥이 · 동영상

ㅂ	ㅅ	ㅇ	ㅂ	ㅅ	ㅇ	ㅂ	ㅅ	ㅇ	ㅂ	□	ㅇ
ㅏ	ㅗ	ㅜ	ㅡ	ㅏ	ㅗ	ㅜ	ㅡ	□	ㅗ	ㅜ	ㅡ
ㄴ	ㅁ	ㄹ	ㅎ	ㄴ	ㅁ	□	ㅎ	ㄴ	ㅁ	ㄹ	ㅎ
ㅜ	ㅠ	ㅏ	ㅑ	ㅜ	ㅠ	ㅏ	ㅑ	ㅜ	ㅠ	□	ㅑ
ㅅ	ㅁ	ㅇ	ㅂ	ㄱ	ㅅ	ㅁ	□	ㅂ	ㄱ	ㅅ	ㅁ

(   )

쌓은 모양에서 규칙 찾기 　　　　　　　　　서술형

15 어떤 규칙에 따라 사과 상자를 벽에 붙여 쌓은 것입니다. 같은 규칙으로 1층에 쌓은 사과 상자가 28개일 때 쌓은 사과 상자는 모두 몇 개인지 풀이 과정을 쓰고 답을 구하시오.

쌍둥이 · 동영상

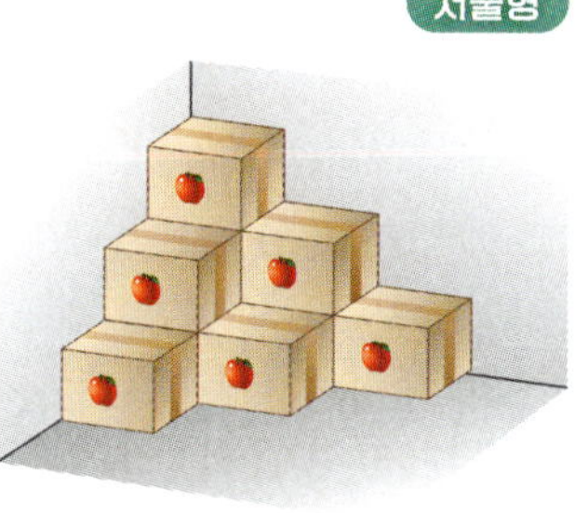

풀이

(   )

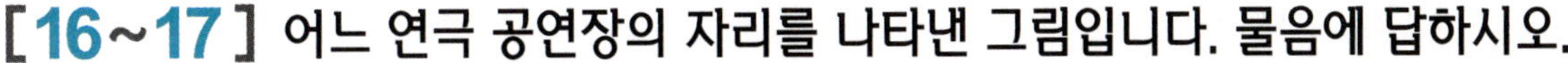

[16~17] 어느 연극 공연장의 자리를 나타낸 그림입니다. 물음에 답하시오.

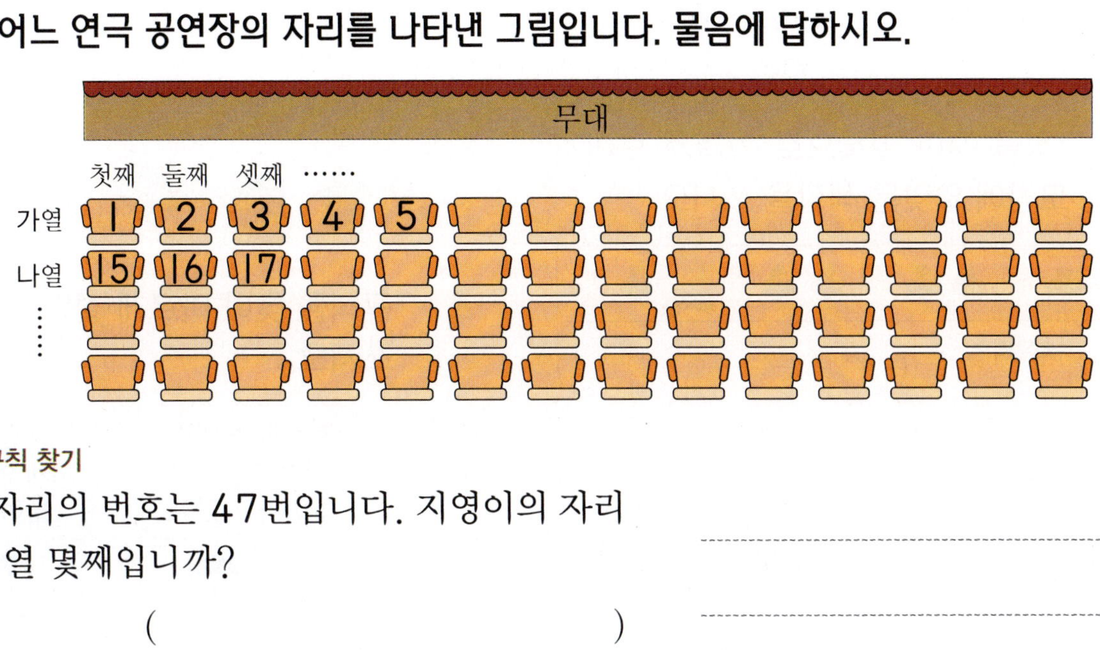

생활에서 규칙 찾기

16 지영이 자리의 번호는 47번입니다. 지영이의 자리는 어느 열 몇째입니까?

◑쌍둥이

(   )

생활에서 규칙 찾기

17 수정이의 자리는 마열 일곱째입니다. 수정이 자리의 번호는 몇 번입니까?

◑쌍둥이
▶동영상

(   )

수의 규칙 찾기　　　　　　　　　　　　　　　서술형

18 수진이는 다음과 같이 규칙에 따라 수 카드를 놓고 있습니다. 수진이가 1부터 50까지의 수가 적힌 수 카드를 한 장씩 모두 50장을 가지고 있을 때 규칙에 따라 놓고 남은 수 카드는 몇 장인지 풀이 과정을 쓰고 답을 구하시오.

◑쌍둥이
▶동영상

  5   ……

(   )

풀이

6

규칙 찾기

1 다음은 규칙적인 무늬가 있는 띠 벽지입니다. 규칙을 찾아 얼룩으로 가려져 보이지 않는 모양에 알맞은 색깔을 쓰시오.

(   )

2 규칙을 찾아 ◯ 안에 알맞게 색칠해 보시오.

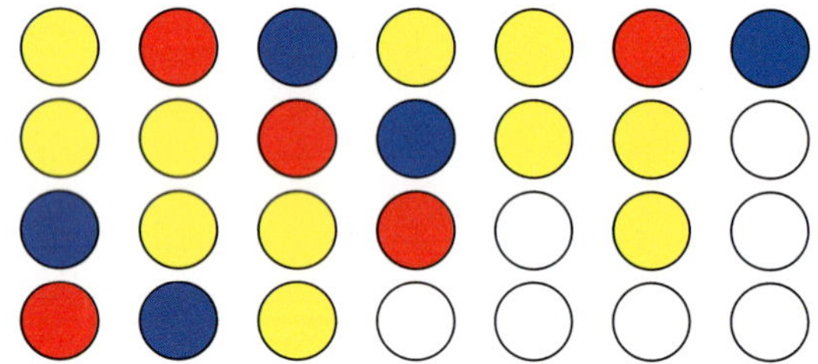

3 원이 쌓여 있는 그림을 보고 규칙을 찾아 빈 곳에 알맞은 모양을 그려 보시오.

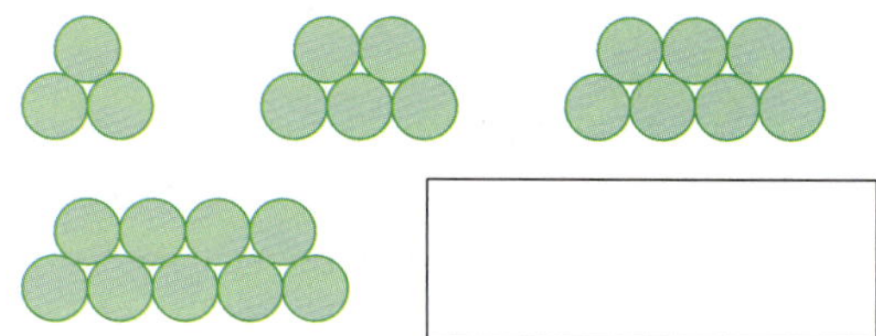

[4~5] 그림을 보고 물음에 답하시오.

4 규칙을 찾아 바르게 설명한 사람의 이름을 쓰시오.

(   )

5 규칙에 따라 빈칸에 알맞은 모양에 ◯표 하시오.

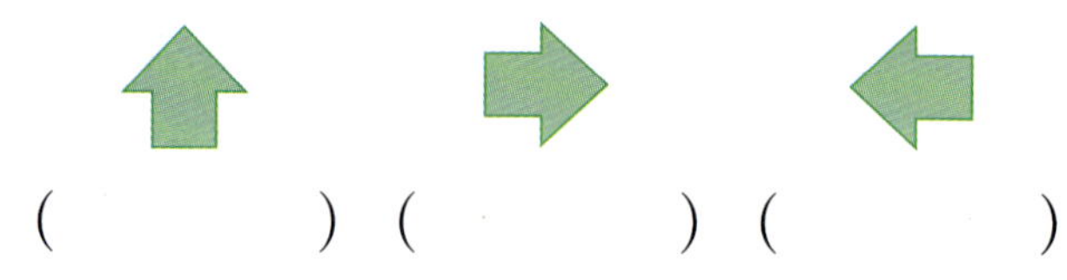

(   ) (   ) (   )

6 규칙에 따라 쌓기나무를 쌓아 갈 때 ☐ 안에 놓을 쌓기나무는 몇 개입니까?

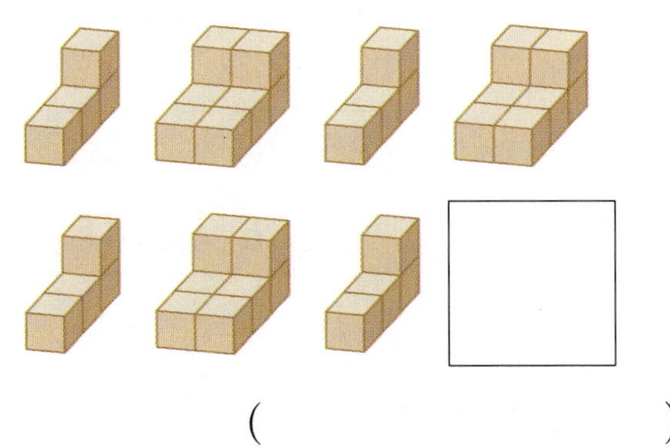

( )

[7~8] 덧셈표를 보고 물음에 답하시오.

+	2	4	6	8
2	4	6	8	
4	6	8		
6	8			
8				

7 규칙을 찾아 빈칸에 알맞은 수를 써넣으시오.

8 빨간색 점선에 놓인 수의 규칙을 완성하시오.

규칙 ↘ 방향으로 갈수록 ☐ 씩 커지는 규칙이 있습니다.

[9~11] 곱셈표를 보고 물음에 답하시오.

×	1	3	5	7
1	1	3	㉠	
3	3	㉡		21
5		15		㉢
7	7		35	49

서술형

9 ▨으로 칠해진 곳과 규칙이 같은 곳을 찾아 색칠하고 어떻게 찾았는지 설명하시오.

설명 _______________________________

____

____

10 곱셈표를 보라색 점선을 따라 접었을 때 만나는 수는 서로 같습니까, 다릅니까?

( )

11 ㉠, ㉡, ㉢에 알맞은 수의 합을 구하시오.

( )

창의·융합

12 자신만의 규칙을 정해 모양을 색칠해 보시오.

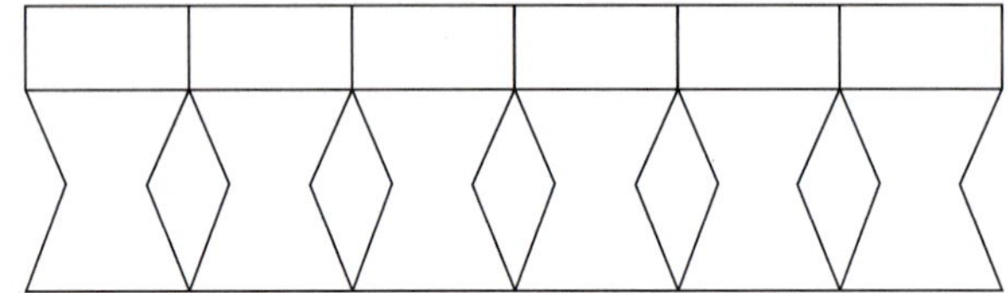

서술형

13 다음과 같은 전구로 크리스마스트리를 장식했습니다. 22번째 전구는 어떤 색깔인지 풀이 과정을 쓰고 답을 구하시오.

↑
첫 번째

풀이 _______________________

____

____

____

____

답 _______________________

14 곱셈표의 일부분에서 규칙을 찾아 빈칸에 알맞은 수를 써넣으시오.

20	24		
25	30		40
	36	42	48

15 다음은 고속버스 출발 시각을 나타낸 표입니다. 표에서 찾을 수 있는 규칙을 완성하시오.

고속버스 출발 시각

대전행		전주행	
9시	11시 30분	7시 30분	12시
9시 50분	12시 20분	9시	13시 30분
10시 40분	13시 10분	10시 30분	15시

규칙 대전행 버스는 [ ]분마다 출발하고 전주행 버스는 [ ]시간 [ ]분마다 출발하는 규칙이 있습니다.

16 규칙에 따라 시계를 놓았을 때 여섯 번째 시계에 알맞은 시각을 쓰시오.

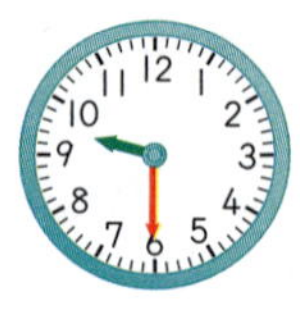

첫 번째

(   )

17 어느 해 3월 6일은 월요일입니다. 같은 해 3월에는 월요일이 모두 몇 번 있는지 풀이 과정을 쓰고 답을 구하시오.

풀이 ____________________

____

____

____

답 ____________________

18 다음과 같은 규칙으로 쌓기나무를 벽에 붙여 8층까지 쌓을 때 필요한 쌓기나무는 몇 개입니까?

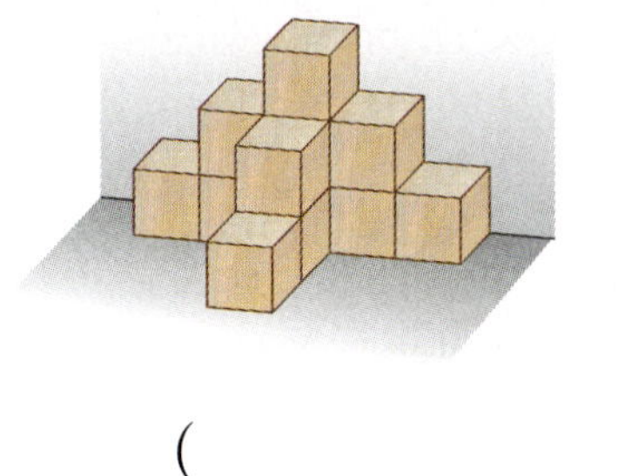

( )

19 어떤 규칙에 따라 바둑돌을 놓은 것입니다. 다섯 번째에 놓이는 검은색과 흰색 바둑돌은 각각 몇 개인지 차례로 쓰시오.

첫 번째　　　두 번째　　　세 번째

( ), ( )

20 수진이는 신발을 신발 보관함의 넷째 줄에서 넷째 칸에 보관했습니다. 수진이의 신발 보관함의 번호는 몇 번입니까?

…… 셋째 칸 둘째 칸 첫째 칸

						셋째 줄
				119	118	둘째 줄
				112	111	첫째 줄

( )

1 점자는 앞을 보지 못하는 사람들이 손가락으로 더듬어 읽을 수 있도록 만든 특수한 글자를 말합니다. 다음은 숫자 점자를 이용하여 규칙에 따라 늘어놓은 것입니다. 빈 곳에 알맞게 색칠해 보시오.

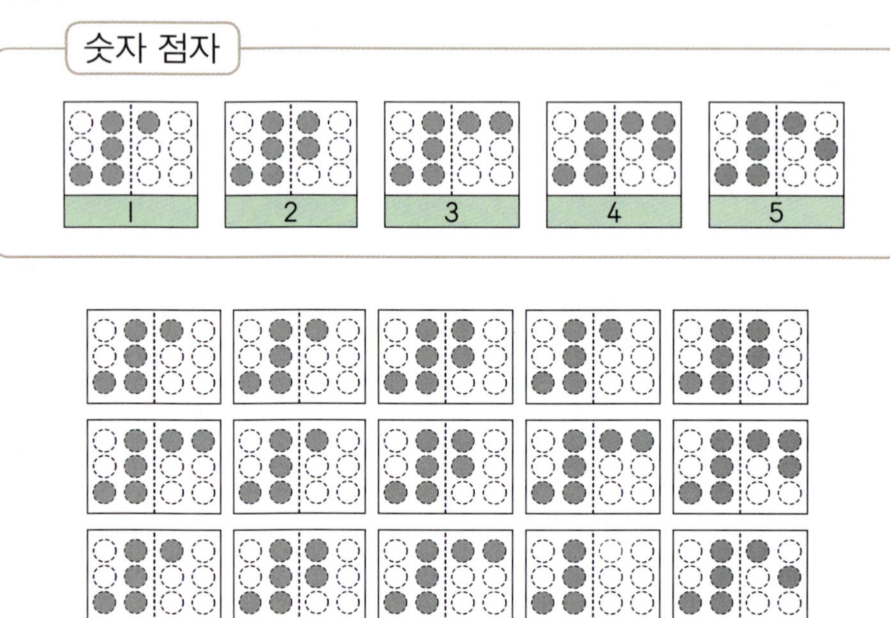

2 가위바위보 놀이에서 다음과 같이 가위는 2, 바위는 0, 보는 5로 나타냈습니다. 가위바위보 놀이의 규칙을 찾아 빈 곳에 알맞은 수를 써넣으시오.

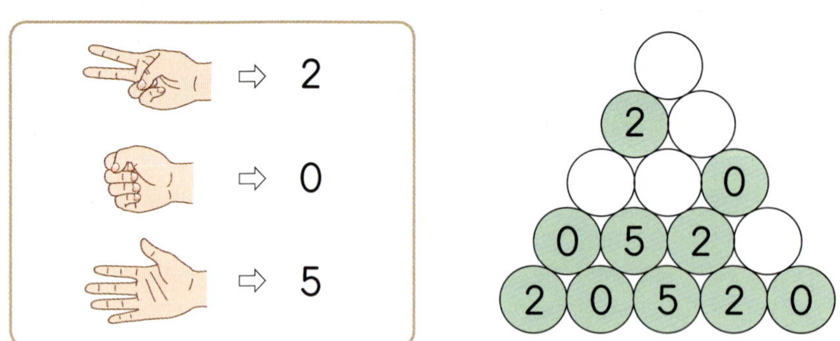

어떤 교과서를 쓰더라도 ALWAYS

우등생 시리즈

국어/수학 | 초 1~6(학기별), **사회/과학** | 초 3~6학년(학기별)

세트 구성 | 초 1~2(국/수), 초 3~6(국/사/과, 국/수/사/과)

POINT 1

동영상 강의와 스케줄표로
쉽고 빠른 홈스쿨링 학습서

POINT 2

모든 교과서의 개념과
문제 유형을 빠짐없이 수록

POINT 3

온라인 성적 피드백 &
오답노트 앱(수학) 제공

모든 응용을
다 푸는
해결의 법칙

천재교육

응용 해결의 법칙

2-2

1. 네 자리 수

STEP 1 기본 유형 익히기 8~11쪽

1-1 5, 5000

1-2 ╳

1-3 300원

1-4 ㉡

1-5 7000원

1-6 1000포기

2-1 7, 1, 6, 2

2-2 진호

2-3 4637 ; 사천육백삼십칠

2-4 3250원

2-5 예 구천구십을 수로 쓰면 9090이므로 숫자 0은 2개입니다.
; 2개

3-1 ②

3-2 6007, 6452

3-3 예 숫자 5가 나타내는 값을 각각 알아보면
5486 ⇨ 5000, 6523 ⇨ 500,
2975 ⇨ 5이므로 숫자 5가 나타내는 값이
가장 작은 수는 2975입니다. ; 2975

3-4 8262 ; 5468

4-1 6400

4-2 8300

4-3 1000씩 ; 1100씩

4-4

4-5 5300

5-1 >

5-2 ④

5-3 예 천의 자리 수를 비교하면 2950<3050
이므로 경미가 민주보다 줄넘기를 더 많
이 넘었습니다.
; 경미

5-4 2, 3, 1

1-1 1000이 5개인 수 ⇨ **5000**, 오천

1-2 생각 열기 수 모형과 동전이 나타내는 수가 각각
얼마인지 알아봅니다.
1000은 200보다 800만큼 더 큰 수이고,
600보다 400만큼 더 큰 수입니다.

1-3 생각 열기 100원짜리 동전을 1000원이 되도록
묶은 다음 남은 100원짜리 동전이 몇 개인지 알
아봅니다.
100원짜리 동전을 10개 묶으면 1000원입
니다.
⇨ 남는 돈은 100원짜리 동전 3개이므로
300원입니다.

1-4 ㉠ 1000이 4개이면 4000입니다.
㉡ 100이 50개이면 5000입니다.
㉢ 사천 ⇨ 4000

1-5 생각 열기 1000이 ■개이면 ■000입니다.
1000이 7개이면 7000입니다. ⇨ **7000원**

1-6 배추 한 접은 100포기이므로 10접은 **1000
포기**입니다.

2-1
■▲●★은
1000이 ■개
100이 ▲개
10이 ●개
1이 ★개

2-2 4059 ⇨ 사천오십구
참고 ・네 자리 수 읽기
⑴ 자리의 숫자가 0이면 그 자리는 읽지 않습니다.
⑵ 자리의 숫자가 1이면 그 자릿값만 읽습니다.

2-3 1000이 4개 → 4000, 100이 6개 → 600,
10이 3개 → 30, 1이 7개 → 7
⇨ 쓰기: **4637**,   읽기: **사천육백삼십칠**

2-4 |000원짜리 지폐 3장 → 3000원,
|00원짜리 동전 2개 → 200원,
|0원짜리 동전 5개 → 50원
⇨ **3250원**

2-5 서술형 가이드 구천구십을 수로 쓴 다음 0의 수를
세는 과정이 있어야 합니다.

채점기준		
구천구십을 수로 바르게 쓴 다음 숫자 0의 수를 셈.	상
구천구십을 수로 바르게 썼으나 숫자 0의 수를 잘못 세어 답이 틀림.	중
구천구십을 수로 쓰지 못하여 답이 틀림.	하

3-1 각 수의 백의 자리 숫자를 알아보면
① 3 ② 2 ③ 4 ④ 8 ⑤ 7입니다.

3-2 생각 열기 숫자 6이 나타내는 값을 각각 알아봅니다.
숫자 6이 나타내는 값을 각각 알아보면
2618 ⇨ 600, 6007 ⇨ 6000,
7260 ⇨ 60, 6452 ⇨ 6000입니다.
참고 ・각 자리의 숫자가 나타내는 값 알기
(1) 각 자리의 숫자가 나타내는 값은 오른쪽부터 왼
쪽으로 한 자리씩 옮겨 가며 차례로 일, 십, 백,
천이 되고 한 자리씩 옮겨 갈 때마다 10배씩
늘어납니다.
(2) 같은 숫자라도 어느 자리에 있느냐에 따라 나
타내는 값이 달라집니다.

3-3 서술형 가이드 숫자 5가 나타내는 값을 알아보는
과정이 있어야 합니다.

채점기준		
숫자 5가 나타내는 값을 각각 알아보고 답을 구함.	상
숫자 5가 나타내는 값을 각각 알아보았으나 실수로 답이 틀림.	중
숫자 5가 나타내는 값을 몰라 답을 구하지 못함.	하

3-4 숫자 8이 나타내는 값을 각각 알아보면
5468 ⇨ 8, 8262 ⇨ 8000,
5870 ⇨ 800, 1789 ⇨ 80입니다.
따라서 숫자 8이 나타내는 값이 가장 큰 수는
8262, 가장 작은 수는 **5468**입니다.

4-1 6300 바로 오른쪽 칸에 있는 수는 **6400**입니다.

4-2 7300 바로 아래쪽 칸에 있는 수는 **8300**입니다.

4-3 생각 열기 어느 자리 수가 몇씩 커지는지 살펴봅니다.
・↓는 천의 자리 수가 |씩 커지므로 **1000씩**
뛰어 센 것입니다.
・↘는 천의 자리 수와 백의 자리 수가 각각 |씩
커지므로 **1100씩** 뛰어 센 것입니다.

4-4 |00씩 커지는 수들은 |00씩 뛰어 센 것입니다.
⇨ 3895 − 3995 − 4095 − 4195

4-5 해법 순서
① 5260부터 |0씩 커지는 수 카드를 찾아봅니다.
② 뒤집어진 카드의 수를 알아봅니다.
수 카드는 |0씩 커지는 규칙이 있으므로 뒤집
어진 카드는 5290보다 |0만큼 더 큰 수인
5300입니다.
5260−5270−5280−5290
−**5300**−5310−5320−5330

5-1 5296 > 5247
9>4

5-2 ④ 4707 < 4712
0<|

5-3 서술형 가이드 2950과 3050의 크기를 비교하는
과정이 있어야 합니다.

채점기준		
2950과 3050의 크기를 비교하고 바른 답을 구함.	상
2950과 3050의 크기를 비교하는 과정에서 실수가 있어서 답이 틀림.	중
풀이 과정과 답이 모두 틀림.	하

5-4 수가 작을수록 먼저 일어난 일입니다.
⇨ |986 < |999 < 2002

2 STEP 응용 유형 익히기 12~19쪽

1-1 ⑴ 600원 ⑵ 400원
1-2 500원　　**1-3** 350원
2-1 ⑴ 5742 ⑵ 오천칠백사십이
2-2 사천팔백이십오　**2-3** 7개
3-1 ⑴ 작습니다에 ○표 ⑵ 해밀
3-2 지연　　**3-3** 현지
4-1 ⑴ 4번 ⑵ 6500원
4-2 3500원　　**4-3** 8월
5-1 ⑴ 6431 ⑵ 6341
5-2 5098　　**5-3** 6개
6-1 ⑴ 0, 1, 2, 3 ⑵ 3
6-2 4　　**6-3** 6, 7
7-1 ⑴ 9673, 9736 ⑵ 9736
7-2 7542　　**7-3** 진우
8-1 ⑴ 4 ⑵ 4332
8-2 5895, 6896　　**8-3** 7개

1-1 ⑴ 100원짜리 동전 5개: 500원
　　10원짜리 동전 10개: 100원
　　따라서 우준이가 가지고 있는 돈은 모두
　　600원입니다.
　⑵ 1000은 600보다 400만큼 더 큰 수이므
　　로 **400원**이 더 있어야 1000원이 됩니다.

1-2 [생각 열기] 주어진 동전이 얼마인지 알아보고 1000원
　은 주어진 금액보다 몇만큼 더 큰 수인지 알아봅니다.
　100원짜리 동전 3개: 300원
　10원짜리 동전 20개: 200원
　⇨ 하은이가 가지고 있는 돈은 500원이므로
　500원이 더 있어야 1000원이 됩니다.

1-3 100원짜리 동전 6개: 600원
　10원짜리 동전 5개: 50원
　⇨ 재성이가 가지고 있는 돈은 650원이므로
　350원이 더 있어야 1000원이 됩니다.

2-1 ⑴ 1000이　4개 → 4000
　　100이 16개 → 1600
　　10이 14개 →　140
　　1이　2개 →　　2
　　──────────
　　　　　　　 5742
　⑵ 5742 ⇨ **오천칠백사십이**

2-2 1000이　3개 → 3000
　100이 17개 → 1700
　10이 12개 →　120
　1이　5개 →　　5
　─────────────
　　　4825 ⇨ **사천팔백이십오**

2-3 [해법 순서]
　① 서율이가 가지고 있는 금액을 수로 나타내 봅
　　니다.
　② 1000원짜리 지폐와 10원짜리 동전의 금액은
　　얼마인지 알아봅니다.
　③ 위 ①과 ②의 수를 비교하여 100원짜리 동전
　　은 몇 개인지 알아봅니다.
　삼천구백육십 원: 3960원
　1000원짜리 지폐　3장 →　3000 원
　　100원짜리 동전 □개 → □□□□ 원
　　10원짜리 동전 26개 →　260 원
　⇨ 1000원짜리 지폐와 10원짜리 동전이 모두
　　3260원이고 서율이가 가지고 있는 돈은
　　3960원이므로 100원짜리 동전은 **7개**입
　　니다.

3-1 ⑵ 해밀 1250걸음, 민솔 1500걸음
　　1250<1500이므로 걸음의 수가 더 작은
　　사람은 해밀입니다.
　　따라서 한 걸음의 길이가 더 긴 사람은 **해밀**
　　입니다.
　[주의] 두 수의 크기를 비교하여 걸음의 수가 더
　많은 사람을 찾지 않도록 주의합니다.

3-2 한 걸음의 길이가 더 긴 사람이 걸음으로 재어
　나타낸 수가 더 작습니다.
　⇨ 1820<1928이므로 한 걸음의 길이가 더
　긴 사람은 **지연**입니다.

3-3 한 걸음의 길이가 가장 짧은 사람이 걸음으로
재어 나타낸 수가 가장 큽니다.
⇨ 1036<1275<1480이므로 한 걸음의
길이가 가장 짧은 사람은 **현지**입니다.

4-1 ⑴ 4월, 5월, 6월, 7월 ⇨ 모두 4개월이므로
1000씩 **4번** 뛰어 세어야 합니다.
⑵ 2500−3500−4500−5500−6500
⇨ 모두 **6500원**이 됩니다.

4-2 해법 순서
① 저금하려는 돈은 100원씩 몇 번 뛰어 센 것인
지 알아봅니다.
② 저금한다면 돈은 모두 얼마가 되는지 구합니다.
내일부터 매일 100원씩 5일 동안 저금한다면
저금한 횟수는 모두 5번입니다.
3000부터 100씩 5번 뛰어 세면
3000−3100−3200−3300−3400
−3500입니다.
⇨ **3500원**

4-3 2850부터 1000씩 뛰어 세면
2850−3850−4850−5850
　　3월　　4월　　5월　　6월
−6850−7850입니다.
　7월　　8월
⇨ 7850원이 되는 달은 **8월**입니다.

5-1 ⑴ 6>4>3>1이므로 만들 수 있는 가장 큰
네 자리 수는 **6431**입니다.
⑵ 두 번째로 큰 네 자리 수는 **6413**, 세 번째
로 큰 네 자리 수는 **6341**입니다.
참고 • 가장 큰 네 자리 수 만들기
높은 자리에 가장 큰 수부터 차례로 늘어놓습
니다.
• 가장 작은 네 자리 수 만들기
높은 자리에 가장 작은 수부터 차례로 늘어놓
습니다.

5-2 0<5<8<9에서 0은 천의 자리에 올 수 없
습니다.
만들 수 있는 가장 작은 네 자리 수: 5089
두 번째로 작은 네 자리 수: **5098**

5-3 해법 순서
① 천의 자리에 들어갈 수 있는 숫자를 알아봅니다.
② 만들 수 있는 7000보다 큰 네 자리 수를 구합
니다.
③ 위 ②에서 구한 수는 모두 몇 개인지 알아봅니다.
7000보다 크므로 천의 자리 숫자는 7입니다.
7□□□인 네 자리 수:
7025, 7052, 7205, 7250, 7502, 7520
⇨ **6개**

6-1 ⑴ 13<u>5</u>9>1□<u>4</u>2에서 천의 자리 수가 같고
십의 자리 수를 비교하면 5>4이므로 □
안에는 3과 같거나 작은 수가 들어갈 수 있
습니다.
⇨ □ 안에 들어갈 수 있는 수는
0, 1, 2, 3입니다.
⑵ □ 안에 들어갈 수 있는 수 0, 1, 2, 3 중에
서 가장 큰 수는 **3**입니다.
참고 ◆●★♣>◆□▲■에서
⑴ ★>▲인 경우: □ 안에는 ●와 같거나 ●보
다 작은 수
⑵ ★<▲인 경우: □ 안에는 ●보다 작은 수

6-2 2□18<2509에서 천의 자리 수가 같고 십
의 자리 수를 비교하면 1>0이므로 □ 안에는
5보다 작은 수가 들어갈 수 있습니다.
⇨ □ 안에 들어갈 수 있는 수는 0, 1, 2, 3, 4
이고 이 중에서 가장 큰 수는 **4**입니다.

6-3 • □463>5491: 백의 자리 수가 같고 십의
자리 수를 비교하면 6<9이므로 □ 안에는
5보다 큰 수가 들어갈 수 있습니다.
→ 6, 7, 8, 9
• 65□3<6580: 천의 자리 수, 백의 자리
수가 같고 일의 자리 수를 비교하면 3>0이
므로 □ 안에는 8보다 작은 수가 들어갈 수
있습니다.
→ 0, 1, 2, 3, 4, 5, 6, 7
⇨ □ 안에 공통으로 들어갈 수 있는 수 : **6, 7**

7-1 (1) • 백의 자리 숫자가 6인 네 자리 수
□6□□ 중 가장 큰 수는 높은 자리에 큰
수부터 차례로 쓴 **9673**입니다.
• 십의 자리 숫자가 3인 네 자리 수
□□3□ 중 가장 큰 수는 높은 자리에 큰
수부터 차례로 쓴 **9736**입니다.
(2) 9673<9736

7-2 • 십의 자리 숫자가 5인 네 자리 수
□□5□에서 가장 큰 수는 7452입니다.
• 일의 자리 숫자가 2인 네 자리 수
□□□2에서 가장 큰 수는 7542입니다.
⇨ 7452<7542

7-3 • 승현: 백의 자리 숫자가 1인 네 자리 수
□1□□에서 가장 큰 수 → 8150
• 용민: 십의 자리 숫자가 0인 네 자리 수
□□0□에서 가장 큰 수 → 8501
• 진우: 일의 자리 숫자가 0인 네 자리 수
□□□0에서 가장 큰 수 → 8510
⇨ 8150<8501<8510이므로 가장 큰
수를 만든 사람은 **진우**입니다.

8-1 (1) 4000보다 크고 5000보다 작으므로 천의
자리 수는 4입니다.
(2) 일의 자리 수: 3−1=2
천의 자리 숫자 4, 백의 자리 숫자 3,
십의 자리 숫자 3, 일의 자리 숫자 2
⇨ **4332**

8-2 5000보다 크고 7000보다 작은 수이므로 천
의 자리 수는 5, 6이 될 수 있습니다.
백의 자리 숫자는 8이고, 일의 자리 숫자와 천
의 자리 숫자는 같으므로 58□5, 68□6이 될
수 있습니다.
십의 자리 수는 백의 자리 수보다 크므로 구하
려는 네 자리 수는 **5895, 6896**입니다.

8-3 4000보다 크고 6000보다 작은 네 자리 수
중에서 백의 자리 수가 천의 자리 수보다 5만
큼 더 커야 하므로 천의 자리 수가 5이면 백의
자리 수는 없고, 천의 자리 수가 4이면 백의 자
리 수는 9입니다.
일의 자리 숫자가 3이므로 구하려는 네 자리 수
는 49□3입니다.
⇨ 4903, 4913, 4923, 4953, 4963,
4973, 4983이므로 모두 **7개**입니다.
참고 5□□□의 경우는 백의 자리 수가
5+5=10이 되므로 알맞지 않습니다.

³STEP 응용 유형 뛰어넘기 20~25쪽

1 200원
2 (위에서부터) 5231, 5231, 5216
3 ㉡   **4** 80개
5 (왼쪽부터) 8, 6   **6** 5789
7 8693
8 예 십의 자리 수가 1씩 커지므로 10씩 뛰어 센
것입니다. 2725부터 10씩 7번 뛰어 세면
2725−2735−2745−2755−2765
−2775−2785−2795이므로 2795입
니다.
; 2795
9 2번
10 예 천의 자리 수가 가장 작은 3789, 3790
중에서 더 작은 수인 3789가 가장 작은
수입니다. 3789는 천의 자리 숫자가 3,
백의 자리 숫자가 7이고 각 자리 수의 합
은 3+7+8+9=27입니다.
따라서 잘못 설명한 사람은 은솔입니다.
; 은솔
11 ㉡   **12** 8070

13 ⑩ 백의 자리 숫자가 3이므로 만들 수 있는 네 자리 수는 □3□□입니다. 천의 자리에는 0이 올 수 없으므로 0을 제외한 가장 작은 수인 2가 들어가고 십의 자리와 일의 자리에 각각 0과 7이 들어가야 합니다.
⇨ 2307
; 2307

14 5 ; 9   **15** 3900

16 8634   **17** 7520

18 ⑩ 천의 자리 숫자는 8, 백의 자리 숫자는 5이므로 구하려는 네 자리 수는 85㉠㉡입니다. 85㉠㉡에서 ㉠이 될 수 있는 수는 0, 1, 2, 3, 4, 6, 7, 9입니다. ㉠이 0일 때 ㉡이 될 수 있는 수는 0, 5, 8을 제외한 7개입니다.
㉠이 1, 2, 3, 4, 6, 7, 9일 때도 마찬가지로 7개씩입니다.
⇨ 7+7+7+7+7+7+7+7=56(개)
; 56개

1 〔생각 열기〕 500원짜리 동전 1개와 10원짜리 동전 10개는 각각 100짜리 동전 몇 개와 같은지 알아봅니다.
10원짜리 동전 10개는 100원입니다.
500원짜리 동전 1개, 100원짜리 동전 2개, 10원짜리 동전 10개이므로 찬호가 가지고 있는 돈은 800원입니다.
⇨ 1000원이 되려면 **200원**이 더 있어야 합니다.

2 높은 자리 수가 클수록 큰 수입니다.
5231>4987, 5129<5216
  5>4   1<2
⇨ 5231>5216
        3>1

3 ㉠ 100이 60개인 수는 6000입니다.
㉡ 5900보다 10만큼 더 큰 수는 5910입니다.
㉢ 1000이 6개인 수는 6000입니다.
따라서 다른 수를 나타낸 것은 ㉡입니다.

4 〔해법 순서〕
① ㉠이 나타내는 값을 알아봅니다.
② ㉡이 나타내는 값을 알아봅니다.
③ ㉠이 나타내는 값은 ㉡이 나타내는 값이 몇 개인 수인지 알아봅니다.
㉠: 8은 천의 자리 숫자이므로 8000을 나타냅니다.
㉡: 1은 백의 자리 숫자이므로 100을 나타냅니다.
⇨ 8000은 100이 **80개**인 수입니다.

5
751㉠은
  ┌ 1000이 ㉡개 → ㉡000
  ├ 100이 14개   → 1400
  ├ 10이 11개   →   110
  └ 1이 8개   →   8
⇨ 천의 자리 숫자는 ㉡+1=7, 백의 자리 숫자는 4+1=5, 십의 자리 숫자는 1, 일의 자리 숫자는 8이므로 ㉠=8, ㉡=6입니다.

6 ㉠은 1000이 5개, 100이 4개, 10이 8개, 1이 9개인 수므로 5489입니다.
5489에서 100씩 3번 뛰어 세면 5489-5589-5689-5789에서 ㉡은 5789입니다.

7 천의 자리 숫자가 8, 백의 자리 숫자가 6인 네 자리 수는 86□□입니다.
십의 자리 수는 8보다 크므로 9입니다.
일의 자리 수는 6보다 3만큼 더 작은 수이므로 3입니다.
⇨ 8693

8 〔서술형 가이드〕 몇씩 뛰어 세었는지 알고, 2725부터 7번 뛰어 세는 과정이 있어야 합니다.

채점 기준		
몇씩 뛰어 센 것인지 찾고 2725부터 7번 뛰어 세어 바른 답을 구함.	상
몇씩 뛰어 센 것인지 찾았으나 2725부터 7번 뛰어 세는 과정에서 실수가 있어서 답이 틀림.	중
몇씩 뛰어 센 것인지 몰라서 답을 구하지 못함.	하

9 두 사람이 맞힌 점수는 1000점이 2+1=3(번),
10점이 1+5=6(번)이므로 3060점입니다.
점수가 모두 3560점이므로 100점을 5번 맞혔
습니다.
성호가 100점을 3번 맞혔으므로 지혜는
5−3=2(번) 맞혔습니다.

10 서술형 가이드 가장 작은 수를 찾고 세 사람 중 잘못
설명한 사람을 찾는 풀이 과정이 있어야 합니다.

채점 기준	가장 작은 수를 찾고 잘못 설명한 사람을 바르게 찾음.	상
	가장 작은 수를 찾았으나 잘못 설명한 사람을 찾지 못함.	중
	가장 작은 수를 찾지 못하여 잘못 설명한 사람도 찾지 못함.	하

참고 네 자리 수 ■▲●★의 각 자리 수의 합
⇨ ■+▲+●+★

11 해법 순서
① 몇씩 뛰어 센 것인지 알아보고 ㉠에 알맞은 수를
구합니다.
② 몇씩 뛰어 센 것인지 알아보고 ㉡에 알맞은 수를
구합니다.
③ ㉠과 ㉡ 중에서 더 큰 수를 알아봅니다.
• 3200부터 2번 뛰어 세어 3400이 되었으므로
100씩 뛰어 센 것입니다.
3200−3300−3400−3500−3600
　　　　　　　　　　　　　　㉠
• 4000부터 1번 뛰어 세어 4200이 되었으므로
200씩 뛰어 센 것입니다.
3400−3600−3800−4000−4200
　　　　㉡
⇨ 3500<3600이므로 ㉠<㉡입니다.

12 5080의 오른쪽으로 2칸 이동한 수가 5100이
므로 오른쪽으로 10씩 뛰어 센 것입니다.
5080의 아래쪽으로 2칸 이동한 수가 7080이
므로 아래쪽으로 1000씩 뛰어 센 것입니다.
7080에서 1000만큼 뛰어 세면 8080이고
8080에서 거꾸로 10만큼 뛰어 세면 8070이
므로 ㉠에 알맞은 수는 **8070**입니다.

13 서술형 가이드 백의 자리 숫자가 3인 네 자리 수의 형
태를 알고 가장 작은 수를 알아보는 과정이 있어야
합니다.

채점 기준	백의 자리 숫자가 3인 가장 작은 네 자리 수를 바르게 구함.	상
	백의 자리 숫자가 3인 네 자리 수의 형태를 알고 있으나 가장 작은 네 자리 수를 구하지 못함.	중
	백의 자리 숫자가 3인 네 자리 수의 형태를 알지 못하여 답을 구하지 못함.	하

참고 백의 자리 숫자가 3인 네 자리 수를 알아보
려면 □3□□와 같이 놓고 나머지 자리의 수를 구
합니다.

14 • 1592<1□97<15△8에서
1592와 15△8은 백의 자리 수가 모두 5이
므로 □=5입니다.
• 1597<15△8에서 1597의 십의 자리 수가
9이므로 △=9입니다.

15 해법 순서
① 3660부터 10씩 거꾸로 6번 뛰어 세어 어떤 수
를 구합니다.
② 어떤 수부터 50씩 6번 뛰어 센 수를 구합니다.
• 어떤 수부터 10씩 6번 뛰어 센 수가 3660이
므로 3660부터 10씩 거꾸로 6번 뛰어 세면
3660−3650−3640−3630−3620
−3610−3600입니다.
• 어떤 수는 3600이고 3600부터 50씩 6번
뛰어 세면
3600−3650−3700−3750−3800
−3850−3900입니다.
참고 뛰어 세기 전의 수를 구하려면 거꾸로 뛰어
셉니다.

16 해법 순서
① 쌓기나무의 바닥에 닿은 부분과 위로 향한 부분
에 적혀 있는 수의 합이 11임을 이용하여 바닥
에 닿은 부분에 있는 수를 알아봅니다.
② 위 ①에서 구한 수들을 한 번씩 사용하여 가장 큰
네 자리 수를 만듭니다.
③ 위 ①에서 구한 수들을 한 번씩 사용하여 두 번째
로 큰 네 자리 수를 만듭니다.

바닥에 닿은 부분과 위로 향한 부분에 적혀 있는 수의 합은 11입니다.

| 위로 향한 부분 | 3 | 7 | 5 | 8 |
| 바닥에 닿은 부분 | 8 | 4 | 6 | 3 |

바닥에 닿은 부분에 있는 수 8, 4, 6, 3으로 네 자리 수를 만듭니다.
가장 큰 수: 8643
두 번째로 큰 수: **8634**

17 2170에서 100씩 4번 뛰어 세면 2570입니다. 어떤 수는 2570에서 다시 천의 자리 숫자와 십의 자리 숫자를 바꾼 수와 같으므로 **7520**입니다.

18 서술형 가이드   천의 자리 숫자가 8, 백의 자리 숫자가 5인 네 자리 수의 형태를 알고, 각 자리 숫자가 모두 다른 경우를 찾는 과정이 있어야 합니다.

채점 기준	천의 자리 숫자가 8, 백의 자리 숫자가 5인 네 자리 수의 형태를 알고 각 자리의 숫자가 다른 수가 모두 몇 개인지 바르게 구함.	상
	천의 자리 숫자가 8, 백의 자리 숫자가 5인 네 자리 수의 형태를 알고 있으나 각 자리의 숫자가 다른 수를 구하는 과정에서 실수가 있어 답이 틀림.	중
	천의 자리 숫자가 8, 백의 자리 숫자가 5인 네 자리 수의 형태를 알지 못하여 답을 구하지 못함.	하

실력 평가   26~29쪽

1 (왼쪽부터) 5, 7

2 (선으로 이음)

3 현진

4 1764, 9705

5 4343, 7343

6 ③

7 ㉢

8 ⑤

9 9348에 △표, 8347에 ○표

10 7000원

11 예 1940>1787>1694이므로 두 번째로 많은 책의 종류는 위인전입니다.
; 위인전

12 5330

13 5개

14 예 ㉠의 3은 백의 자리 숫자이므로 300을 나타내고 ㉡의 3은 십의 자리 숫자이므로 30을 나타냅니다.

15 1038

16 예 천의 자리 수와 백의 자리 수가 각각 같고 일의 자리 수를 비교하면 4<6이므로 □ 안에는 5보다 큰 수가 들어가야 합니다. 따라서 □ 안에 들어갈 수 있는 수는 6, 7, 8, 9로 모두 4개입니다.
; 4개

17 8일 후

18 5개

19 6개

20 4370

2 • 8509 ⇨ 팔천오백구
• 8905 ⇨ 팔천구백오
• 8059 ⇨ 팔천오십구

3 • 지은: 800보다 200만큼 더 큰 수
　　　　→ 1000
• 인성: 600보다 400만큼 더 큰 수
　　　　→ 1000
• **현진**: 700보다 300만큼 더 작은 수
　　　　→ 400

4 숫자 7이 나타내는 값을 각각 알아보면
1457 ⇨ 7, 1764 ⇨ 700,
7014 ⇨ 7000, 9705 ⇨ 700입니다.

5 5343−6343에서 천의 자리 수가 1만큼 더 커지므로 1000씩 뛰어 센 것입니다.

6 ③ 1270=1000+200+70

7 생각 열기 ① 천의 자리 수부터 비교하고,
② 천의 자리 수가 같으면 백의 자리 수,
③ 백의 자리 수가 같으면 십의 자리 수,
④ 십의 자리 수가 같으면 일의 자리 수끼리 비교합니다.
㉢ 6301 > 6295
　　　3>2

8 각 수의 백의 자리 숫자를 알아보면
① 8 ② 5 ③ 6 ④ 4 ⑤ 9
⇨ 9>8>6>5>4이므로 백의 자리 숫자가
가장 큰 것은 ⑤ 1904입니다.

9 숫자 8이 나타내는 값을 각각 알아보면
9348 ⇨ 8, 3871 ⇨ 800,
2789 ⇨ 80, 8347 ⇨ 8000입니다.
따라서 숫자 8이 나타내는 값이 가장 큰 수는
8347, 가장 작은 수는 9348입니다.

10 1000원짜리 지폐 4장 → 4000원
100원짜리 동전 30개 → 3000원
⇨ **7000원**

11 서술형 가이드 세 수의 크기를 비교하고 두 번째로 많
은 책의 종류를 알아보는 과정이 있어야 합니다.

채점기준		
세 수의 크기를 비교하여 두 번째로 많은 책의 종류를 바르게 구함.	상
세 수의 크기를 바르게 비교하였으나 답이 틀림.	중
세 수의 크기를 잘못 비교하여 답이 틀림.	하

12 해법 순서
① 수직선에서 눈금 한 칸을 갈 때마다 몇씩 커지는
지 알아봅니다.
② ㉠이 나타내는 수를 구합니다.
5270−5280으로 십의 자리 수가 1만큼 더 커
졌으므로 10씩 뛰어 센 것입니다.
⇨ 5300−5310−5320−<u>5330</u>
㉠

13 1000원짜리 지폐 3장 → 3000 원
100원짜리 동전 ☐개 → ☐☐☐☐ 원
10원짜리 동전 7개 → 70 원
3570 원
⇨ 1000원짜리 지폐와 10원짜리 동전의 금액의
합이 3070원이고 전체 금액의 합이 3570원
이므로 100원짜리 동전은 **5개**입니다.

14 서술형 가이드 ㉠과 ㉡이 얼마를 나타내는지 알아보
는 과정이 있어야 합니다.

채점기준		
㉠과 ㉡이 얼마를 나타내는지 알고 바르게 설명함.	상
㉠과 ㉡이 얼마를 나타내는지 알고 있으나 설명하는 데 미흡함.	중
㉠과 ㉡이 얼마를 나타내는지 알지 못하여 설명하지 못함.	하

15 가장 작은 수: 1037
두 번째로 작은 수: 1038
참고 가장 작은 네 자리 수를 만들 때 숫자 0은
천의 자리에 올 수 없으므로 1을 천의 자리에, 0을
백의 자리에 놓아야 합니다.

16 서술형 가이드 천의 자리 수와 백의 자리 수가 각각
같으므로 일의 자리 수를 비교하여 ☐ 안에 들어갈
수는 5보다 크다는 과정이 있어야 합니다.

채점기준		
☐ 안에 들어갈 수 있는 수는 5보다 크다는 사실을 알고 바른 답을 구함.	상
☐ 안에 들어갈 수 있는 수는 5보다 크다는 사실을 알고 있으나 풀이 과정에서 실수가 있어 답이 틀림.	중
☐ 안에 들어갈 수 있는 수는 5보다 크다는 사실을 알지 못하여 답이 틀림.	하

17 5000부터 200씩 뛰어 세면
5000−5200−5400−5600−5800
(현재) (1일 후) (2일 후) (3일 후) (4일 후)
−6000−6200−6400−6600입니다.
(5일 후) (6일 후) (7일 후) (8일 후)
⇨ 저금통에 들어 있는 돈이 6600원이 되는 날
은 **8일 후**입니다.

18 천의 자리 숫자가 5, 백의 자리 숫자가 4, 십의
자리 숫자가 8인 네 자리 수를 548☐라고 하면
548☐<5485를 만족하는 네 자리 수는
5480, 5481, 5482, 5483, 5484로 모두
5개입니다.

19 해법 순서
① 천의 자리 숫자를 구합니다.
② 5000보다 작은 네 자리 수를 모두 구합니다.
③ 5000보다 작은 네 자리 수는 모두 몇 개인지 구
합니다.

5000보다 작아야 하므로 천의 자리 숫자는 4입니다. 4□□□인 네 자리 수를 만들면 4056, 4065, 4506, 4560, 4605, 4650으로 모두 **6개**입니다.

20 생각 열기 4770부터 50씩 거꾸로 8번 뛰어 세어 어떤 수를 구합니다.

어떤 수부터 50씩 8번 뛰어 센 수가 4770이므로 4770부터 50씩 거꾸로 8번 뛰어 셉니다.

⇨ 4770－4720－4670－4620－4570
－4520－4470－4420－4370입니다.

따라서 어떤 수는 **4370**입니다.

창의 사고력 30쪽

❶ 1889년

❷

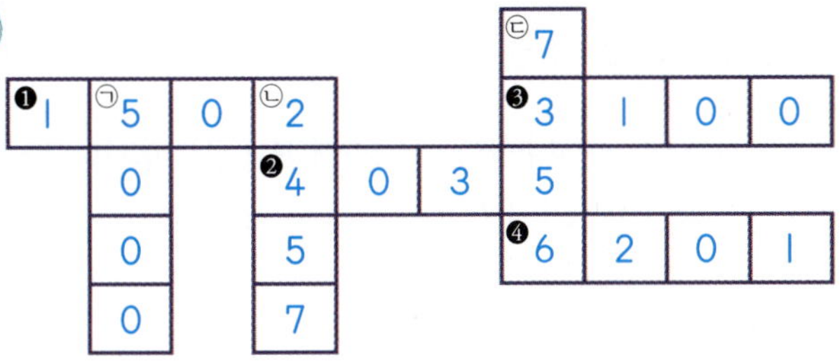

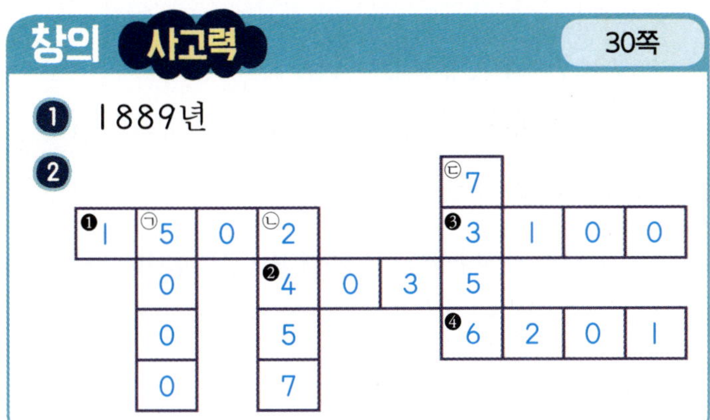

❶ 1800보다 크고 1900보다 작은 수는 18□□입니다.

십의 자리 수: 한 자리 수 중 가장 큰 짝수이므로 8입니다.

일의 자리 수: 한 자리 수 중 가장 큰 홀수이므로 9입니다.

⇨ **1889년**

❷ ❸ 2900－3000－**3100**

❹ 가장 큰 수: 6210, 두 번째로 큰 수: **6201**

㉡ 1000이 2개 → 2000
100이 3개 → 300
10이 15개 → 150
1이 7개 → 7
2457

2. 곱셈구구

STEP 1 기본 유형 익히기 34~37쪽

1-1 8

1-2 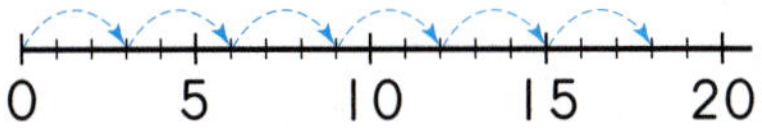

, 18

1-3 ④

1-4 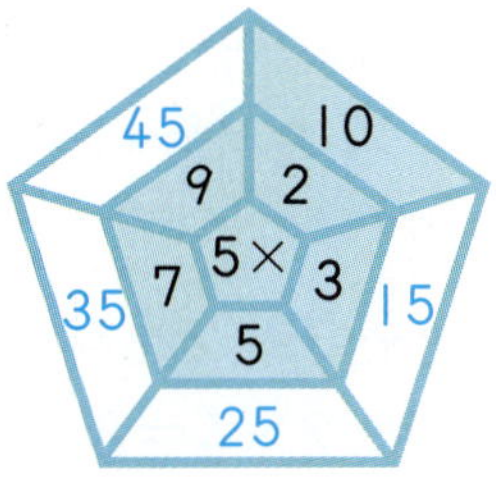

1-5 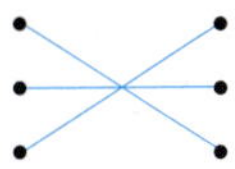

1-6 24개

2-1 21

2-2 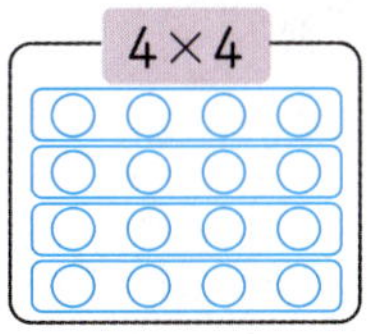

2-3 4; 예 4×4는 4×3보다 ○가 4개 더 많기 때문에 4만큼 더 큽니다.

2-4

×	1	2	6	8
8	8	16	48	64
9	9	18	54	72

2-5 >

2-6 8

2-7 56명

3-1 5, 5

3-2 (1) 0 (2) 0

3-3 ③

3-4 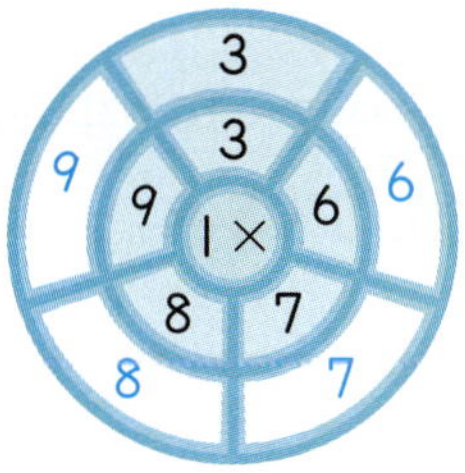

3-5 형인

3-6 1×4=4 ; 4개

4-1 5씩 ; 6씩

4-2 4단

4-3 1단, 3단, 5단, 7단, 9단

4-4

×	3	4	5	6	7
3	9	12	15	18	21
4	12	16	20	24	28
5	15	20	25	30	35
6	18	24	30	36	42

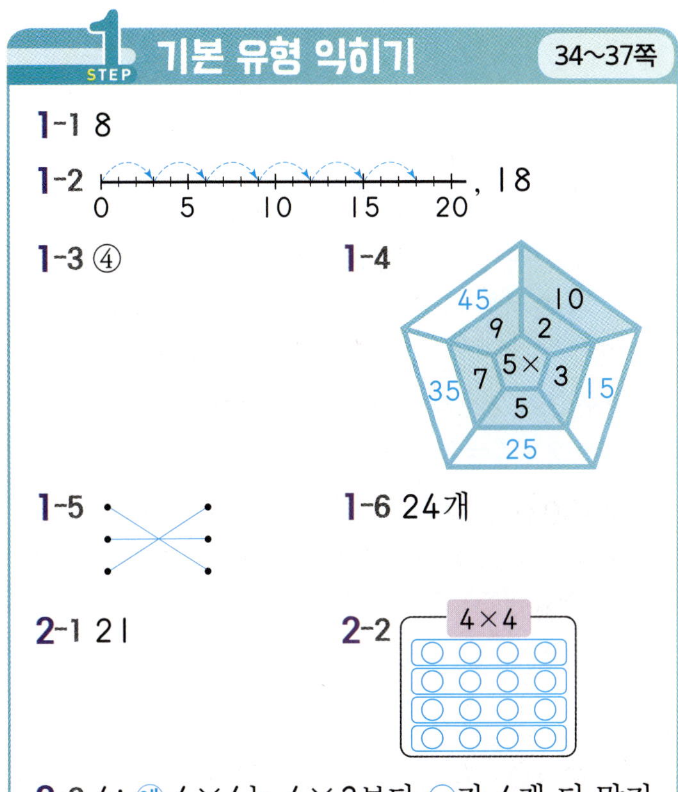

4-5

×	3	4	5	6	7
3	9	12	15	18	21
4	12	16	20	24	28
5	15	20	25	30	35
6	18	24	30	36	42

4-6 6×5; 예 $5 \times 6 = 30$이고 곱이 30인 것은 6×5입니다. 5×6과 6×5는 곱하는 두 수의 순서를 바꾼 것입니다.

1-1 구슬이 2개씩 4가지 색깔입니다.
⇨ $2 \times 4 = 8$

1-2

3씩 6번 간 곳이 나타내는 수는 18입니다.

1-3 생각 열기 2단 곱셈구구를 알아봅니다.
① $2 \times 2 = 4$ ② $2 \times 4 = 8$ ③ $2 \times 6 = 12$
⑤ $2 \times 9 = 18$

1-4 생각 열기 5단 곱셈구구를 알아봅니다.
$5 \times 3 = 15$, $5 \times 5 = 25$,
$5 \times 7 = 35$, $5 \times 9 = 45$

1-5 곱셈구구의 값을 찾아 선으로 이어 봅니다.
$6 \times 9 = 54$, $5 \times 6 = 30$, $3 \times 5 = 15$

1-6 (장수풍뎅이 4마리의 다리 수)
$=$(장수풍뎅이 한 마리의 다리 수)$\times 4$
$= 6 \times 4 = 24$(개)

2-1 생각 열기 7씩 뛰었으므로 7단 곱셈구구를 알아봅니다.
7 cm씩 3번 뛰었습니다.
⇨ $7 \times 3 = 21$(cm)

2-2 4×4는 ○가 4개씩 4줄이 되게 그립니다.
4×3보다 ○를 4개 더 그립니다.

2-3 서술형 가이드 4×4가 4×3보다 ○가 4개 더 많으므로 4만큼 더 크다는 내용이 있어야 합니다.

채점 기준		
4×4가 4×3보다 4만큼 더 크다는 것을 알고 있고 그 이유에 대해 바르게 설명함.	상
4×4가 4×3보다 4만큼 더 크다는 것은 알고 있으나 그 이유에 대한 설명이 미흡함.	중
4×4가 4×3보다 4만큼 더 크다는 것을 알지 못하여 이유도 쓰지 못함.	하

2-4 8단 곱셈구구와 9단 곱셈구구를 이용하여 빈칸에 알맞은 곱을 써넣습니다.

2-5 생각 열기 각각의 곱셈구구를 이용하여 곱을 구합니다.
$7 \times 7 = 49$, $9 \times 5 = 45$
⇨ $7 \times 7 > 9 \times 5$

2-6 해법 순서
① 9단 곱셈구구를 이용하여 □의 값이 나오는 곱을 찾습니다.
② □ 안에 알맞은 수를 구합니다.
$9 \times □ = 72$, $9 \times 8 = 72$이므로 $□ = 8$입니다.

2-7 (운동장에 서 있는 학생 수)
$=$(한 줄에 서 있는 학생 수)$\times$(줄 수)
$= 8 \times 7 = 56$(명)

3-1 인형이 한 개씩 들어 있는 상자가 5개입니다.
⇨ $1 \times 5 = 5$
한 상자에 들어 있는 인형 수 / 상자 수

3-2 생각 열기 $0 \times ■ = 0$, $■ \times 0 = 0$
0과 어떤 수의 곱은 항상 0입니다.
(1) $0 \times 2 = 0$
(2) $7 \times 0 = 0$

3-3 생각 열기 $1 \times ■ = ■$, $0 \times ■ = 0$, $■ \times 0 = 0$
③ $0 \times 5 = 0$

3-4 $1×6=6,\ 1×7=7,\ 1×8=8,\ 1×9=9$

3-5 영은: $8×0=0$,
형인: $1×3=3$,
수정: $0×3=0$,
진호: $1×0=0$
따라서 생각한 수가 다른 학생은 **형인**입니다.

3-6 (전체 사과의 수)
＝(접시 한 개에 담긴 사과의 수)×(접시의 수)
＝$1×4=4$(개)

4-1 생각 열기 ·5단 곱셈구구에서는 곱이 5씩 커집니다.
·6단 곱셈구구에서는 곱이 6씩 커집니다.
■단 곱셈구구에서는 곱이 ■씩 커집니다.

4-2 4씩 커지는 곱셈구구는 **4단**입니다.

4-3 곱이 ■씩 커지는 곱셈구구는 ■단이므로 곱이 홀수로 커지는 곱셈구구는 ■가 홀수인 단입니다.
➡ **1단, 3단, 5단, 7단, 9단** 곱셈구구
참고 곱이 짝수로 커지는 곱셈구구
➡ 2단, 4단, 6단, 8단 곱셈구구

4-4 생각 열기 세로줄과 가로줄이 만나는 칸에 세로줄에 있는 수와 가로줄에 있는 수의 곱을 써넣습니다.
세로줄에 있는 수와 가로줄에 있는 수의 곱을 두 줄이 만나는 칸에 써넣습니다.

×	3	4	5	6	7
3	9	12	15	18	21
4	12	16	20	24	28
5	15	20	25	30	35
6	18	24	30	36	42

$3×5=15$
$5×7=35$
$6×4=24$

4-5 표에서 곱이 30보다 큰 칸을 모두 찾아봅니다.
➡ $5×7=35,\ 6×6=36,\ 6×7=42$

4-6 $5×6=30,\ 6×5=30$
서술형 가이드 $5×6$과 곱이 같은 것을 찾고, $5×6$과 찾은 곱 사이의 관계에 대한 설명이 있어야 합니다.

채점 기준		
$5×6$과 곱이 같은 것을 찾고 두 곱 사이의 관계를 바르게 설명함.	상
$5×6$과 곱이 같은 것을 찾았으나 두 곱 사이의 관계에 대한 설명이 미흡함.	중
$5×6$과 곱이 같은 것을 찾지 못하여 두 곱 사이의 관계를 설명하지 못함.	하

참고 곱하는 두 수의 순서를 바꾸어도 곱은 같습니다.
➡ $● × ▲ = ▲ × ●$

STEP 2 응용 유형 익히기   38~45쪽

1-1 (1) 2, 6, 12
    (2) 3, 4, 12
1-2 예 $2×9=18,\ 3×6=18$
1-3 예 구슬은 5개씩 3묶음과 3개씩 2묶음입니다. 곱셈구구로 알아보면
$5×3=15,\ 3×2=6$이므로 구슬은 모두 $15+6=21$(개)입니다.
; 21개
2-1 (1) 3   (2) 27
2-2 30   **2-3** ㉠
3-1 (1) 5   (2) 7
3-2 6 ; 9   **3-3** 4, 8
4-1 (1) 36살   (2) 41살
4-2 18장   **4-3** 46장
5-1 (1) 4씩   (2) 40, 44, 48
5-2 90, 99, 108   **5-3** 50분
6-1 (1) 0, 3, 10   (2) 18점
6-2 6점   **6-3** 19
7-1 (1) 32   (2) 3
7-2 7   **7-3** 6
8-1 (1) 18   (2) 15
8-2 12   **8-3** 48

1-1 (1)

사탕을 2개씩 묶으면 6묶음이므로
$2 \times 6 = 12$입니다.

(2)

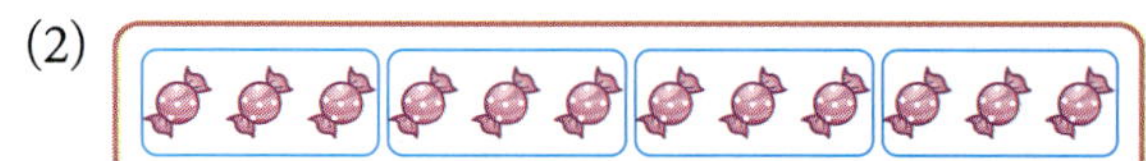

사탕을 3개씩 묶으면 4묶음이므로
$3 \times 4 = 12$입니다.

1-2
 • 2개씩 묶으면 9묶음 ⇨ $2 \times 9 = 18$
 • 3개씩 묶으면 6묶음 ⇨ $3 \times 6 = 18$
 • 6개씩 묶으면 3묶음 ⇨ $6 \times 3 = 18$
 • 9개씩 묶으면 2묶음 ⇨ $9 \times 2 = 18$

1-3 서술형 가이드 구슬이 모두 몇 개인지 여러 가지 곱셈구구를 이용하여 설명해야 합니다.

채점 기준		
구슬의 수를 여러 가지 곱셈구구를 이용하여 바르게 설명함.	상
구슬의 수를 여러 가지 곱셈구구를 이용하여 설명하였으나 계산 실수로 답이 틀림.	중
구슬의 수를 여러 가지 곱셈구구를 이용하여 설명하지 못함.	하

다른 풀이

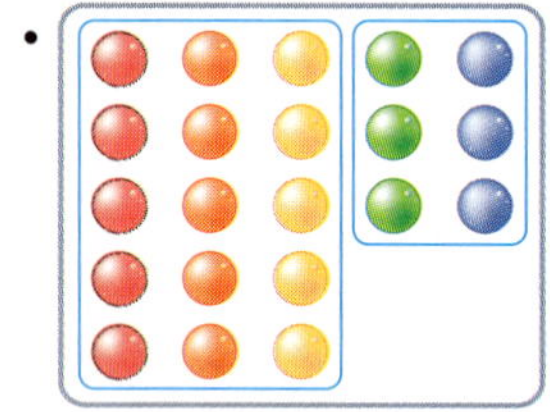

구슬은 3개씩 5묶음과 2개씩 3묶음입니다.
 ⇨ $3 \times 5 = 15$, $2 \times 3 = 6$이므로
    $15 + 6 = 21$(개)입니다.

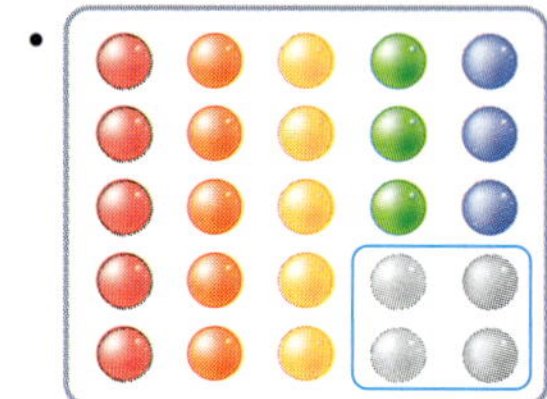

구슬은 5개씩 5묶음에서 2개씩 2묶음을 뺀 것입니다.
 ⇨ $5 \times 5 = 25$, $2 \times 2 = 4$이므로
    $25 - 4 = 21$(개)입니다.

2-1 (1) $7 \times \star = 21$, $7 \times 3 = 21$이므로 $\star = 3$입니다.
(2) $9 \times 3 = \bigcirc$, $\bigcirc = 27$

참고 곱셈표는 세로줄에 있는 수와 가로줄에 있는 수를 곱하여 두 줄이 만나는 칸에 두 수의 곱을 써넣습니다.

2-2 생각 열기 먼저 $4 \times \bigcirc = 24$에서 $\bigcirc$에 알맞은 수를 알아봅니다.

×	$\bigcirc$	7	8
3		21	
4	24		32
5	$\bigcirc$	35	

$4 \times \bigcirc = 24$, $\bigcirc = 6$
⇨ $5 \times \bigcirc = \bigcirc$, $5 \times 6 = \bigcirc$, $\bigcirc = 30$

2-3

×	$\textcircled{\tiny ㄹ}$	7	8	9
1	6	7	8	
2	12		16	$\textcircled{\tiny ㄷ}$
3		$\textcircled{\tiny ㄴ}$		27
4	$\textcircled{\tiny ㄱ}$	28		36

$1 \times \textcircled{\tiny ㄹ} = 6$에서 $1 \times 6 = 6$이므로 $\textcircled{\tiny ㄹ} = 6$입니다.
$\textcircled{\tiny ㄱ} = 4 \times 6 = 24$
$\textcircled{\tiny ㄴ} = 3 \times 7 = 21$
$\textcircled{\tiny ㄷ} = 2 \times 9 = 18$
⇨ $24 > 21 > 18$이므로 가장 큰 수는 $\textcircled{\tiny ㄱ}$ 24입니다.

3-1 (1) $8 \times \bigcirc = 40$, $8 \times 5 = 40$이므로 $\bigcirc = 5$입니다.
(2) $\bigcirc \times \bigcirc = 35$, $5 \times \bigcirc = 35$,
    $5 \times 7 = 35$이므로 $\bigcirc = 7$입니다.

3-2 해법 순서

① $\bigcirc$에 알맞은 수를 구합니다.
② $\bigcirc$에 알맞은 수를 구합니다.
 • $7 \times \bigcirc = 42$, $7 \times 6 = 42$이므로 $\bigcirc = 6$입니다.
 • $\bigcirc \times \bigcirc = 54$, $6 \times \bigcirc = 54$,
   $6 \times 9 = 54$이므로 $\bigcirc = 9$입니다.

3-3

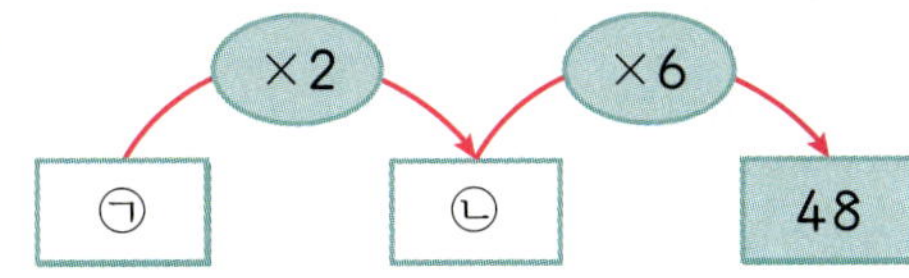

- ㉡×6=48, 8×6=48이므로 ㉡=8입니다.
- ㉠×2=㉡, ㉠×2=8, 4×2=8이므로
  ㉠=4입니다.

4-1 (1) (현주의 나이)=9살
　　　 (현주 나이의 4배)=9×4
　　　　　　　　　　　　 =36(살)
　　 (2) (현주 어머니의 나이)=36+5
　　　　　　　　　　　　　　 =41(살)

4-2 5장의 3배는 5×3=15(장)입니다.
　　 (미루가 가지고 있는 곤충 카드 수)
　　 =15+3=18(장)

4-3 해법 순서
　 ① 정민이가 가지고 있는 색종이 수를 구합니다.
　 ② 다은이가 가지고 있는 색종이 수를 구합니다.
　 ③ 정민이와 다은이가 가지고 있는 색종이 수의
　　 합을 구합니다.
　 (정민이가 가지고 있는 색종이 수)
　 =5×5=25(장)
　 (다은이가 가지고 있는 색종이 수)
　 =(정민이가 가지고 있는 색종이 수)-4
　 =25-4=21(장)
　 ⇨ (두 사람이 가지고 있는 색종이 수의 합)
　　 =25+21=46(장)

5-1 (1) 4단 곱셈구구에서는 곱이 **4씩** 커집니다.
　　 (2) ・4×10은 4×9보다 4만큼 더 큽니다.
　　　　　 ⇨ 36+4=40이므로 4×10=40
　　　　 ・4×11은 4×10보다 4만큼 더 큽니다.
　　　　　 ⇨ 40+4=44이므로 4×11=44
　　　　 ・4×12는 4×11보다 4만큼 더 큽니다.
　　　　　 ⇨ 44+4=48이므로 4×12=48

×	9	10	11	12
4	36	40	44	48

+4　+4　+4

5-2 생각 열기　9단 곱셈구구에서는 곱이 9씩 커지므로
9×10은 9×9보다 9만큼 더 큽니다.

×	6	7	8	9	10	11	12
9	54	63	72	81	90	99	108

+9　+9　+9

9단 곱셈구구에서는 곱이 9씩 커집니다.
9×10=90
9×11=99
9×12=108

5-3 10일 동안 음악 줄넘기를 한 시간은
(5×10)분이고 5×10은 5×9보다 5만큼
더 큽니다.
5×9=45이므로
(10일 동안 음악 줄넘기를 한 시간)
=5×10
=50(분)입니다.

6-1 (1) (점수)=(공에 적힌 수)×(꺼낸 횟수)
　　　 0×4=0(점), 3×1=3(점),
　　　 5×2=10(점)
　　 (2) (꺼낸 공의 점수의 합)=0+5+3+10
　　　　　　　　　　　　　　 =18(점)

6-2 생각 열기　(점수)=(뽑은 카드에 적힌 수)
　　　　　　　　　　 ×(뽑은 횟수)

　 ④ 카드: 4×1=4(점)
　 ⑤ 카드: 5×0=0(점)
　 ① 카드: 1×2=2(점)
　 ⓪ 카드: 0×3=0(점)
　 (뽑은 카드의 점수의 합)=4+0+2+0
　　　　　　　　　　　　　 =6(점)

6-3 각 주사위의 눈의 수의 합을 구합니다.

$\boxed{\cdot}$: $1 \times 3 = 3$ $\qquad$ $\boxed{\because}$: $2 \times 4 = 8$

$\boxed{\therefore}$: $3 \times 1 = 3$ $\qquad$ $\boxed{\because\because}$: $4 \times 0 = 0$

$\boxed{\because\cdot}$: $5 \times 1 = 5$ $\qquad$ $\boxed{\because\because\because}$: $6 \times 0 = 0$

⇨ (눈의 수의 전체 합)
$\quad = 3 + 8 + 3 + 0 + 5 + 0 = 19$

7-1 (1) $8 \times 4 = 32$

(2) □=1 ⇨ $9 \times 1 = 9$이므로 $9 < 32$ (○)
□=2 ⇨ $9 \times 2 = 18$이므로 $18 < 32$ (○)
□=3 ⇨ $9 \times 3 = 27$이므로 $27 < 32$ (○)
□=4 ⇨ $9 \times 4 = 36$이므로 $36 > 32$ (×)
따라서 □ 안에 1, 2, 3이 들어갈 수 있고
이 중 가장 큰 수는 **3**입니다.

7-2 해법 순서

① 9×6을 계산합니다.

② 1부터 9까지의 수 중에서 □ 안에 들어갈 수
있는 수를 모두 구합니다.

③ ②에서 구한 수 중 가장 작은 수를 구합니다.
$9 \times 6 = 54$이므로 $8 \times □ > 54$입니다.
□=9 ⇨ $8 \times 9 = 72$이므로 $72 > 54$ (○)
□=8 ⇨ $8 \times 8 = 64$이므로 $64 > 54$ (○)
□=7 ⇨ $8 \times 7 = 56$이므로 $56 > 54$ (○)
□=6 ⇨ $8 \times 6 = 48$이므로 $48 < 54$ (×)
따라서 □ 안에 7, 8, 9가 들어갈 수 있고 이
중 가장 작은 수는 **7**입니다.

7-3 • $8 \times □ < 50$에서 $8 \times 1 = 8$,
$8 \times 2 = 16 \cdots\cdots 8 \times 6 = 48$,
$8 \times 7 = 56$이므로
□=1, 2, 3, 4, 5, 6입니다.

• $9 \times □ > 52$에서 $9 \times 5 = 45$,
$9 \times 6 = 54 \cdots\cdots 9 \times 9 = 81$이므로
□=6, 7, 8, 9입니다.
따라서 □ 안에 공통으로 들어갈 수 있는 수는
6입니다.

8-1 (1) $9 \times 2 = 18$

(2) 3단 곱셈구구는
$3 \times 1 = 3$, $3 \times 2 = 6$, $3 \times 3 = 9$,
$3 \times 4 = 12$, $3 \times 5 = 15$, $3 \times 6 = 18 \cdots\cdots$
이므로 이 중에서 값이 18보다 작으면서 5
단 곱셈구구의 값이기도 한 수는 **15**입니다.

8-2 • $3 \times 7 = 21$

• 4단 곱셈구구는
$4 \times 1 = 4$, $4 \times 2 = 8$, $4 \times 3 = 12$,
$4 \times 4 = 16$, $4 \times 5 = 20$, $4 \times 6 = 24 \cdots\cdots$
⇨ 21보다 작으면서 4단과 6단 곱셈구구의
값인 수는 **12**입니다.

8-3 해법 순서

① 7×4와 9×6은 각각 얼마인지 구합니다.

② ①에서 구한 두 수 사이에 있는 수 중에서 6단
과 8단 곱셈구구의 값을 찾습니다.

• $7 \times 4 = 28$, $9 \times 6 = 54$

• 28보다 크고 54보다 작은 수 중에서
6단 곱셈구구는
$6 \times 5 = 30$, $6 \times 6 = 36$, $6 \times 7 = 42$,
$6 \times 8 = 48$입니다.
이 중에서 8단 곱셈구구의 값이기도 한 수는
48입니다.

3 STEP 응용 유형 뛰어넘기 46~51쪽

1 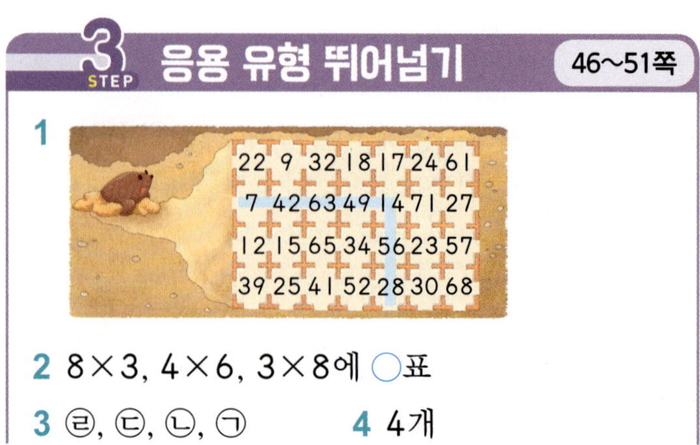

2 8×3, 4×6, 3×8에 ○표

3 ㄹ, ㄷ, ㄴ, ㄱ $\qquad$ **4** 4개

5 예 6, 4, 8 ; 8, 6, 4

6 방법 1 예 3×3을 3번 더하는 방법으로 구하면 9+9+9=27(개)입니다.

　　방법 2 예 3×6과 3×3을 더하는 방법으로 구하면 18+9=27(개)입니다.

7 28점

8 예 6×1=㉠ ⇨ ㉠=6,
　　7×㉡=0 ⇨ ㉡=0,
　　0×8=㉢ ⇨ ㉢=0,
　　㉣×1=9 ⇨ ㉣=9
　　따라서 □ 안에 알맞은 수를 모두 더하면
　　6+0+0+9=15입니다.
　　; 15

9 72　　　　　　　　**10** 28개

11 예 (1등 4명의 점수)=3×4=12(점)
　　(2등 1명의 점수)=2×1=2(점)
　　(3등 3명의 점수)=1×3=3(점)
　　⇨ (정민이네 모둠의 달리기 점수의 합)
　　　=12+2+3=17(점)
　　; 17점

12 ㉢, ㉣　　　　　　**13** 2개

14 21　　　　　　　　**15** 2개

16 36　　　　　　　　**17** 54개

18 예 어떤 수를 □라고 하면 □×7=□×8,
　　0×7=0×8=0이므로 □=0입니다.
　　어떤 수와 9의 곱은 0×9=0입니다.
　　; 0

1 7단 곱셈구구의 값을 찾아 선으로 이어 봅니다.
　　7×1= 7 , 7×2= 14 , 7×3=21,
　　7×4= 28 , 7×5=35, 7×6= 42 ,
　　7×7= 49 , 7×8= 56 , 7×9= 63

2 6×4=24이므로 곱이 24인 곱셈구구를 찾습니다.
　　9×9=81, 8×3=24, 4×6=24,
　　3×8=24, 2×9=18, 9×3=27

3 ㉠ 9×4=36
　　㉡ 8×5=40
　　㉢ 7×6=42
　　㉣ 6×9=54
　　⇨ 54>42>40>36이므로 곱이 큰 것부터 차례로 기호를 쓰면 ㉣, ㉢, ㉡, ㉠입니다.

4 십의 자리 숫자가 1인 수: 6×2=12 → 1개
　　십의 자리 숫자가 2인 수: 6×4=24 → 1개
　　십의 자리 숫자가 3인 수: 0개
　　십의 자리 숫자가 4인 수: 6×7=42 → 1개
　　십의 자리 숫자가 5인 수: 6×9=54 → 1개
　　⇨ 1+1+0+1+1=4(개)

5 생각 열기 8단 곱셈구구를 이용하여 수 카드의 수가 나오는 경우를 찾습니다.
　　8단 곱셈구구를 이용하여 카드의 수가 나오는 경우를 모두 찾아봅니다.
　　⇨ 8× 6 = 4 8
　　　8× 8 = 6 4

6 서술형 가이드 공깃돌이 모두 몇 개인지 서로 다른 2가지 방법으로 설명해야 합니다.

채점기준		
공깃돌의 수를 곱셈구구를 이용하여 2가지 방법으로 바르게 설명함.	상
공깃돌의 수를 곱셈구구를 이용하여 1가지 방법으로만 바르게 설명함.	중
공깃돌의 수를 곱셈구구를 이용하여 설명하지 못함.	하

다른 풀이 · 9×3으로 구할 수 있습니다.
· 9×2에 9를 더하는 방법으로 구할 수 있습니다.
· 6×3과 3×3을 더하는 방법으로 구할 수 있습니다.

7 (3점 골을 넣어 얻은 점수)=3×4=12(점)
　　(2점 골을 넣어 얻은 점수)=2×8=16(점)
　　⇨ (준서네 팀이 얻은 점수)=12+16=28(점)

8 서술형 가이드 □ 안에 알맞은 수를 모두 구하여 더하는 과정이 있어야 합니다.

채점기준	□ 안에 알맞은 수를 구하여 모두 더한 값을 바르게 구함.	상
	□ 안에 알맞은 수를 구하였으나 모두 더한 값이 틀림.	중
	□ 안에 알맞은 수를 잘못 구하여 모두 더한 값도 틀림.	하

9

×	2	3	4	5
1	2	3	4	5
ⓒ	4		ⓛ	
3	6	ⓐ		15

- ㉠$=3\times3=9$
- ㉢$\times2=4$, $2\times2=4$이므로 ㉢$=2$
- ㉡$=2\times4=8$

⇨ ㉠$\times$㉡$=9\times8=$**72**

10 생각 열기 고양이는 다리가 4개, 닭은 다리가 2개입니다.

(고양이의 다리 수)$=4\times3=12$(개),

(닭의 다리 수)$=2\times8=16$(개)

⇨ $12+16=$**28**(개)

11 서술형 가이드 1등, 2등, 3등 각각의 점수를 곱셈구구를 이용하여 구하고 전체 점수를 구하는 과정이 있어야 합니다.

채점기준	1등, 2등, 3등 각각의 점수를 구하고 전체 점수를 바르게 구함.	상
	1등, 2등, 3등 각각의 점수를 구하였으나 전체 점수를 구하는 과정에서 실수가 있어 답이 틀림.	중
	1등, 2등, 3등 각각의 점수를 구하지 못하여 전체 점수를 구하지 못함.	하

12 해법 순서

① 2×5와 5×6의 값을 구합니다.

② ①에서 구한 두 수 사이의 수 중 같은 수를 곱한 값을 모두 찾습니다.

③ ㉠~㉣ 중 ②에서 찾은 두 수 사이의 값이 될 수 있는 곱셈을 모두 찾습니다.

$2\times5=10$, $5\times6=30$입니다.

$1\times1=1$, $2\times2=4$, $3\times3=9$, $4\times4=16$, $5\times5=25$, $6\times6=36$……이므로

◆$\times$◆$=16$, ●$\times$●$=25$입니다.

㉠ $3\times3=9$, ㉡ $7\times5=35$, ㉢ $9\times2=18$, ㉣ $6\times4=24$ 중 16과 25 사이에 들어갈 수 있는 곱셈은 ㉢, ㉣입니다.

13 해법 순서

① 탁자 8개에 놓으려는 의자 수를 구합니다.

② 더 필요한 의자 수를 구합니다.

(탁자 8개에 놓으려는 의자 수)

$=4\times8=32$(개)

⇨ (더 필요한 의자 수)$=32-30=$**2**(개)

14 생각 열기 3씩 5번 뛰어 세면 몇만큼 더 큰 수가 되는지 알아봅니다.

3씩 5번 뛰어 세면 $3\times5=15$만큼 더 큰 수가 됩니다.

㉠에서 15만큼 더 큰 수가 36이므로 ㉠은 36보다 15만큼 더 작은 수입니다.

⇨ ㉠$=36-15=$**21**

15 해법 순서

① 2×8과 5×5의 값을 구합니다.

② 1부터 9까지의 수 중에서 □ 안에 들어갈 수 있는 수를 모두 구합니다.

③ □ 안에 들어갈 수 있는 수는 모두 몇 개인지 구합니다.

$2\times8=16$, $5\times5=25$이므로

$16<6\times□<25$입니다.

□$=1$일 때, $6\times1=6$이므로 $16<6<25$ (×),

□$=2$일 때, $6\times2=12$이므로 $16<12<25$ (×),

□$=3$일 때, $6\times3=18$이므로 $16<18<25$ (○),

□$=4$일 때, $6\times4=24$이므로 $16<24<25$ (○),

□$=5$일 때, $6\times5=30$이므로 $16<30<25$ (×)

⇨ □$=3$, 4로 모두 **2**개입니다.

16 해법 순서

① 4단 곱셈구구의 값을 알아봅니다.

② ①의 수 중 6단 곱셈구구의 값을 알아봅니다.

③ ②의 수 중 곱의 일의 자리 숫자가 6인 수를 구합니다.

4단 곱셈구구의 값은 4, 8, 12, 16, 20, 24, 28, 32, 36입니다.

이 중에서 6단 곱셈구구의 값은 12, 24, 36입니다.

➡ 12, 24, 36 중 곱의 일의 자리 숫자가 6인 수는 **36**입니다.

17 한 봉지에 들어 있는 사탕의 수를 □개라고 하면 선혜가 산 사탕 수가 모두 36개이므로

□×4=36, □=9입니다.

따라서 유진이가 산 사탕도 한 봉지에 9개씩 들어 있고 6봉지이므로 모두 9×6=**54**(개)입니다.

18 서술형 가이드   어떤 수를 구하는 과정과 어떤 수와 9의 곱을 계산하는 과정이 있어야 합니다.

채점 기준		
어떤 수를 □라고 하여 □를 구한 다음 답을 바르게 구함.	상
어떤 수를 □라고 하여 □를 구하였지만 계산 과정에서 실수가 있어 답이 틀림.	중
어떤 수를 구하지 못하여 답이 틀림.	하

참고 $0×\blacksquare=0$, $\blacksquare×0=0$

실력 평가   52~55쪽

1 , 18

2 (왼쪽부터) 21, 24, 27 ; 3, 3

3 ④

4 12, 16, 24, 32 ; 15, 20, 30, 40

5
×5
9   ×6   63
×7

---

6 5

7 >

8 42개

9 8×5=40, 40살

10 소희

11

×	1	2	3	4	5	6
1	1	2	3	4	5	6
2	2	4	6	8	10	12
3	3	6	9	12	15	18
4	4	8	12	16	20	24
5	5	10	15	20	25	30
6	6	12	18	24	30	36

12 2×6, 4×3, 6×2

13 예 5×4와 4×5는 곱이 20으로 같습니다. 따라서 곱하는 두 수의 순서를 서로 바꾸어도 곱이 같다는 것을 알 수 있습니다.

14 곱셈식 1 2×8=16

곱셈식 2 8×2=16

곱셈식 3 4×4=16

15 (왼쪽부터) 6, 8

16 예 (은서가 접은 종이학 수)=5×6=30(개) 따라서 태겸이와 은서가 접은 종이학 수의 합은 5+30=35(개)입니다.

; 35개

17 2 cm

18 남학생, 3명

19 15점

20 36

---

1 6×3은 6씩 3묶음이므로 빈 곳에 ○를 6개씩 그립니다.

➡ 6×3=18

2 생각 열기 3단 곱셈구구에서는 곱이 3씩 커집니다.

3×7=21, 3×8=24, 3×9=27

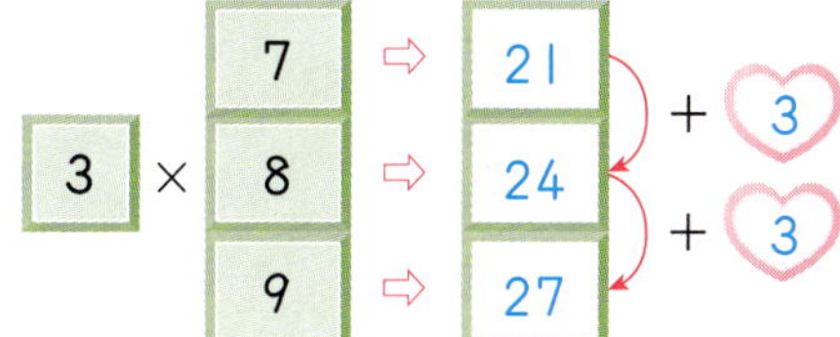

3 생각 열기 7단 곱셈구구를 생각해 보면서 7단 곱셈구구가 아닌 것을 찾습니다.
① $7 \times 2 = 14$
② $7 \times 4 = 28$
③ $7 \times 6 = 42$
⑤ $7 \times 9 = 63$

4 $4 \times 3 = 12$, $4 \times 4 = 16$, $4 \times 6 = 24$,
$4 \times 8 = 32$
$5 \times 3 = 15$, $5 \times 4 = 20$, $5 \times 6 = 30$,
$5 \times 8 = 40$

5 $9 \times \square = 63$, $9 \times 7 = 63$이므로 $\square = 7$입니다.
⇨ $\times 7$을 지나도록 선으로 잇습니다.

6 곱하는 두 수의 순서를 서로 바꾸어도 곱이 같습니다.
⇨ $3 \times 5 = 5 \times 3$
참고  $\blacksquare \times \bullet = \bullet \times \blacksquare$

7 생각 열기 $1 \times (어떤 수) = (어떤 수)$
$\qquad 0 \times (어떤 수) = 0$
$1 \times 7 = 7$, $0 \times 8 = 0$
⇨ $7 > 0$

8 (거문고 7대의 줄의 수)
$= (거문고 한 대의 줄의 수) \times 7$
$= 6 \times 7 = 42(개)$

9 서술형 가이드 8단 곱셈구구를 이용하여 민서 어머니의 나이를 구해야 합니다.

채점 기준		
식 $8 \times 5 = 40$을 쓰고 답을 바르게 구함.	상
식 8×5만 씀.	중
식을 쓰지 못함.	하

10 • 소희: 7×6은 7×5에 7을 더해야 합니다.
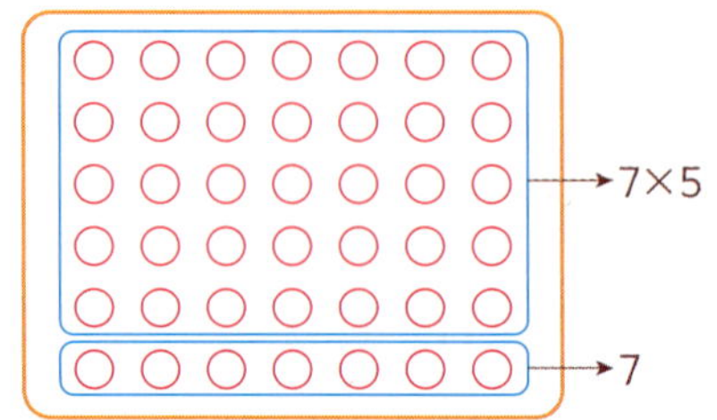

• 지용: 7×3을 2번 더합니다.
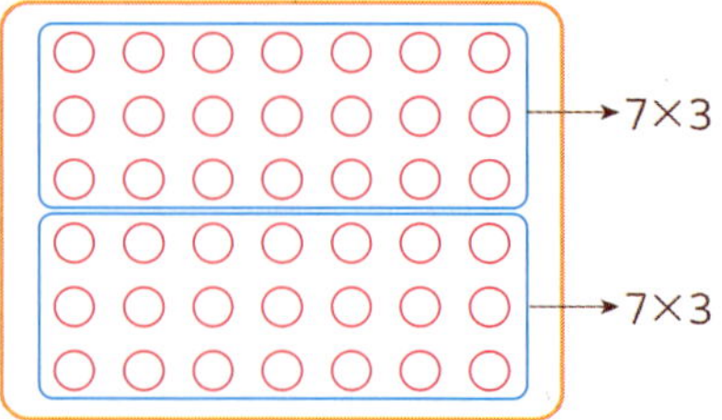

• 태우: 6×7의 곱입니다.
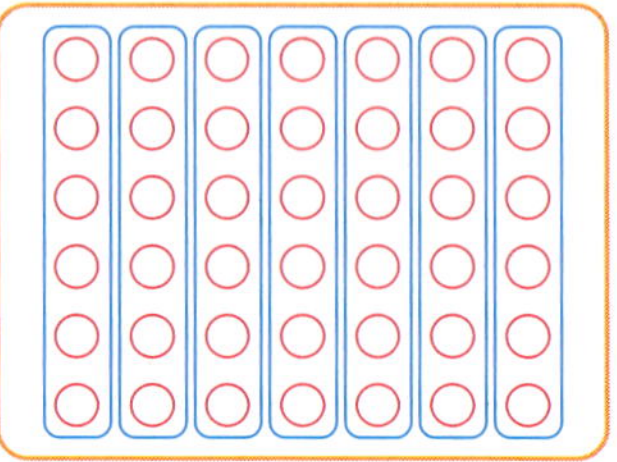

11 1~6단 곱셈구구를 알아보며 곱셈표를 완성합니다.

12 해법 순서
① 3×4를 구합니다.
② 곱셈표에서 3×4와 곱이 같은 곱셈구구를 모두 찾아 써 봅니다.
$3 \times 4 = 12$이므로 곱이 12인 것을 모두 찾으면
2×6, 4×3, 6×2입니다.

13 서술형 가이드 곱하는 두 수의 순서를 서로 바꾸어도 곱이 같다는 내용이 있어야 합니다.

채점 기준		
곱을 구해 곱하는 두 수의 순서를 서로 바꾸어도 곱이 같다는 내용을 설명함.	상
곱을 구해 곱하는 두 수의 순서를 서로 바꾸어도 곱이 같다는 것을 알고 있으나 설명이 미흡함.	중
곱을 구했으나 곱하는 두 수의 순서를 서로 바꾸어도 곱이 같다는 내용을 설명하지 못함.	하

14 물건의 수를 셀 때 여러 가지 곱셈식으로 나타낼 수 있습니다.

15 생각 열기 화살표 방향대로 앞에서부터 차례대로 계산합니다.
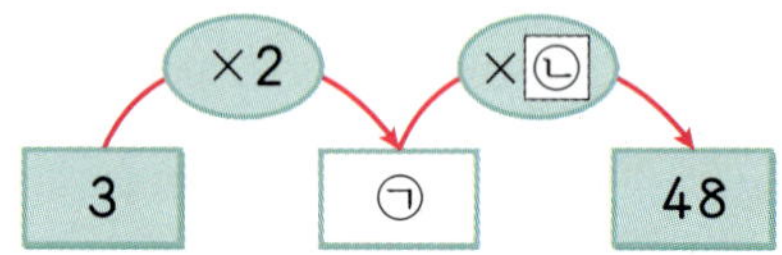

- ㉠$=3×2=6$
- $6×㉡=48$, $6×8=48$이므로 ㉡$=8$입니다.

16 (은서가 접은 종이학 수)
$=$(태겸이가 접은 종이학 수)$×6$

서술형 가이드 은서가 접은 종이학의 수를 곱셈구구를 이용하여 구하고 태겸이와 은서가 접은 종이학의 수의 합을 구하는 과정이 있어야 합니다.

채점 기준		
은서가 접은 종이학의 수를 구하고 태겸이와 은서가 접은 종이학의 수의 합을 바르게 구함.	상
은서가 접은 종이학의 수를 구하였으나 두 사람이 접은 종이학의 수의 합을 구하는 과정에서 실수가 있어 답이 틀림.	중
은서가 접은 종이학의 수를 구하지 못하여 답이 틀림.	하

17 **해법 순서**
① 4시간 동안 줄어드는 초의 길이를 구합니다.
② 남은 초의 길이를 구합니다.
(4시간 동안 줄어드는 초의 길이)
$=$(한 시간 동안 줄어드는 초의 길이)$×4$
$=7×4=28$ (cm)
⇨ (남은 초의 길이)$=30-28$
$=2$ (cm)

18 **해법 순서**
① 여학생 수를 구합니다.
② 남학생 수를 구합니다.
③ 여학생과 남학생 중에서 어느 쪽이 몇 명 더 많은지 구합니다.
(여학생 수)$=4×3=12$(명)
(남학생 수)$=3×5=15$(명)
⇨ **남학생**이 $15-12=$**3(명)** 더 많습니다.

19 **생각 열기** 과녁판을 0점에 2번, 1점에 3번, 3점에 4번 맞혔습니다.
- 0점에 2번: $0×2=0$(점)
- 1점에 3번: $1×3=3$(점)
- 3점에 4번: $3×4=12$(점)
⇨ (점수의 합)$=0+3+12$
$=15$(점)

20 **해법 순서**
① $5×5$의 곱보다 큰 수 중에서 서로 같은 수를 곱했을 때의 곱을 구합니다.
② $8×3$을 두 번 더한 값을 구합니다.
③ ②에서 구한 값보다 작은 수를 구합니다.
- $5×5=25$
- 25보다 큰 수 중에서 서로 같은 수를 곱했을 때의 곱은 $6×6=36$, $7×7=49$, $8×8=64$, $9×9=81$입니다.
- $8×3=24$이고, $8×3$을 두 번 더하면 $24+24=48$입니다.
⇨ 36, 49, 64, 81 중 48보다 작은 수는 36입니다.

창의 사고력   56쪽

❶ 40번, 64번
❷ 16개

❶ '도레미파솔라시도'를 1회 칠 때, 음판은 8번 칩니다. 채윤이는 지율이보다 3회 더 많이 쳤으므로 $5+3=8$(회)를 쳤습니다.
지율: $8×5=$**40(번)**
채윤: $8×8=$**64(번)**

❷ 1번 접었다가 펴면 사각형이 2개, 2번 접었다가 펴면 사각형이 4개로 바로 전 사각형 수에 2를 곱한 수만큼 사각형이 생깁니다.
1번: $2×1=2$(개), 2번: $2×2=4$(개),
3번: $4×2=8$(개), 4번: $8×2=16$(개)

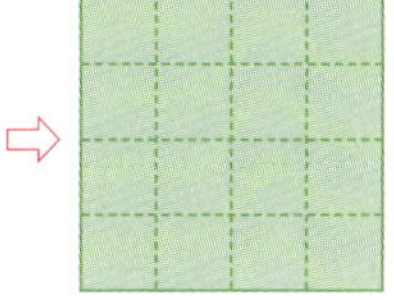

3. 길이 재기

 **기본 유형 익히기** `60~63쪽`

1-1 3 미터 60 센티미터
1-2 ㉡, ㉢　　　　**1-3** 180; 1, 92
1-4 ③
1-5 예 감나무는 180 cm이고 배나무는
　　　1 m 83 cm=100 cm+83 cm
　　　　　　　　=183 cm입니다.
　　　따라서 180 cm<183 cm이므로
　　　배나무가 더 높습니다.
　　　; 배나무
2-1 1, 1, 3　　　　**2-2** 115, 1, 15
2-3 예 자의 눈금이 1부터 시작해서 식탁의 길이는
　　　1 m 50 cm가 아닙니다.
3-1 5, 22　　　　**3-2** 13, 74
3-3 3 m 83 cm　　**3-4** 9 m 84 cm
3-5 95 m 91 cm　　**3-6** 6 m 95 cm
4-1 4, 75　　　　**4-2** 4 m 78 cm
4-3 ㉠　　　　　**4-4** 현수, 14 cm
4-5 예 392 cm=300 cm+92 cm
　　　　　　　　=3 m 92 cm
　　　(늘어난 길이)
　　　=3 m 92 cm−2 m 43 cm
　　　=1 m 49 cm
　　　; 1 m 49 cm
5-1 약 2 m　　　　**5-2** 120 cm
5-3 ㉠, ㉢　　　　**5-4** 약 10 m
5-5 약 5 m

1-1 m: 미터
　　　cm: 센티미터

1-2 생각 열기　1 m보다 긴 길이는 m 단위로 나타내는
것이 알맞습니다.
　　　· m가 알맞은 것: ㉡ 방문의 높이
　　　　　　　　　　　㉢ 건물의 높이
　　　참고　· cm가 알맞은 것: 색연필의 길이, 젓가락
　　　　　의 길이, 필통의 길이, 손가락의 길이 등

1-3 · 1 m 80 cm=100 cm+80 cm
　　　　　　　　=180 cm
　　　· 192 cm=100 cm+92 cm
　　　　　　　=1 m 92 cm

1-4 생각 열기　1 m=100 cm
　　　① 8 m=800 cm
　　　② 490 cm=400 cm+90 cm
　　　　　　　　=4 m 90 cm
　　　③ 3 m 70 cm=300 cm+70 cm
　　　　　　　　=370 cm
　　　④ 560 cm=500 cm+60 cm
　　　　　　　　=5 m 60 cm
　　　⑤ 2 m 3 cm=200 cm+3 cm
　　　　　　　　=203 cm

1-5 서술형 가이드　감나무의 높이와 배나무의 높이의
단위를 서로 같게 한 다음 높이를 비교하는 과정이
있어야 합니다.

채점기준		
두 나무의 높이의 단위를 같은 형태로 나타낸 다음 크기를 비교하여 답을 바르게 구함.	상
두 나무의 높이의 단위를 같은 형태로 나타내었으나 크기 비교를 바르게 하지 못함.	중
두 나무의 높이의 단위를 같은 형태로 나타내지 못하여 답이 틀림.	하

다른 풀이　감나무: 180 cm=1 m 80 cm
배나무: 1 m 83 cm
⇨ 1 m 80 cm<1 m 83 cm이므로 배나무가
　더 높습니다.
참고　· 길이 비교
① m 단위의 크기를 비교하여 m 단위의 수가 클
　수록 긴 길이입니다.
② m 단위의 수가 같을 때에는 cm 단위의 수가
　클수록 긴 길이입니다.

2-1 100 cm=1 m
　　　103 cm=100 cm+3 cm
　　　　　　　=1 m 3 cm

2-2 자의 눈금을 읽으면 110에서 작은 눈금 5칸
더 간 곳이므로 액자의 긴 쪽의 길이는
115 cm입니다.
⇨ 115 cm=100 cm+15 cm
      =1 m 15 cm

2-3 줄자로 길이를 잴 때에는 물건의 한끝을 줄자
의 눈금 0에 맞춥니다.
서술형 가이드 줄자로 물건의 길이를 재는 방법을
알고 있어야 합니다.

채점 기준	줄자로 길이를 재는 방법을 알고, 길이를 잘못 잰 이유를 바르게 설명함.	상
	길이를 잘못 잰 이유를 서술하였으나 설명이 미흡함.	중
	길이를 잘못 잰 이유를 설명하지 못함.	하

3-1

$$\begin{array}{r} 3\,\text{m}\ \ 18\,\text{cm} \\ +\ 2\,\text{m}\ \ \ 4\,\text{cm} \\ \hline 22\,\text{cm} \end{array} \Rightarrow \begin{array}{r} 3\,\text{m}\ \ 18\,\text{cm} \\ +\ 2\,\text{m}\ \ \ 4\,\text{cm} \\ \hline 5\,\text{m}\ \ 22\,\text{cm} \end{array}$$

m는 m끼리, cm는 cm끼리 더합니다.

3-2

$$\begin{array}{r} 4\,\text{m}\ \ 30\,\text{cm} \\ +\ 9\,\text{m}\ \ 44\,\text{cm} \\ \hline 13\,\text{m}\ \ 74\,\text{cm} \end{array}$$

다른 풀이 4 m 30 cm+9 m 44 cm
   =(4 m+9 m)+(30 cm+44 cm)
   =13 m 74 cm

3-3

$$\begin{array}{r} 2\,\text{m}\ \ 35\,\text{cm} \\ +\ 1\,\text{m}\ \ 48\,\text{cm} \\ \hline 3\,\text{m}\ \ 83\,\text{cm} \end{array}$$

3-4 생각 열기 '더 긴'은 덧셈식으로 계산합니다.
(민우가 가지고 있는 색 테이프의 길이)
   =(재현이가 가지고 있는 색 테이프의 길이)
    +6 m 47 cm
   =3 m 37 cm+6 m 47 cm
   =(3 m+6 m)+(37 cm+47 cm)
   =9 m 84 cm

다른 풀이

$$\begin{array}{r} 3\,\text{m}\ \ 37\,\text{cm} \\ +\ 6\,\text{m}\ \ 47\,\text{cm} \\ \hline 9\,\text{m}\ \ 84\,\text{cm} \end{array}$$

3-5 생각 열기 본관에서 연구동까지의 거리와 연구동
에서 쉼터까지의 거리의 합을 구해야 합니다.
(본관에서 연구동을 거쳐 쉼터까지 가는 거리)
=39 m 62 cm+56 m 29 cm
=(39 m+56 m)+(62 cm+29 cm)
=95 m 91 cm

3-6 해법 순서
① 길이를 같은 형태로 나타냅니다.
② 가장 긴 길이와 가장 짧은 길이를 알아봅니다.
③ 가장 긴 길이와 가장 짧은 길이의 합을 구합
니다.
386 cm=300 cm+86 cm
     =3 m 86 cm
3 m 86 cm>3 m 51 cm>3 m 9 cm이므
로 가장 긴 길이는 386 cm이고 가장 짧은 길
이는 3 m 9 cm입니다.
⇨ 386 cm+3 m 9 cm
   =3 m 86 cm+3 m 9 cm
   =6 m 95 cm
참고 m 단위의 수가 모두 같으므로 cm 단위의
수를 비교합니다.
86 cm>51 cm>9 cm
⇨ 3 m 86 cm>3 m 51 cm>3 m 9 cm
⇨ 386 cm>3 m 51 cm>3 m 9 cm

4-1

$$\begin{array}{r} 7\,\text{m}\ \ 95\,\text{cm} \\ -\ 3\,\text{m}\ \ 20\,\text{cm} \\ \hline 75\,\text{cm} \end{array} \Rightarrow \begin{array}{r} 7\,\text{m}\ \ 95\,\text{cm} \\ -\ 3\,\text{m}\ \ 20\,\text{cm} \\ \hline 4\,\text{m}\ \ 75\,\text{cm} \end{array}$$

m는 m끼리, cm는 cm끼리 뺍니다.

4-2 생각 열기 긴 길이에서 짧은 길이를 뺍니다.
6 m 85 cm>2 m 7 cm
   6>2

$$\begin{array}{r} 6\,\text{m}\ \ 85\,\text{cm} \\ -\ 2\,\text{m}\ \ \ 7\,\text{cm} \\ \hline 4\,\text{m}\ \ 78\,\text{cm} \end{array}$$

4-3 생각 열기 m는 m끼리, cm는 cm끼리 뺍니다.

해법 순서

① ㉠과 ㉡을 각각 계산합니다.
② ㉠과 ㉡의 길이를 비교합니다.
㉠ 8 m 70 cm−6 m 10 cm
　=(8 m−6 m)+(70 cm−10 cm)
　=2 m 60 cm
㉡ 7 m 83 cm−5 m 46 cm
　=(7 m−5 m)+(83 cm−46 cm)
　=2 m 37 cm
➡ ㉠ 2 m 60 cm>㉡ 2 m 37 cm

4-4 생각 열기 길이의 덧셈을 이용할지, 뺄셈을 이용할지 생각해 봅니다.

해법 순서

① 현수와 지혁이 중 누가 더 멀리 뛰었는지 알아봅니다.
② 현수의 멀리뛰기 기록에서 지혁이의 멀리뛰기 기록을 뺍니다.
③ 누가 몇 cm 더 멀리 뛰었는지 씁니다.
• 현수의 기록: 1 m 92 cm
• 지혁이의 기록: 1 m 78 cm
1 m 92 cm>1 m 78 cm
1 m 92 cm−1 m 78 cm
=(1 m−1 m)+(92 cm−78 cm)
=14 cm
➡ **현수**가 **14 cm** 더 멀리 뛰었습니다.

4-5 해법 순서

① 길이를 같은 형태로 나타냅니다.
② 고무줄을 잡아 당긴 후의 길이에서 처음 고무줄의 길이를 뺍니다.
(늘어난 길이)
=(잡아 당긴 후의 길이)−(처음 고무줄의 길이)

서술형 가이드 길이의 뺄셈식을 만들고 계산하는 과정이 있어야 합니다.

채점 기준		
길이의 뺄셈식을 만들고 바르게 계산함.	상
길이의 뺄셈식을 만들었으나 계산 과정에서 실수가 있어 답이 틀림.	중
식을 만들지 못하여 답이 틀림.	하

5-1 나무의 높이는 민솔이 키의 약 2배이므로 **약 2 m**입니다.

5-2 생각 열기 100 cm=1 m가 어느 정도인지 알아본 다음 알맞은 길이를 찾아봅니다.
유치원생의 키는 약 **120 cm**입니다.

5-3 1 m가 어느 정도인지 알아보고, 1 m의 5배보다 더 긴 길이를 찾아봅니다.

5-4 약 1 m로 10번 잰 길이는 약 10 m입니다.

5-5 생각 열기 10걸음은 2걸음씩 몇 번인지 알아봅니다.
두 걸음이 1 m이고 10걸음은 두 걸음씩 5번입니다.
10걸음
=2걸음+2걸음+2걸음+2걸음+2걸음
=1 m+1 m+1 m+1 m+1 m
=5 m
➡ 꽃밭의 긴 쪽의 길이는 **약 5 m**입니다.

2 STEP 응용 유형 익히기　64~69쪽

1-1 (1) 142 cm　(2) 규리, 미라, 경수
1-2 현지　　　　　**1-3** ㉡, ㉢, ㉠, ㉣
2-1 (1) 46　(2) 3
2-2 (위에서부터) 45, 5
2-3 13, 29
3-1 (1) 약 3번　(2) 약 3 m 60 cm
3-2 약 10 m 50 cm
3-3 약 2 m
4-1 (1) 10 cm, 30 cm, 20 cm　(2) 지아
4-2 현우　　　　　**4-3** 서현
5-1 (1) 2 m 80 cm　(2) 2 m 50 cm
5-2 4 m 15 cm　　　**5-3** 10 m 50 cm

6-1 (1) 1 m 37 cm (2) 1 m 47 cm
(3) 2 m 84 cm
6-2 2 m 48 cm   **6-3** 1 m 27 cm

1-1 (1) (규리의 키)=1 m 42 cm
$\qquad\qquad\quad$ =100 cm+42 cm
$\qquad\qquad\quad$ =142 cm

(2) 142 cm, 136 cm, 139 cm의 길이를 비교하면 142 cm>139 cm>136 cm입니다.

⇨ **규리>미라>경수**

[참고] 길이의 비교는 자연수의 크기 비교 방법과 같습니다.

⇨ 142 cm>139 cm>136 cm
$\quad$ 4>3 $\qquad$ 9>6

1-2 • 소희: 7 m 59 cm=759 cm
• 미조: 6 m 95 cm=695 cm
• 현지: 768 cm

⇨ 768 cm > 759 cm > 695 cm
$\quad$ 현지 $\qquad$ 소희 $\qquad$ 미조

이므로 가장 긴 색 테이프를 가지고 있는 사람은 **현지**입니다.

[다른 풀이] 768 cm=7 m 68 cm
$\qquad\qquad\qquad\qquad$ 68>59

⇨ 7 m 68 cm>7 m 59 cm>6 m 95 cm
$\qquad\qquad\qquad\qquad$ 7>6

이므로 가장 긴 색 테이프를 가지고 있는 사람은 현지입니다.

[참고] • 길이의 비교 (1)
① m 단위의 크기를 비교하여 m 단위의 수가 클수록 긴 길이입니다.
② m 단위의 수가 같을 때에는 cm 단위의 수가 클수록 긴 길이입니다.
• 길이의 비교 (2)
① 몇 m 몇 cm를 몇 cm 형태로 나타냅니다.
② 세 자리 수(네 자리 수)의 크기를 비교하는 방법으로 길이를 비교합니다.

1-3 [생각 열기] 길이를 같은 형태로 나타낸 다음 길이를 비교합니다.

㉠ 4 m 52 cm=452 cm
㉡ 306 cm
㉢ 409 cm
㉣ 5 m 2 cm=502 cm

⇨ 306 cm<409 cm<452 cm<502 cm
$\quad$ ㉡ $\qquad$ ㉢ $\qquad$ ㉠ $\qquad$ ㉣

[다른 풀이] ㉠ 4 m 52 cm
㉡ 306 cm=3 m 6 cm
㉢ 409 cm=4 m 9 cm
㉣ 5 m 2 cm

m 단위의 수를 비교하면 5 m>4 m>3 m이므로 ㉣이 가장 길고 ㉡이 가장 짧습니다.

㉠ 4 m 52 cm>㉢ 4 m 9 cm
$\qquad\qquad$ 52>9

⇨ ㉡<㉢<㉠<㉣

2-1 (1) • cm 단위의 계산
●+19=65, 65−19=●, ●=46
(2) • m 단위의 계산
4+★=7, 7−4=★, ★=3

2-2 [생각 열기] 덧셈과 뺄셈의 관계를 이용하여 □ 안에 알맞은 수를 구합니다.

$$\begin{array}{r} 3 \text{ m} \quad\boxed{㉠}\text{ cm} \\ +\ \boxed{㉡}\text{ m}\quad 37\ \text{ cm} \\ \hline 8\text{ m}\quad 82\ \text{ cm} \end{array}$$

• ㉠+37=82, 82−37=㉠, ㉠=45
• 3+㉡=8, 8−3=㉡, ㉡=5

2-3 • ㉠ m 75 cm−4 m ㉡ cm
=946 cm,
(㉠ m−4 m)+(75 cm−㉡ cm)
=9 m 46 cm,
• 75−㉡=46, 75−46=㉡, ㉡=29
• ㉠−4=9, 9+4=㉠, ㉠=13

3-1 (1) 긴 막대의 길이는 짧은 막대의 길이로 **약 3번**입니다.

(2) 1 m 20 cm+1 m 20 cm+1 m 20 cm
=3 m 60 cm

⇨ 긴 막대의 길이는 **약 3 m 60 cm**입니다.

3-2 해법 순서

① 긴 막대의 길이는 짧은 막대의 길이로 몇 번인지 알아봅니다.

② 긴 막대의 길이는 약 몇 m 몇 cm인지 구합니다.

긴 막대의 길이는 짧은 막대의 길이로 약 5번입니다.

2 m 10 cm+2 m 10 cm+2 m 10 cm
+2 m 10 cm+2 m 10 cm
=10 m 50 cm

⇨ 긴 막대의 길이는 **약 10 m 50 cm**입니다.

3-3 긴 막대의 길이는 짧은 막대의 길이로 약 4번입니다.

50 cm+50 cm+50 cm+50 cm
=1 m+50 cm+50 cm
=1 m 50 cm+50 cm
=2 m

⇨ 긴 막대의 길이는 **약 2 m**입니다.

참고　cm 단위끼리의 합이 100이거나 100보다 크면 100 cm를 1 m로 받아올림합니다.

예　60 cm+70 cm
=130 cm
=1 m 30 cm

4-1 (1) ・지아: 1 m 30 cm−1 m 20 cm
=10 cm

・형준: 1 m 50 cm−1 m 20 cm
=30 cm

・민석: 1 m 40 cm−1 m 20 cm
=20 cm

(2) 실제 길이와 어림한 길이의 차가 작을수록 가깝게 어림한 것이므로 가장 가깝게 어림한 사람은 **지아**입니다.

4-2 ・우준: 1 m 60 cm−1 m 50 cm
=10 cm

・혜영: 1 m 60 cm−1 m 45 cm
=15 cm

・현우: 1 m 65 cm−1 m 60 cm
=5 cm

・시연: 1 m 75 cm−1 m 60 cm
=15 cm

⇨ 실제 길이와 가장 가깝게 어림한 사람은 **현우**입니다.

4-3 해법 순서

① 책꽂이의 높이를 몇 m 몇 cm로 나타냅니다.

② 어림한 높이와 책꽂이의 실제 높이의 차를 구합니다.

③ 가장 가깝게 어림한 사람을 구합니다.

책꽂이 높이: 220 cm=2 m 20 cm

・상원: 2 m 20 cm−2 m 10 cm
=10 cm

・채린: 2 m 20 cm−2 m
=20 cm

・서현: 225 cm−2 m 20 cm
=2 m 25 cm−2 m 20 cm
=5 cm

・명기: 2 m 20 cm−2 m 5 cm
=15 cm

⇨ 실제 길이와 가장 가깝게 어림한 사람은 **서현**입니다.

5-1 (1) (색 테이프 두 장의 길이의 합)
=1 m 40 cm+1 m 40 cm
=2 m 80 cm

(2) (이어 붙인 색 테이프의 전체 길이)
=(색 테이프 두 장의 길이의 합)
−(겹쳐진 부분의 길이)
=2 m 80 cm−30 cm
=2 m 50 cm

다른 풀이

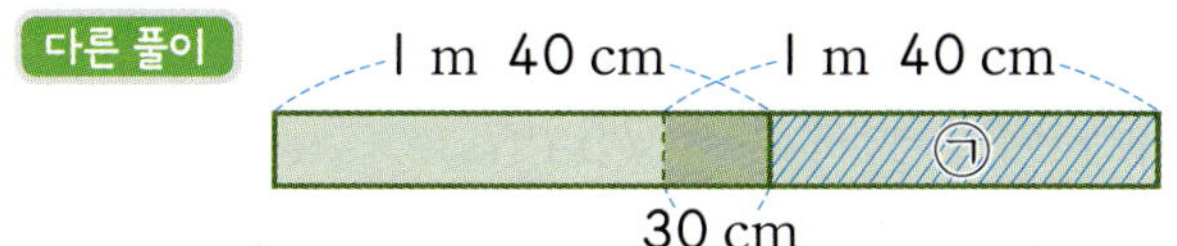

(㉠ 부분의 길이)

$=$ 1 m 40 cm $-$ 30 cm

$=$ 1 m 10 cm

➡ (이어 붙인 색 테이프의 전체 길이)

　$=$ 1 m 40 cm $+$ 1 m 10 cm

　$=$ 2 m 50 cm

5-2 [생각 열기] 색 테이프 두 장의 길이의 합에서 겹쳐진 부분의 길이를 뺍니다.

(색 테이프 두 장의 길이의 합)

$=$ 2 m 25 cm $+$ 2 m 25 cm $=$ 4 m 50 cm

➡ (이어 붙인 색 테이프의 전체 길이)

　$=$ (색 테이프 두 장의 길이의 합)

　　$-$ (겹쳐진 부분의 길이)

　$=$ 4 m 50 cm $-$ 35 cm

　$=$ 4 m 15 cm

5-3 [해법 순서]

① 색 테이프 세 장의 길이의 합을 구합니다.

② 겹쳐진 부분의 길이의 합을 구합니다.

③ 이어 붙인 색 테이프의 전체 길이를 구합니다.

(색 테이프 세 장의 길이의 합)

$=$ 4 m 30 cm $+$ 4 m 30 cm $+$ 4 m 30 cm

$=$ 12 m 90 cm

(겹쳐진 부분의 길이의 합)

$=$ 1 m 20 cm $+$ 1 m 20 cm

$=$ 2 m 40 cm

➡ (이어 붙인 색 테이프의 전체 길이)

　$=$ 12 m 90 cm $-$ 2 m 40 cm

　$=$ 10 m 50 cm

6-1 (1) 137 cm $=$ 100 cm $+$ 37 cm

　　　　$=$ 1 m 37 cm

(2) (파란색 끈의 길이)

　$=$ (빨간색 끈의 길이) $+$ 10 cm

　$=$ 1 m 37 cm $+$ 10 cm

　$=$ 1 m 47 cm

(3) 1 m 37 cm $+$ 1 m 47 cm

　$=$ 2 m 84 cm

6-2 118 cm $=$ 100 cm $+$ 18 cm

　　　　$=$ 1 m 18 cm

(우진이의 키) $=$ (진환이의 키) $+$ 12 cm

　　　　$=$ 1 m 18 cm $+$ 12 cm

　　　　$=$ 1 m 30 cm

➡ (진환이의 키) $+$ (우진이의 키)

　$=$ 1 m 18 cm $+$ 1 m 30 cm

　$=$ 2 m 48 cm

6-3 [해법 순서]

① 은진이의 키를 몇 m 몇 cm로 나타냅니다.

② 미소의 키를 구합니다.

③ 준영이의 키를 구합니다.

(은진이의 키) $=$ 120 cm

　　　　$=$ 1 m 20 cm

(미소의 키) $=$ (은진이의 키) $-$ 13 cm

　　　　$=$ 1 m 20 cm $-$ 13 cm

　　　　$=$ 1 m 7 cm

➡ (준영이의 키) $=$ (미소의 키) $+$ 20 cm

　　　　$=$ 1 m 7 cm $+$ 20 cm

　　　　$=$ 1 m 27 cm

3 STEP 응용 유형 뛰어넘기 70~75쪽

1 해주

2 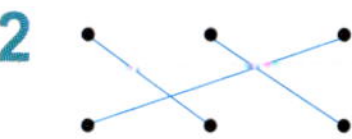

3 경선

4 예 100 cm $=$ 1 m이므로

　ⓒ 202 cm $=$ 200 cm $+$ 2 cm

　　　$=$ 2 m 2 cm입니다.

　; ⓒ

5 석가탑, 다보탑, 첨성대

6 호경　　　**7** 1 m 22 cm

8 고진감래　　**9** 약 4 m 80 cm

10 예 판다와 곰의 키의 차는 몇 m 몇 cm입니까?
; 43 cm

11 10 m 60 cm **12** 4 m 80 cm

13 3가지 **14** 25 m 50 cm

15 2 m 40 cm

16 예 (색 테이프 세 장의 길이의 합)
= 1 m 30 cm + 1 m 30 cm + 1 m 30 cm
= 3 m 90 cm
(겹쳐진 부분의 길이의 합)
= 40 cm + 40 cm = 80 cm
(이은 색 테이프의 전체 길이)
= 3 m 90 cm − 80 cm
= 3 m 10 cm
; 3 m 10 cm

17 23 m 90 cm **18** 75 cm

1 약 1 m 길이: 4살 동생의 키, 방문 손잡이의 높이, 양팔을 벌린 길이 등

2 1 m가 얼마만큼인지 알아본 다음 각각의 길이를 어림합니다.

3 자른 철사의 길이와 3 m와의 차를 각각 구하면
경선이는 3 m − 2 m 95 cm = 5 cm,
윤찬이는 3 m 15 cm − 3 m = 15 cm입니다.
따라서 5 < 15이므로 철사의 길이가 3 m에 더 가까운 사람은 **경선**입니다.

4 서술형 가이드 몇 cm를 몇 m 몇 cm로 틀리게 나타낸 것을 찾고, 틀린 이유를 서술해야 합니다.

채점 기준		
몇 cm를 몇 m 몇 cm로 틀리게 나타낸 것을 찾고, 틀린 이유를 바르게 언급함.		상
몇 cm를 몇 m 몇 cm로 틀리게 나타낸 것을 찾았으나 틀린 이유에 대한 설명이 미흡함.		중
몇 cm를 몇 m 몇 cm로 틀리게 나타낸 것을 찾지 못하고 틀린 이유도 쓰지 못함.		하

주의 ■●▲ cm인 경우 십의 자리 앞에서 끊어 ■ m ●▲ cm로 나타냅니다.
⇨ 2 | 02 cm → 2 m 2 cm

5
• 다보탑: 10 m 29 cm
• 석가탑: 10 m 75 cm
• 첨성대: 917 cm = 9 m 17 cm
⇨ 10 m 75 cm > 10 m 29 cm > 9 m 17 cm이므로 높은 것부터 차례로 쓰면 **석가탑, 다보탑, 첨성대**입니다.

다른 풀이 • 다보탑: 10 m 29 cm = 1029 cm
• 석가탑: 10 m 75 cm = 1075 cm
• 첨성대: 917 cm
⇨ 1075 > 1029 > 917이므로 높은 것부터 차례로 쓰면 석가탑, 다보탑, 첨성대입니다.

6 어림한 길이와 실제 길이의 차를 알아보면 윤아는 20 cm, 호경이는 10 cm이므로 더 가깝게 어림한 사람은 호경입니다.

7 (서연이의 키) = 3 m − 1 m 78 cm
= 1 m 22 cm
(경훈이의 키) = 1 m 22 cm + 7 cm
= 1 m 29 cm
(은정이의 키) = 1 m 29 cm − 3 cm
= 1 m 26 cm
⇨ 1 m 22 cm < 1 m 26 cm < 1 m 29 cm이므로 키가 1 m 22 cm인 **서연**이가 가장 작습니다.

8 來 래: 7 m 25 cm + 6 m 42 cm
= 13 m 67 cm

苦 고: 18 m 51 cm − 3 m 29 cm
= 15 m 22 cm

甘 감: 4 m 68 cm + 9 m 17 cm
= 13 m 85 cm

盡 진: 19 m 95 cm − 5 m 21 cm
= 14 m 74 cm

⇨ 15 m 22 cm > 14 m 74 cm
> 13 m 85 cm > 13 m 67 cm이므로 긴 길이를 나타내는 글자부터 차례로 쓰면 **고진감래**입니다.

참고 苦盡甘來(고진감래): '쓴 것이 다하면 단 것이 온다.'라는 뜻으로 고생 끝에 좋은 일이 온다는 말입니다.

9 줄의 길이는 준혁이의 양팔을 벌린 길이로 4번째 잰 것과 같습니다.
1 m 20 cm＋1 m 20 cm＋1 m 20 cm
＋1 m 20 cm
＝4 m 80 cm
⇨ **약 4 m 80 cm**

10 서술형 가이드 그림에 알맞은 길이의 차 문제를 만들었는지 확인합니다.

채점 기준	그림에 알맞은 길이의 차 문제를 만들고 답을 바르게 구함.	상
	길이의 차 문제를 만들었지만 주어진 그림에 알맞지 못하여 답이 틀림.	중
	길이의 차 문제를 만들지 못함.	하

11 해법 순서
① 가장 긴 변의 길이가 어느 것인지 알아봅니다.
② 짧은 두 변의 길이의 합을 구합니다.
③ 가장 긴 한 변의 길이는 나머지 두 변의 길이의 합보다 얼마나 더 짧은지 구합니다.
가장 긴 한 변의 길이는 60 m 10 cm이고
(나머지 두 변의 길이의 합)
＝40 m 20 cm＋30 m 50 cm
＝70 m 70 cm
⇨ 70 m 70 cm－60 m 10 cm
＝10 m 60 cm이므로
가장 긴 한 변의 길이는 나머지 두 변의 길이의 합보다 **10 m 60 cm**만큼 더 짧습니다.

12 생각 열기 ■ m ▲ cm보다 ● m ★ cm 더 긴 길이는 덧셈을 합니다.
■ m ▲ cm보다 ● m ★ cm 더 짧은 길이는 뺄셈을 합니다.
120 cm＝1 m 20 cm
(예준이의 끈의 길이)
＝(은서의 끈의 길이)＋1 m 20 cm
＝4 m 70 cm＋1 m 20 cm
＝5 m 90 cm

(찬영이의 끈의 길이)
＝(예준이의 끈의 길이)－1 m 10 cm
＝5 m 90 cm－1 m 10 cm
＝**4 m 80 cm**

13 2 m보다 길고 5 m 30 cm보다 짧은 길이를 ㉠ m ㉡㉢ cm라고 하면 ㉠에는 2, 5가 들어갈 수 있습니다.
㉠이 2일 때: 2 m 57 cm＜5 m 30 cm (○),
　　　　　　 2 m 75 cm＜5 m 30 cm (○)
㉠이 5일 때: 5 m 27 cm＜5 m 30 cm (○),
　　　　　　 5 m 72 cm＞5 m 30 cm (✕)
따라서 **3가지** 길이를 만들 수 있습니다.

14 해법 순서
① 첫 번째 허들과 4번째 허들 사이의 간격의 수를 구합니다.
② 첫 번째 허들과 4번째 허들 사이의 거리를 구합니다.
첫 번째 허들과 4번째 허들 사이의 간격은 3군데입니다.
(첫 번째 허들과 4번째 허들 사이의 거리)
＝8 m 50 cm＋8 m 50 cm＋8 m 50 cm
＝17 m＋8 m 50 cm
＝**25 m 50 cm**
참고 cm끼리의 합이 100보다 크면
100 cm＝1 m이므로 받아올림하여 계산합니다.

$$\begin{array}{r} 1 \\ 8\ m\ \ 50\ cm \\ +\ \ 8\ m\ \ 50\ cm \\ \hline 17\ m \end{array}$$

$$\begin{array}{r} 17\ m \\ +\ \ 8\ m\ \ 50\ cm \\ \hline 25\ m\ \ 50\ cm \end{array}$$

15 (다른 한 도막의 길이)
＝6 m－1 m 80 cm
＝4 m 20 cm
(자른 두 도막의 길이의 차)
＝4 m 20 cm－1 m 80 cm
＝**2 m 40 cm**

16 [서술형 가이드] 색 테이프 세 장의 길이의 합에서 겹쳐
진 부분의 길이를 2번 빼는 것이 풀이 과정에 있어
야 합니다.

채점 기준		
색 테이프 세 장의 길이의 합에서 겹쳐진 부분의 길이를 2번 빼서 답을 바르게 구함.	상
색 테이프 세 장의 길이의 합에서 겹쳐진 부분의 길이를 2번 빼서 계산하는 방법은 알고 있으나 계산 과정에서 실수가 있어 답이 틀림.	중
풀이 과정과 답이 모두 틀림.	하

17 (유나가 마트에서 집으로 걸어온 거리)
$=36$ m 50 cm-30 m 20 cm
$=6$ m 30 cm
(집에서 유나 위치까지의 거리)
$=30$ m 20 cm-6 m 30 cm
$=23$ m 90 cm

18 [해법 순서]
① 재윤이의 키를 구합니다.
② 책상의 높이를 구합니다.
(재윤이의 키)$=1$ m 80 cm-45 cm
$=1$ m 35 cm
⇨ (책상의 높이)$=2$ m 10 cm-1 m 35 cm
$=75$ cm

[참고] cm끼리 뺄 수 없을 때에는 1 m$=100$ cm
이므로 받아내림하여 계산합니다.

$$\begin{array}{r} 1 \quad 100 \\ \not{2}\text{ m }\ 10\text{ cm} \\ -\ 1\text{ m }\ 35\text{ cm} \\ \hline 75\text{ cm} \end{array}$$

실력 평가 [76~79쪽]

1 917	**2** m, m
3 15, 80	**4** 약 8 m
5 106, 1, 6	**6** 5, 45
7 <	
8 7 m 47 cm-5 m 28 cm$=2$ m 19 cm ; 2 m 19 cm	
9 24 m 70 cm	**10** 2 m 25 cm
11 4 m 50 cm	**12** 선호

13 6 m 15 cm   **14** 9 m 90 cm
15 82 cm
16 [예] 올라간 길이에서 미끄러진 길이를 뺍니다.
4 m 30 cm-1 m 15 cm
$=3$ m 15 cm이므로
나무늘보는 땅에서 3 m 15 cm 높이에
있습니다.
; 3 m 15 cm
17 9, 6, 5 ; 1, 3, 4 ; 8, 3, 1
18 9 m 81 cm
19 태윤 ;
[예] 실제 길이와 어림한 길이의 차가 승우는
50 cm, 태윤이는 5 cm, 경아는 10 cm,
정호는 10 cm입니다. 실제 길이에 가장
가깝게 어림한 사람은 차가 가장 작은 태윤
입니다.
20 3 m 75 cm

1 1 m$=100$ cm
⇨ 9 m 17 cm$=900$ cm$+17$ cm
$=917$ cm

2 대왕고래는 가장 큰 동물이므로 길이가 1 m보
다 깁니다.
따라서 대왕고래의 길이는 **m**가 알맞습니다.

3 m는 m끼리, cm는 cm끼리 더합니다.
$$\begin{array}{r} 12\text{ m }\ 56\text{ cm} \\ +\ 3\text{ m }\ 24\text{ cm} \\ \hline 15\text{ m }\ 80\text{ cm} \end{array}$$

4 ⊢—— 1 m

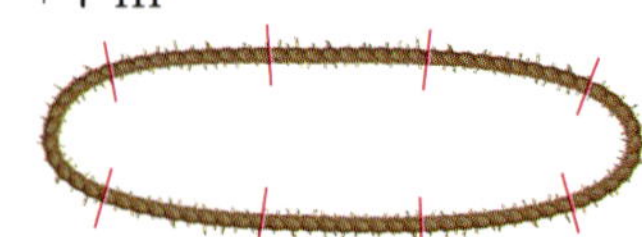

1 m가 8번 정도 있으므로 끈의 길이는 **약 8 m**
입니다.

5 눈금 106을 가리키므로 106 cm$=1$ m 6 cm
입니다.

6 m는 m끼리, cm는 cm끼리 계산합니다.

$$\begin{array}{r} 10\ \text{m}\ \ 80\ \text{cm} \\ -\quad 5\ \text{m}\ \ 35\ \text{cm} \\ \hline 5\ \text{m}\ \ 45\ \text{cm} \end{array}$$

7 3 m 97 cm=397 cm

4 m=400 cm

⇨ 397 cm<400 cm이므로

3 m 97 cm<4 m입니다.

[다른 풀이] m 단위의 크기를 비교합니다.

3 m 97 cm ⓧ 4 m
 └─ 3<4 ─┘

8 7 m 47 cm>5 m 28 cm
 └─ 7>5 ─┘

[서술형 가이드] 긴 길이에서 짧은 길이를 빼야 합니다.

채점 기준	식 7 m 47 cm−5 m 28 cm를 쓰고 답을 바르게 구함.	상
	식 7 m 47 cm−5 m 28 cm만 씀.	중
	식을 쓰지 못함.	하

9 (축구공이 굴러간 거리)

=10 m 50 cm+14 m 20 cm

=**24 m 70 cm**

10 130 cm=1 m 30 cm입니다.

3 m 55 cm−1 m 30 cm=2 m 25 cm

11 ㉠ 7 m 50 cm

㉡ 3 m

⇨ ㉠−㉡=7 m 50 cm−3 m

=**4 m 50 cm**

12 • 민재: 12 m 54 cm−6 m 28 cm

=6 m 26 cm

• 선호: 13 m 85 cm−7 m 49 cm

=6 m 36 cm

• 연정: 15 m 91 cm−9 m 65 cm

=6 m 26 cm

⇨ 끈의 길이가 다른 사람은 6 m 36 cm인 **선호**
입니다.

13 [생각 열기] 380 cm를 몇 m 몇 cm로 나타낸 다음
길이의 차를 구합니다.

(㉮~㉯)=(㉮~㉰)−(㉯~㉰)

=9 m 95 cm−380 cm

=9 m 95 cm−3 m 80 cm

=**6 m 15 cm**

14 (세 변의 길이의 합)

=2 m+4 m 30 cm+3 m 60 cm

=6 m 30 cm+3 m 60 cm

=**9 m 90 cm**

15 [해법 순서]

① 길이를 같은 형태로 나타냅니다.

② 가장 긴 길이와 가장 짧은 길이를 알아봅니다.

③ ②에서 찾은 두 길이의 차를 구합니다.

376 cm=3 m 76 cm

308 cm=3 m 8 cm

3 m 76 cm>3 m 42 cm>3 m 8 cm

>2 m 94 cm

⇨ 3 m 76 cm−2 m 94 cm=**82 cm**

[참고] cm끼리 뺄 수 없을 때에는 1 m=100 cm
이므로 받아내림하여 계산합니다.

$$\begin{array}{r} 2 \quad\ \ 100 \\ \cancel{3}\ \text{m}\ \ 76\ \text{cm} \\ -\quad 2\ \text{m}\ \ 94\ \text{cm} \\ \hline 82\ \text{cm} \end{array}$$

16 [서술형 가이드] 나무늘보가 미끄러진 거리를 빼는 과
정이 있어야 합니다.

채점 기준	나무늘보가 처음 올라간 높이와 미끄러진 높이에 맞게 식을 만들어 답을 바르게 구함.	상
	나무늘보가 처음 올라간 높이와 미끄러진 높이에 맞게 식을 만들었으나 계산 과정에서 실수가 있어 답이 틀림.	중
	문제에 알맞은 식을 만들지 못하여 답을 구하지 못함.	하

17 • 만들 수 있는 가장 긴 길이: 9 m 65 cm

• 만들 수 있는 가장 짧은 길이: 1 m 34 cm

$$\begin{array}{r} \boxed{9}\ \text{m}\ \boxed{6}\ \boxed{5}\ \text{cm} \\ -\ \boxed{1}\ \text{m}\ \boxed{3}\ \boxed{4}\ \text{cm} \\ \hline \boxed{8}\ \text{m}\ \boxed{3}\ \boxed{1}\ \text{cm} \end{array}$$

참고 • 가장 긴 길이는 가장 큰 수를 만들 때와 마찬가지로 가장 큰 수부터 3개를 뽑아서 높은 자리부터 차례로 놓습니다.
• 가장 짧은 길이는 가장 작은 수를 만들 때와 마찬가지로 가장 작은 수부터 3개를 뽑아서 높은 자리부터 차례로 놓습니다.

18 (색 테이프 두 장의 길이의 합)
$=5\,\text{m}\ 28\,\text{cm}+7\,\text{m}\ 63\,\text{cm}$
$=12\,\text{m}\ 91\,\text{cm}$
(이어 붙인 색 테이프의 전체 길이)
$=12\,\text{m}\ 91\,\text{cm}-3\,\text{m}\ 10\,\text{cm}$
$=\mathbf{9\,m\ 81\,cm}$

다른 풀이

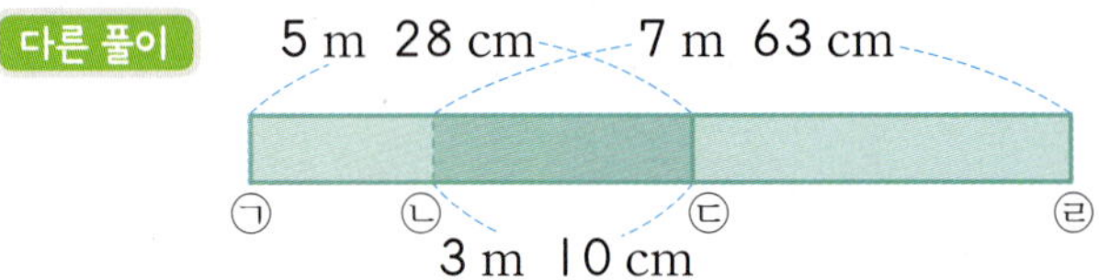

(㉢에서 ㉣까지의 길이)
$=7\,\text{m}\ 63\,\text{cm}-3\,\text{m}\ 10\,\text{cm}=4\,\text{m}\ 53\,\text{cm}$
(㉠에서 ㉣까지의 길이)
$=5\,\text{m}\ 28\,\text{cm}+4\,\text{m}\ 53\,\text{cm}=9\,\text{m}\ 81\,\text{cm}$

19 • 승우: $1\,\text{m}\ 50\,\text{cm}-1\,\text{m}=50\,\text{cm}$
• 태윤: $1\,\text{m}\ 55\,\text{cm}-1\,\text{m}\ 50\,\text{cm}=5\,\text{cm}$
• 경아: $1\,\text{m}\ 50\,\text{cm}-1\,\text{m}\ 40\,\text{cm}=10\,\text{cm}$
• 정호: $1\,\text{m}\ 60\,\text{cm}-1\,\text{m}\ 50\,\text{cm}=10\,\text{cm}$

서술형 가이드 실제 길이와 어림한 길이의 차가 가장 작은 사람이 가장 가깝게 어림했다는 내용이 이유에 있어야 합니다.

채점 기준		
가장 가깝게 어림한 사람을 찾고 가장 가깝게 어림한 이유를 바르게 씀.	상
가장 가깝게 어림한 사람은 찾았으나 이유의 설명이 미흡함.	중
가장 가깝게 어림한 사람을 찾지 못함.	하

20 해법 순서
① 둘째 날 뛴 거리를 구합니다.
② 셋째 날 뛴 거리를 구합니다.
③ 첫째 날, 둘째 날, 셋째 날 뛴 거리의 합을 구합니다.
(첫째 날 뛴 거리)$=1\,\text{m}\ 15\,\text{cm}$
(둘째 날 뛴 거리)
$=1\,\text{m}\ 15\,\text{cm}+10\,\text{cm}=1\,\text{m}\ 25\,\text{cm}$

(셋째 날 뛴 거리)
$=1\,\text{m}\ 25\,\text{cm}+10\,\text{cm}=1\,\text{m}\ 35\,\text{cm}$
➡ (3일 동안 뛴 거리의 합)
$=1\,\text{m}\ 15\,\text{cm}+1\,\text{m}\ 25\,\text{cm}+1\,\text{m}\ 35\,\text{cm}$
$=2\,\text{m}\ 40\,\text{cm}+1\,\text{m}\ 35\,\text{cm}$
$=\mathbf{3\,m\ 75\,cm}$

창의 사고력 (80쪽)

① 약 $3\,\text{m}\ 60\,\text{cm}$
② 약 $109\,\text{m}\ 72\,\text{cm}$

① 해법 순서
① 지민이의 양팔을 벌린 길이를 알아봅니다.
② 방의 긴 쪽의 길이는 지민이의 양팔을 벌린 길이의 몇 번만큼인지 알아봅니다.
③ 방의 긴 쪽의 길이는 약 몇 m 몇 cm인지 구합니다.
(지민이의 양팔을 벌린 길이)
$=30\,\text{cm}+30\,\text{cm}+30\,\text{cm}+30\,\text{cm}$
$=120\,\text{cm}$
$=1\,\text{m}\ 20\,\text{cm}$
방의 긴 쪽의 길이는 지민이의 양팔을 벌린 길이로 약 3번이므로
$1\,\text{m}\ 20\,\text{cm}+1\,\text{m}\ 20\,\text{cm}+1\,\text{m}\ 20\,\text{cm}$
$=3\,\text{m}\ 60\,\text{cm}$
➡ 약 $\mathbf{3\,m\ 60\,cm}$입니다.

② (뛴 거리)
$=27\,\text{m}\ 43\,\text{cm}+27\,\text{m}\ 43\,\text{cm}$
$\quad+27\,\text{m}\ 43\,\text{cm}+27\,\text{m}\ 43\,\text{cm}$
$=54\,\text{m}\ 86\,\text{cm}+27\,\text{m}\ 43\,\text{cm}+27\,\text{m}\ 43\,\text{cm}$
$=82\,\text{m}\ 29\,\text{cm}+27\,\text{m}\ 43\,\text{cm}$
$=109\,\text{m}\ 72\,\text{cm}$
➡ 약 $\mathbf{109\,m\ 72\,cm}$입니다.

4. 시각과 시간

1 STEP 기본 유형 익히기 84~87쪽

1-1 9, 25 **1-2** 10, 17

1-3 짧은, 긴, 3 **1-4**

1-5 

1-6 예 혜지는 아침 7시 48분에 아침 식사를 했습니다.

2-1 6, 10

2-2 ⑴ 5 ⑵ 10, 55

2-3 현지 ; 예 5시 10분 전은 5시가 되려면 10분이 더 지나야 하므로 4시 50분으로 나타내야 하는데 5시 50분으로 나타냈습니다.

2-4 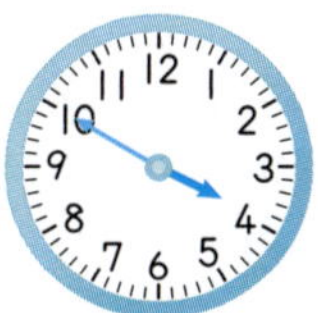

2-5 4시 55분

3-1 ⑴ 70 ⑵ 2, 30

3-2 7시 10분 20분 30분 40분 50분 8시 ; 30

3-3 1시간 20분 **3-4** 7시 20분

4-1

오전
12 1 2 3 4 5 6 7 8 9 10 11 12(시)
1 2 3 4 5 6 7 8 9 10 11 12(시)
오후

4-2 4시간 **4-3** 진호

4-4 오후 3시 **4-5** 6, 오전에 ◯표, 7

5-1 ⑴ 14 ⑵ 4 ⑶ 20

5-2 ( )( )(×)

5-3 15일 **5-4** 수요일

5-5 예 같은 요일은 7일마다 반복됩니다.
따라서 넷째 토요일은
4일＋7일＋7일＋7일＝25일입니다.
; 25일

5-6 성주

1-1 짧은바늘은 9와 10 사이를 가리키고 긴바늘은 5를 가리키므로 9시 25분입니다.

1-2 짧은바늘은 10과 11 사이를 가리키고 긴바늘은 3(15분)에서 작은 눈금 2칸 더 간 곳을 가리키므로 10시 17분입니다.

1-3 생각 열기 시계의 짧은바늘은 시, 긴바늘은 분을 나타냅니다.
시계의 **짧은**바늘이 8과 9 사이를 가리키고 **긴**바늘이 **3**을 가리키면 8시 15분입니다.

1-4 디지털시계가 나타내는 시각은 각각 6시 48분, 9시 32분입니다.
왼쪽 시계: 9시 32분, 오른쪽 시계: 6시 48분

1-5 생각 열기 먼저 디지털시계가 나타내는 시각을 알아봅니다.
디지털시계가 나타내는 시각은 4시 32분입니다.
시계의 긴바늘을 6(30분)에서 작은 눈금 2칸 더 간 곳을 가리키도록 그립니다.

1-6 생각 열기 먼저 시계를 보고 시각을 바르게 읽어 봅니다.
시계의 짧은바늘은 7과 8 사이를 가리키고 긴바늘은 9(45분)에서 작은 눈금 3칸 더 간 곳을 가리키므로 7시 48분입니다.

서술형 가이드 시각을 바르게 읽고 혜지가 하고 있는 일과 시각에 맞게 써야 합니다.

채점 기준		
시계가 나타내는 시각을 읽어 혜지가 하고 있는 일에 맞도록 문장을 바르게 씀.	상
시계가 나타내는 시각은 읽을 수 있으나 혜지가 하고 있는 일에 맞게 문장을 바르게 쓰지 못함.	중
시계가 나타내는 시각을 읽지 못함.	하

2-1 6시가 되려면 10분이 더 지나야 합니다.
⇨ 6시 10분 전

2-2 ⑴ 6시 55분은 7시가 되려면 5분이 더 지나야 하므로 7시 5분 전입니다.
⑵ 11시 5분 전은 11시가 되려면 5분이 더 지나야 하므로 10시 55분입니다.

2-3 서술형 가이드 시계에 시각을 잘못 나타낸 사람을 찾아 그 이유를 바르게 써야 합니다.

채점 기준	시계에 시각을 잘못 나타낸 사람을 찾고 그 이유를 바르게 씀.	상
	시계에 시각을 잘못 나타낸 사람을 찾았으나 그 이유를 바르게 쓰지 못함.	중
	시계에 시각을 나타내는 방법을 알지 못하여 시계에 시각을 잘못 나타낸 사람을 찾지 못함.	하

2-4 생각 열기 4시 10분 전은 몇 시 몇 분인지 알아봅니다.
4시 10분 전 ⇨ 3시 50분

2-5 만나기로 한 시각은 5시 5분 전이므로
4시 55분입니다.

3-1 생각 열기 1시간은 60분이라는 것을 이용합니다.
(1) 1시간 10분＝60분＋10분＝**70분**
(2) 150분＝60분＋60분＋30분＝**2시간 30분**

3-2 해법 순서
① 두 시계를 보고 시각을 각각 알아봅니다.
② 왼쪽 시각부터 오른쪽 시각까지 시간 띠에 색칠해 봅니다.
③ 시간 띠에 색칠한 칸 수를 세어 시간이 얼마나 흘렀는지 구합니다.
7시 10분부터 7시 40분까지 시간 띠에 나타내면 3칸이므로 **30분**입니다.

3-3 시작한 시각: 1시 30분, 끝낸 시각: 2시 50분

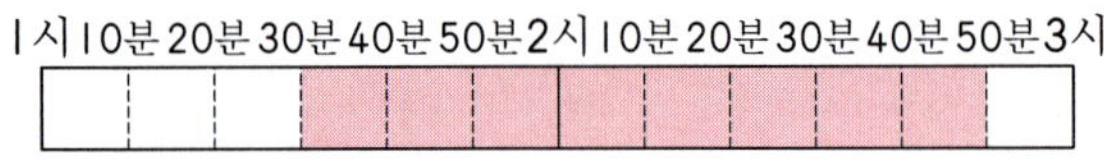

8칸으로 80분입니다.
⇨ 80분＝**1시간 20분**

3-4 해법 순서
① 손목시계를 보고 발레 공연이 시작한 시각을 구합니다.
② 공연이 끝난 시각을 구합니다.
공연이 시작한 시각은 5시입니다.
5시 $\xrightarrow{\text{2시간 후}}$ 7시 $\xrightarrow{\text{20분 후}}$ 7시 20분
따라서 공연이 끝난 시각은 **7시 20분**입니다.

4-1 출발한 시각: 오전 10시
도착한 시각: 오후 2시
오전 10시부터 오후 2시까지 색칠합니다.

4-2 색칠한 부분은 오전 10시부터 오후 2시까지 4칸이므로 **4시간**입니다.

4-3 생각 열기 1일은 24시간이라는 것을 이용하여 더 긴 시간을 알아봅니다.
1일＝24시간
진호: 1일 10시간＝24시간＋10시간
＝34시간
⇨ 34시간＞33시간

4-4 생각 열기 긴바늘이 시계를 6바퀴 돌았을 때 걸리는 시간을 알아봅니다.
긴바늘이 한 바퀴 도는 데 걸리는 시간은 1시간이므로 6바퀴 돌았을 때 걸리는 시간은 6시간입니다.
⇨ 오전 9시 $\xrightarrow{\text{3시간 후}}$ 낮 12시 $\xrightarrow{\text{3시간 후}}$ **오후 3시**

4-5 생각 열기 짧은바늘이 시계를 한 바퀴 돌았을 때 걸리는 시간을 알아봅니다.
짧은바늘이 한 바퀴 도는 데 걸리는 시간은 12시간입니다.
5일 오후 7시 $\xrightarrow{\text{12시간 후}}$ **6일 오전 7시**

5-1 1주일＝7일, 1년＝12개월
(1) 2주일＝7일＋7일＝**14일**
(2) 28일＝7일＋7일＋7일＋7일＝**4주일**
(3) 1년 8개월＝12개월＋8개월＝**20개월**

5-2 1월: 31일, 5월: 31일, 11월: 30일

5-3 둘째 월요일이 8일이므로 셋째 월요일은
8일＋7일＝**15일**입니다.

5-4 17일－7일＝10일이므로 17일은 10일과 같은 **수요일**입니다.

5-5 서술형 가이드 달력에서 같은 요일은 7일마다 반복
된다는 것을 알고 넷째 토요일을 바르게 구해야 합
니다.

채점기준	달력의 규칙을 알고 넷째 토요일을 바르게 구함.	상
	달력의 규칙을 알고 있으나 넷째 토요일을 구하는 데 실수가 있어 답이 틀림.	중
	달력의 규칙을 알지 못하여 넷째 토요일을 구하지 못함.	하

5-6 선미: 8일 후는 1주일 후의 다음 날이므로 목
　　　요일입니다.
　　　준하: 2주일은 14일이므로 1월 5일의 14일
　　　후는 1월 19일입니다.
　　　성주: 일요일의 7일 전은 일요일이고 그 일요
　　　일의 3일 전은 목요일입니다.

②STEP 응용 유형 익히기　88~93쪽

1-1 (1) 6시 50분, 6시 22분, 7시 16분
　　　(2) 어머니
1-2 정아
1-3 동생, 형, 준호
2-1 (1) 5시 5분 전, 2시 10분 전, 9시 15분 전
　　　(2) 진서
2-2 태주
2-3 나, 7시 16분 전
3-1 (1) 2시간 30분, 2시간 45분　(2) 윤호
3-2 여름 왕국
3-3 승호
4-1 (1) 24시간　(2) 5시간　(3) 29시간
4-2 36시간
4-3 6시간 30분
5-1 (1) 6월 30일, 7월 3일　(2) 6월 26일
5-2 8월 30일
5-3 1월 5일
6-1 (1) 24시간, 24분　(2) 7시 24분
6-2 5시 48분
6-3 10시 24분

1-1 (2) 6시 22분 ⇨ 6시 50분 ⇨ 7시 16분
　　　따라서 가장 먼저 일어난 사람은 **어머니**입
　　　니다.

1-2 생각 열기 등교한 시각을 각각 알아본 후 가장 늦
은 시각을 알아봅니다.
선호: 7시 55분, 정아: 8시 37분,
수린: 8시 4분
7시 55분 ⇨ 8시 4분 ⇨ 8시 37분
따라서 가장 늦게 등교한 사람은 **정아**입니다.

1-3 생각 열기 형, 준호, 동생이 잠자리에 든 시각을 각
각 구합니다.
형: 10시 28분, 준호: 10시 41분,
동생: 9시 52분
9시 52분 ⇨ 10시 28분 ⇨ 10시 41분
따라서 일찍 잠자리에 든 사람부터 차례로 쓰
면 **동생, 형, 준호**입니다.

2-1 (1) 현지: 4시 55분 ⇨ **5시 5분 전**
　　　연우: 1시 50분 ⇨ **2시 10분 전**
　　　진서: 8시 45분 ⇨ **9시 15분 전**
　　　(2) **진서**: 9시가 되려면 15분이 더 지나야 합니다.
　　　　　⇨ 9시 15분 전

2-2 생각 열기 종우, 민경, 태주의 시계를 보고 몇 시 몇
분 전으로 나타내 봅니다.
종우: 7시 45분 ⇨ 8시 15분 전
민경: 10시 55분 ⇨ 11시 5분 전
태주: 12시 50분 ⇨ 1시 10분 전
따라서 잘못 나타낸 사람은 **태주**입니다.

2-3 해법 순서
① 가, 나, 다의 시계를 보고 시각을 바르게 읽어
　봅니다.
② 각각의 시각을 몇 시 몇 분 전으로 나타내 봅니다.
③ 잘못 나타낸 시계를 찾아봅니다.
가: 3시 51분 ⇨ 4시 9분 전　(◯)
나: 6시 44분 ⇨ **7시 16분 전** (✕)
다: 2시 48분 ⇨ 3시 12분 전 (◯)

3-1 (1) 혜주: 1시 40분 →(2시간 후) 3시 40분 →(20분 후) 4시 →(10분 후) 4시 10분

⇨ **2시간 30분**

윤호: 2시 35분 →(2시간 후) 4시 35분 →(25분 후) 5시 →(20분 후) 5시 20분

⇨ **2시간 45분**

(2) 2시간 30분보다 2시간 45분이 더 길므로 작품 만들기를 더 오래 한 사람은 **윤호**입니다.

3-2 여름 왕국: 3시 55분 →(2시간 후) 5시 55분 →(5분 후) 6시 →(5분 후) 6시 5분

⇨ **2시간 10분**

해피토피아: 8시 30분 →(1시간 후) 9시 30분 →(30분 후) 10시 →(25분 후) 10시 25분

⇨ **1시간 55분**

따라서 2시간 10분이 1시간 55분보다 더 길므로 상영 시간이 더 긴 영화는 **여름 왕국**입니다.

3-3 [해법 순서]
① 은혜가 운동을 시작한 시각과 끝낸 시각을 바르게 읽고 운동을 한 시간을 구합니다.
② 승호가 운동을 시작한 시각과 끝낸 시각을 바르게 읽고 운동을 한 시간을 구합니다.
③ 두 사람이 운동을 한 시간을 비교하여 운동을 더 오래 한 사람을 구합니다.

〈은혜〉
시작한 시각: 3시 45분
끝낸 시각: 5시 5분
3시 45분 →(1시간 후) 4시 45분 →(15분 후) 5시 →(5분 후) 5시 5분
⇨ **1시간 20분**

〈승호〉
시작한 시각: 9시 35분
끝낸 시각: 11시 15분
9시 35분 →(1시간 후) 10시 35분 →(25분 후) 11시 →(15분 후) 11시 15분
⇨ **1시간 40분**

따라서 1시간 20분보다 1시간 40분이 더 길므로 운동을 더 오래 한 사람은 **승호**입니다.

4-1 (1) 어제 오전 9시부터 오늘 오전 9시까지는 하루이므로 **24시간**입니다.

(2) 오전 9시 →(3시간 후) 낮 12시 →(2시간 후) 오후 2시

⇨ 3시간+2시간=**5시간**

(3) 24시간+5시간=**29시간**

4-2 [생각 열기] 하루는 24시간임을 이용합니다.
어제 오전 10시부터 오늘 오전 10시까지는 하루이므로 24시간입니다.
오전 10시 →(12시간 후) 오후 10시
⇨ 24시간+12시간=**36시간**

4-3 [해법 순서]
① 등산을 시작할 때의 시각을 바르게 읽습니다.
② 등산을 한 시간을 구합니다.
등산을 시작한 시각: 오전 10시 30분
오전 10시 30분 →(30분 후) 오전 11시 →(1시간 후) 낮 12시 →(5시간 후) 오후 5시
⇨ 30분+1시간+5시간=**6시간 30분**

5-1 (1) 6월은 30일까지 있으므로 현주의 생일은 **6월 30일**이고 석민이의 생일은 6월 30일의 3일 후이므로 **7월 3일**입니다.

(2) 1주일은 7일이므로 7월 3일의 7일 전은 **6월 26일**입니다.

5-2 [생각 열기] 어머니, 아버지, 현민이의 생일을 차례로 구해 봅니다.

• 어머니의 생신: 8월은 31일까지 있으므로 8월 31일입니다.
• 아버지의 생신: 2주일은 14일이므로 8월 31일의 14일 후는 9월 14일입니다.
• 현민이의 생일: 9월 14일의 15일 전은 **8월 30일**입니다.

5-3 해법 순서
① 정훈이의 생일을 구합니다.
② 경미의 생일을 구합니다.
③ 준서의 생일을 구합니다.
• 정훈이의 생일: 12월 마지막 날은 12월 31일이고 1주일 전은 7일 전이므로 12월 24일입니다.
• 경미의 생일: 12월 24일의 9일 전이므로 12월 15일입니다.
• 준서의 생일: 3주일은 21일입니다.
12월 15일 $\xrightarrow{16일 후}$ 12월 31일 $\xrightarrow{5일 후}$ **1월 5일**

6-1 (1) 오늘 오전 7시부터 내일 오전 7시까지는 하루이므로 **24시간**입니다.
1시간에 1분씩 빨라지므로 24시간 동안 빨라지는 시간은 **24분**입니다.
(2) 오전 7시보다 24분 빨라지므로 이 시계가 가리키는 시각은 오전 **7시 24분**입니다.

6-2 해법 순서
① 오늘 오후 5시부터 내일 오후 5시까지는 몇 시간인지 구합니다.
② 오늘 오후 5시부터 내일 오후 5시까지 빨라지는 시간을 구합니다.
③ 내일 오후 5시에 이 시계가 가리키는 시각을 구합니다.
오늘 오후 5시부터 내일 오후 5시까지는 하루이므로 24시간입니다.
1시간에 2분씩 빨라지므로 24시간 동안 **빨라지는 시간은 48분입니다.**
오후 5시보다 48분 빨라지므로 이 시계가 가리키는 시각은 오후 **5시 48분**입니다.

6-3 생각 열기 오늘 오전 11시부터 내일 오후 11시까지 느려지는 시간을 먼저 구합니다.
해법 순서
① 오늘 오전 11시부터 내일 오후 11시까지는 몇 시간인지 구합니다.
② 오늘 오전 11시부터 내일 오후 11시까지 느려지는 시간을 구합니다.
③ 내일 오후 11시에 이 시계가 가리키는 시각을 구합니다.
오늘 오전 11시부터 내일 오후 11시까지는 24시간＋12시간＝36시간입니다.
1시간에 1분씩 느려지므로 36시간 동안 느려지는 시간은 36분입니다.
오후 11시보다 36분 느려지므로 이 시계가 가리키는 시각은 오후 11시 36분 전입니다.
▷ 오후 **10시 24분**

STEP 3 응용 유형 뛰어넘기　94~99쪽

1 예 시계의 긴바늘이 가리키는 8을 40분이 아니라 8분이라고 읽었기 때문입니다.
; 2시 40분
2 3시 37분　　**3** 8시 10분 전
4 해주　　**5** 석희
6 오후 4시 20분　　**7** 8바퀴
8 5시 35분　　**9** 11시 50분
10 예 9월의 마지막 날은 30일입니다.
같은 요일이 7일마다 반복되고 3일이 수요일이므로 10일, 17일, 24일도 수요일입니다. 따라서 9월에는 도서관에 모두 4번 가게 됩니다.
; 4번
11 선예　　**12** 45일 후
13 7월 29일, 목요일

14 예 7월 3일이 토요일이므로
3일＋7일＋7일＋7일＋7일＝31일도
토요일이고 다음 날인 8월 1일은 일요일
입니다.
따라서 8월 1일＋7일＋7일＝15일도 일
요일입니다.
; 일요일

15 9시간 55분　　　**16** 3번

17 예 6월 30일이 화요일이므로 다음 날인 7월
1일은 수요일입니다. 같은 요일은 7일마다
반복되므로 1일＋7일＋7일＋7일＋7일
＝29일은 수요일이고 2일 후인 7월 31일
은 금요일입니다.
따라서 다음 날인 8월 1일은 토요일입니다.
; 토요일

18 22번

---

1 서술형 가이드 시각을 잘못 읽은 이유를 알고 바르게
읽어야 합니다.

채점 기준		
시각을 잘못 읽은 이유를 쓰고 올바른 시각을 씀.		상
시각을 잘못 읽은 이유를 썼으나 올바른 시각을 쓰지 못함.		중
시각을 잘못 읽은 이유를 알지 못하고 올바른 시각을 쓰지도 못함.		하

2 짧은바늘은 3과 4 사이를 가리키고 긴바늘은
7(35분)에서 작은 눈금 2칸 더 간 곳을 가리키
므로 **3시 37분**입니다.

3 생각 열기 거울에 비친 시계에서 짧은바늘과 긴바늘
이 가리키는 곳을 각각 알아봅니다.
시계의 짧은바늘은 7과 8 사이를 가리키고 긴바
늘은 10을 가리키므로 시계가 나타내는 시각은
7시 50분입니다.
따라서 이 시계가 나타내는 시각은 **8시 10분 전**
입니다.

다른 풀이 거울에 비친 시계를 다시 거
울에 비추면 오른쪽과 같으므로 이 시
계가 나타내는 시각은 7시 50분입니
다. 따라서 8시 10분 전입니다.

4 생각 열기 시계를 보고 시각을 바르게 알고 몇 시 몇
분 전으로 나타내 봅니다.
시계가 나타내는 시각은 11시 45분입니다.
11시 45분은 12시 15분 전이라고도 합니다.
11시 45분은 12시가 되려면 15분이 더 지나
야 합니다.
따라서 시계를 보고 옳게 말한 사람은 **해주**입니다.

5 ・지안: 60분＝1시간이므로
110분＝60분＋50분
＝1시간＋50분
＝1시간 50분
・**석희**: 6월은 30일까지 있습니다.
・용호: 1주일은 7일이고 2주일은 14일이므로
2주일 3일은 14＋3＝17(일)입니다.

6 지호네 가족이 갯벌체험을 하고 있는 시각은
오전 11시입니다.
오전 11시 ―1시간 후→ 낮 12시
―4시간 후→ 오후 4시
―20분 후→ 오후 4시 20분
따라서 갯벌에서 나가야 하는 시각은
오후 4시 20분입니다.

7 왼쪽 시계: 오전 9시, 오른쪽 시계: 오후 5시
긴바늘이 1바퀴 돌면 1시간이 지납니다.
오전 9시 ―3시간 후→ 낮 12시 ―5시간 후→ 오후 5시
따라서 8시간이 지났으므로 긴바늘이 **8바퀴** 돌
았습니다.

8 생각 열기 시계가 나타내는 시각에서 2시간 40분 전
의 시각을 알아봅니다.
시계가 나타내는 시각은 8시 15분이므로 8시
15분의 2시간 40분 전을 알아봅니다.
8시 15분 ―2시간 전→ 6시 15분 ―15분 전→ 6시
―25분 전→ 5시 35분
따라서 영화가 시작된 시각은 **5시 35분**입니다.

9 생각 열기 Ⅰ교시부터 4교시까지 수업이 시작하는 시각과 끝나는 시각을 차례로 구해 봅니다.

수업	시작하는 시각	끝나는 시각
Ⅰ교시	9시 20분	Ⅰ0시
2교시	Ⅰ0시 Ⅰ0분	Ⅰ0시 50분
3교시	ⅠⅠ시	ⅠⅠ시 40분
4교시	ⅠⅠ시 50분	Ⅰ2시 30분

따라서 4교시 수업을 시작하는 시각은 오전 ⅠⅠ시 50분입니다.

10 서술형 가이드 9월 한 달 동안 수요일인 날짜를 모두 찾은 풀이 과정이 있어야 합니다.

채점 기준	9월이 30일까지 있음을 알고 수요일이 모두 몇 번 있는지 구하여 바르게 구함.	상
	9월이 30일까지 있음을 알지만 수요일을 찾는 데 실수가 있어 답이 틀림.	중
	9월이 30일까지 있는지 모르고 수요일이 모두 몇 번 있는지 구하지 못함.	하

11 해법 순서

① 정민이와 선예가 동물원에 들어간 시각과 나온 시각을 각각 구해 봅니다.

② 정민이와 선예가 동물원에 있었던 시간을 각각 구해 봅니다.

③ 정민이와 선예가 동물원에 있었던 시간을 비교합니다.

정민: 오후 Ⅰ시 30분 —2시간 후→ 오후 3시 30분

—30분 후→ 오후 4시

—20분 후→ 오후 4시 20분

⇨ 2시간 50분

선예: 오전 Ⅰ0시 Ⅰ5분 —2시간 후→ 오후 Ⅰ2시 Ⅰ5분

—45분 후→ 오후 Ⅰ시

—Ⅰ0분 후→ 오후 Ⅰ시 Ⅰ0분

⇨ 2시간 55분

따라서 동물원에 더 오래 있었던 사람은 **선예**입니다.

12 Ⅰ0월은 3Ⅰ일까지 있고 ⅠⅠ월의 마지막 날은 30일입니다.

Ⅰ0월 Ⅰ6일 —Ⅰ5일 후→ Ⅰ0월 3Ⅰ일

—30일 후→ ⅠⅠ월 30일

⇨ Ⅰ5+30=**45**(일 후)

13 생각 열기 달력에서 같은 요일은 7일마다 반복된다는 것을 이용하여 23일 후의 날짜와 요일을 구해 봅니다.

3일이 토요일이므로 첫째 화요일은 6일입니다.

23일=3주일 2일

7월 6일(화요일) —3주일 후→ 7월 27일(화요일)

—2일 후→ **7월 29일(목요일)**

14 해법 순서

① 달력에서 주어진 날의 요일을 이용하여 7월 마지막 날의 요일을 구합니다.

② 8월 Ⅰ일의 요일을 구합니다.

③ 8월 Ⅰ5일의 요일을 구합니다.

서술형 가이드 달력의 규칙을 알고 광복절의 요일을 구해야 합니다.

채점 기준	7월 마지막 날의 요일을 구하여 8월 Ⅰ5일의 요일을 바르게 구함.	상
	7월 마지막 날의 요일을 구했으나 8월 Ⅰ5일의 요일을 바르게 구하지 못함.	중
	7월 마지막 날을 알지 못하여 8월 Ⅰ5일의 요일을 구하지 못함.	하

15 해법 순서

① 오전 7시 30분부터 낮 Ⅰ2시까지의 시간을 구합니다.

② 낮 Ⅰ2시부터 오후 5시 25분까지의 시간을 구합니다.

③ 이날 낮의 길이를 구합니다.

오전 7시 30분 —4시간 30분 후→ 낮 Ⅰ2시

—5시간 25분 후→ 오후 5시 25분

따라서 이날 낮의 길이는 **9시간 55분**입니다.

16
- 첫 번째: 8시 30분(가 선착장 출발)
  → 9시(나 선착장 도착)
- 두 번째: 9시 40분(나 선착장 출발)
  → 10시 10분(가 선착장 도착)
- 세 번째: 10시 50분(가 선착장 출발)
  → 11시 20분(나 선착장 도착)
- 네 번째: 12시(나 선착장 출발)

따라서 오전에 강을 **3번** 건넙니다.

17 서술형 가이드 달력의 규칙과 각 월의 날수를 이용하여 8월 1일의 요일을 구해야 합니다.

채점 기준		
7월 1일과 7월 마지막 날의 요일을 구하여 8월 1일의 요일을 바르게 구함.	상
7월 1일과 7월 마지막 날의 요일을 이용하는 것을 알고 있으나 실수가 있어 답을 바르게 구하지 못함.	중
7월 1일과 7월 마지막 날의 요일을 구하지 못하여 답이 틀림.	하

18 생각 열기 오전 11시 10분부터 오후 3시 10분까지 종을 치는 시각을 차례로 구하고 그때 종을 치는 횟수를 각각 구한 후 그 수를 더합니다.

오전 11시 30분(1번) → 낮 12시(12번)
→ 오후 12시 30분(1번) → 오후 1시(1번)
→ 오후 1시 30분(1번) → 오후 2시(2번)
→ 오후 2시 30분(1번) → 오후 3시(3번)
⇨ 1+12+1+1+1+2+1+3=**22(번)**

실력 평가

100~103쪽

1 

2 7시 25분

3

2월, 4월	5월, 12월	7월, 11월

4 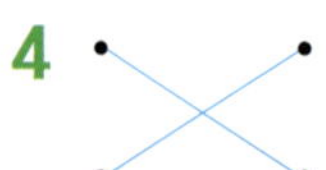

5 예 경호: 3시 10분 전은 2시 50분입니다.
따라서 2시 50분이 2시 55분보다 빠른 시각이므로 도서관에 더 먼저 도착한 사람은 경호입니다.
; 경호

6 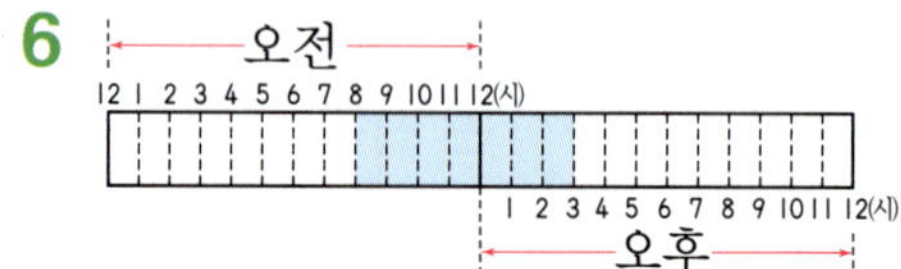

7 7시간

8 

9 17일

10 토요일

11 9시 21분

12 4시간

13 5바퀴

14 예 시작한 시각은 2시 30분, 끝낸 시각은 4시 15분입니다.

2시 30분 ―1시간 후→ 3시 30분
―30분 후→ 4시
―15분 후→ 4시 15분

따라서 축구 연습을 한 시간은 1시간 45분입니다.
; 1시간 45분

15 6시 42분

16 2시간 5분

17 16, 오전에 ○표, 4

18 54일

19 예 105분=60분+45분=1시간 45분입니다.

5시 30분 ―1시간 전→ 4시 30분
―30분 전→ 4시
―15분 전→ 3시 45분

따라서 철우가 숙제를 시작한 시각은 3시 45분입니다.
; 3시 45분

20 9월 14일

1 시계의 긴바늘이 가리키는 숫자가 1이면 5분, 2이면 10분, 3이면 15분……을 나타냅니다.

2 시계의 짧은바늘은 7과 8 사이를 가리키고 긴바늘은 5를 가리키므로 **7시 25분**입니다.

3 1월, 3월, 5월, 7월, 8월, 10월, 12월 ⇨ 31일
4월, 6월, 9월, 11월 ⇨ 30일
2월 ⇨ 28일(또는 29일)

4 디지털시계에서 :의 왼쪽은 시, 오른쪽은 분을 나타냅니다.

5 [해법 순서]
① 경호가 도착한 시각을 구합니다.
② 지우와 경호가 도착한 시각을 비교합니다.
③ 지우와 경호 중에서 더 먼저 도착한 사람을 구합니다.

[서술형 가이드] 경호가 도착한 시각을 구한 후 지우와 경호가 도착한 시각을 비교하여 더 먼저 도착한 사람을 구해야 합니다.

채점기준		
경호가 도착한 시각을 구하여 더 먼저 도착한 사람을 바르게 구함.		상
경호가 도착한 시각을 구하였으나 더 먼저 도착한 사람을 구하는 데 실수가 있어 답이 틀림.		중
경호가 도착한 시각을 구하지 못함.		하

6 도착한 시각: 오전 8시, 나온 시각: 오후 3시
오전 8시부터 오후 3시까지 색칠합니다.

7 시간 띠에 1시간씩 7칸 색칠했으므로 은지가 학교에 있었던 시간은 **7시간**입니다.

8 [생각 열기] 6시 5분 전은 몇 시 몇 분인지 먼저 구합니다.
6시 5분 전은 5시 55분입니다.
시계에 짧은바늘은 5와 6 사이를 가리키고 긴바늘은 11을 가리키도록 그립니다.

9 [생각 열기] 달력에서 같은 요일은 7일마다 반복된다는 것을 이용하여 셋째 금요일은 며칠인지 구합니다.
첫째 금요일은 3일이므로
둘째 금요일은 3일+7일=10일,
셋째 금요일은 10일+7일=**17일**입니다.

10 3월 9일은 7일의 2일 후이므로 목요일입니다.
9일이 목요일이므로 2주일 후(14일 후)인 23일도 목요일입니다.
따라서 정우의 생일은 23일의 2일 후이므로 **토요일**입니다.

11 [생각 열기] 긴바늘이 작은 눈금 1칸을 움직이면 1분이 지난 것을 이용합니다.
짧은바늘은 9와 10 사이를 가리키고 긴바늘은 4(20분)에서 작은 눈금 1칸 더 간 곳을 가리키므로 **9시 21분**입니다.

12 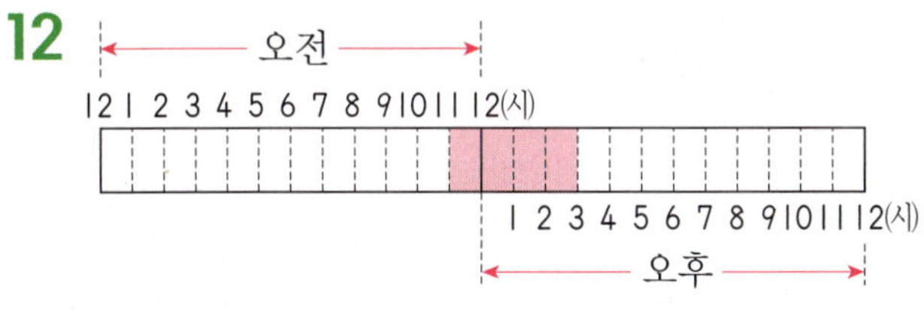

⇨ **4시간**

13 [생각 열기] 시계의 짧은바늘이 숫자 눈금 한 칸을 움직일 때 긴바늘은 시계를 한 바퀴 돈다는 것을 이용합니다.
짧은바늘이 4에서 9까지 5칸 움직이므로 5시간이 지나는 것입니다.
따라서 긴바늘은 5시간 동안 시계를 **5바퀴** 돕니다.

14 [해법 순서]
① 민기가 축구 연습을 시작한 시각과 끝낸 시각을 구합니다.
② 민기가 축구 연습을 한 시간을 구합니다.

[서술형 가이드] 시계를 보고 민기가 축구 연습을 시작한 시각과 끝낸 시각을 구한 후 축구 연습을 한 시간을 바르게 구해야 합니다.

채점기준		
축구 연습을 시작한 시각과 끝낸 시각을 구하여 축구 연습을 한 시간을 바르게 구함.		상
축구 연습을 시작한 시각과 끝낸 시각을 구했으나 축구 연습을 한 시간을 바르게 구하지 못함.		중
축구 연습을 시작한 시각과 끝낸 시각을 구하지 못함.		하

15 시계의 짧은바늘은 6과 7 사이를 가리키고 긴바늘은 8(40분)에서 작은 눈금 2칸 더 간 곳을 가리키므로 **6시 42분**입니다.

16 생각 열기 뮤지컬 공연이 시작하는 시각과 끝나는 시각을 각각 구해 봅니다.

해법 순서

① 뮤지컬 공연이 시작하는 시각을 구합니다.
② 뮤지컬 공연이 끝나는 시각을 구합니다.
③ 뮤지컬 공연을 한 시간을 구합니다.
시작하는 시각: 2시 10분 전 → 1시 50분
끝나는 시각: 4시 5분 전 → 3시 55분

1시 50분 $\xrightarrow{\text{2시간 후}}$ 3시 50분 $\xrightarrow{\text{5분 후}}$ 3시 55분

⇨ **2시간 5분**

17 생각 열기 시계의 짧은바늘이 한 바퀴 돌 때 걸리는 시간이 12시간이라는 것을 이용하여 짧은바늘이 반 바퀴 돌 때 걸리는 시간을 먼저 구합니다.
시계의 짧은바늘이 반 바퀴 돌면 6시간이 지나는 것입니다.
7월 15일 오후 10시 $\xrightarrow{\text{2시간 후}}$ 밤 12시 $\xrightarrow{\text{4시간 후}}$ **7월 16일 오전 4시**

18 9월: 9월 16일~9월 30일 → 15일
10월: 10월 1일~10월 31일 → 31일
11월: 11월 1일~11월 8일 → 8일
⇨ 15+31+8=**54(일)**

19 서술형 가이드 철우가 숙제를 한 시간을 몇 시간 몇 분으로 나타낸 후 숙제를 시작한 시각을 바르게 구해야 합니다.

채점 기준	숙제를 한 시간을 몇 시간 몇 분으로 나타내고 숙제를 시작한 시각을 바르게 구함.	상
	숙제를 한 시간을 몇 시간 몇 분으로 나타냈으나 숙제를 시작한 시각을 바르게 구하지 못함.	중
	숙제를 한 시간을 몇 시간 몇 분으로 나타내지 못함.	하

20 해법 순서

① 준호의 생일을 구합니다.
② 미진이의 생일을 구합니다.

준호의 생일: 9월 1일 $\xrightarrow{\text{1일 전}}$ 8월 31일 $\xrightarrow{\text{7일 전}}$ 8월 24일
미진이의 생일: 8월 24일 $\xrightarrow{\text{1주일 후}}$ 8월 31일 $\xrightarrow{\text{2주일 후}}$ **9월 14일**

창의 사고력   104쪽

❶ 12대
❷ 오전에 ○표, 9, 20

❶ 생각 열기 하루 동안 울산행 버스가 출발하는 시각을 차례로 써 봅니다.
오전 9시 30분 → 오전 10시 10분
→ 오전 10시 50분 → 오전 11시 30분
→ 오후 12시 10분 → 오후 12시 50분
→ 오후 1시 30분 → 오후 2시 10분
→ 오후 2시 50분 → 오후 3시 30분
→ 오후 4시 10분 → 오후 4시 50분
⇨ **12대**

❷ 생각 열기 서울과 파리의 시간 차를 이용합니다.
해법 순서

① 서울과 파리의 시간 차를 구합니다.
② 서울이 오후 5시 20분일 때 파리의 시각을 구합니다.
파리: 오전 6시 30분, 서울: 오후 2시 30분
오전 6시 30분 $\xrightarrow{\text{6시간 후}}$ 오후 12시 30분 $\xrightarrow{\text{2시간 후}}$ 오후 2시 30분
⇨ 파리의 시각은 서울의 시각보다
6시간+2시간=8시간 느립니다.
오후 5시 20분 $\xrightarrow{\text{5시간 전}}$ 오후 12시 20분 $\xrightarrow{\text{3시간 전}}$ 오전 9시 20분
따라서 고모는 파리 시각으로 **오전 9시 20분**에 혜진이와 통화했습니다.

5. 표와 그래프

1 STEP 기본 유형 익히기 108~111쪽

1-1 빨간색

1-2 20명

1-3

색깔	빨간색	노란색	파란색	분홍색	합계
학생 수(명)	//////	//////	//////	//////	
	5	3	4	8	20

1-4

조각	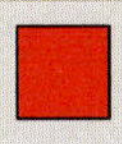				합계
조각 수(개)	5	6	8	2	21

1-5

꽃	장미	백합	코스모스	개나리	합계
학생 수(명)	7	5	4	2	18

1-6 예 혜주네 반 학생들이 좋아하는 꽃별 학생 수를 한눈에 알아보기 쉽습니다.

2-1

7	○			
6	○	○		
5	○	○		○
4	○	○		○
3	○	○	○	○
2	○	○	○	○
1	○	○	○	○
학생 수(명) / 동물	강아지	고양이	코끼리	토끼

2-2 학생 수

2-3 강아지

2-4 예 정우는 9표, 선혜는 4표, 미진이는 7표를 얻었는데 그래프에는 3표까지만 나타낼 수 있기 때문입니다.

2-5

동우	/	/							
미진	/	/	/	/	/	/	/		
선혜	/	/	/	/					
정우	/	/	/	/	/	/	/	/	/
후보 / 표 수(표)	1	2	3	4	5	6	7	8	9

2-6 정우, 미진

2-7 예 (월, 화, 수, 금요일에 외운 영어 단어 수)
=6+4+10+12=32(개)
⇨ (목요일에 외운 영어 단어 수)
=40−32=8(개)
; 8개

2-8

12					○
10			○		○
8			○	○	○
6	○		○	○	○
4	○	○	○	○	○
2	○	○	○	○	○
단어 수(개) / 요일	월	화	수	목	금

2-9 3일

3-1 24명

3-2 중국

3-3

7		×			
6	×	×			
5	×	×	×		
4	×	×	×		×
3	×	×	×		×
2	×	×	×	×	×
1	×	×	×	×	×
학생 수(명) / 나라	미국	프랑스	스위스	중국	호주

3-4 프랑스, 미국, 스위스, 호주, 중국

3-5 민경

4-1

날씨					합계
날수(일)	10	9	4	7	30

4-2

	○	○	○	○	○	○	○			
	○	○	○	○						
	○	○	○	○	○	○	○	○	○	
	○	○	○	○	○	○	○	○	○	○
날씨 / 날수(일)	1	2	3	4	5	6	7	8	9	10

4-3 7, 맑은, 6

1-1 자료를 보면 종우가 좋아하는 색깔은 **빨간색**입니다.

1-2 자료의 수를 세어 보면 모두 **20명**입니다.

1-3 색깔별 학생 수를 세어 표를 완성합니다.

1-4 사용한 조각별 수를 세어 표를 완성합니다.
(합계)$=5+6+8+2=21$(개)

1-5 좋아하는 꽃별 학생 수를 세어 표를 완성합니다.

1-6 서술형 가이드 표를 보고 표로 나타내면 좋은 점을 설명할 수 있는지 확인합니다.

채점 기준	표를 보고 표로 나타내면 좋은 점을 찾아 바르게 설명함.	상
	표를 보고 표로 나타내면 좋은 점을 찾았으나 설명이 미흡함.	중
	표를 보고 표로 나타내면 좋은 점을 찾지 못함.	하

2-1 표의 동물별 학생 수만큼 ○를 한 칸에 한 개씩 채웁니다.

2-2 세로에 **학생 수**를 나타내고 가로에 동물을 나타냈습니다.

2-3 ○가 가장 많은 것은 강아지이므로 가장 많은 학생들이 좋아하는 동물은 **강아지**입니다.

2-4 서술형 가이드 표를 보고 그래프로 나타내는 방법을 알고 그래프를 완성할 수 없는 이유를 바르게 써야 합니다.

채점 기준	그래프로 나타내는 방법을 알고 그래프를 완성할 수 없는 이유를 바르게 씀.	상
	그래프로 나타내는 방법을 알고 있으나 그래프를 완성할 수 없는 이유를 바르게 쓰지 못함.	중
	그래프로 나타내는 방법을 알지 못하여 그래프를 완성할 수 없는 이유를 쓰지 못함.	하

2-5 후보별 얻은 표 수만큼 /를 한 칸에 한 개씩 채웁니다.

2-6 생각 열기 표를 가장 많이 받은 후보와 두 번째로 많이 받은 후보를 찾아봅니다.
표를 가장 많이 받은 후보는 정우, 두 번째로 많이 받은 후보는 미진입니다.
따라서 반장은 **정우**가 되었고 부반장은 **미진**이 가 되었습니다.

2-7 서술형 가이드 표의 합계를 이용하여 목요일에 외운 영어 단어 수를 구합니다.

채점 기준	표의 합계를 이용하여 목요일에 외운 영어 단어의 수를 바르게 구함.	상
	표의 합계를 이용하여 목요일에 외운 영어 단어의 수를 구하는 방법은 알고 있으나 실수가 있어 바르게 구하지 못함.	중
	표의 합계를 이용하여 목요일에 외운 영어 단어의 수를 구하는 방법을 알지 못함.	하

2-8 세로 한 칸이 2개를 나타낸다는 것에 주의하여 ○를 그립니다.
주의 세로 한 칸이 외운 영어 단어 한 개를 나타낸다고 생각하지 않도록 주의합니다.

2-9 생각 열기 세로 한 칸이 외운 영어 단어 2개를 나타내므로 ○가 3개보다 많은 요일을 모두 찾아봅니다.
외운 영어 단어 수가 6개보다 많은 날은 수요일, 목요일, 금요일로 모두 **3일**입니다.

3-1 지찬이네 반 학생 수는 가 보고 싶은 나라별 학생 수를 모두 더하여 구합니다.
⇨ (지찬이네 반 학생 수)
$=6+7+5+2+4=24$(명)

3-2 **중국**에 가 보고 싶어 하는 학생이 2명으로 가장 적습니다.

3-3 나라별 가 보고 싶어 하는 학생 수만큼 ×를 한 칸에 한 개씩 채웁니다.

3-4 생각 열기 ×가 많은 나라부터 차례로 씁니다.
$7>6>5>4>2$이므로 가 보고 싶어 하는 학생 수가 많은 나라부터 차례로 쓰면 **프랑스, 미국, 스위스, 호주, 중국**입니다.

3-5 선우: 학생별 가 보고 싶어 하는 나라는 표를 보고 알 수 없습니다.
수진: 프랑스에 가 보고 싶어 하는 학생은 7명, 스위스에 가 보고 싶어 하는 학생은 5명이므로 $7-5=2$(명) 더 많습니다.

4-1 날씨별로 수를 세어 표를 완성합니다.
주의 두 번 세거나 빠뜨리지 않도록 주의합니다.

4-2 날씨별 날수만큼 ○를 한 칸에 한 개씩 채웁니다.

4-3 한 달 동안 가장 많은 날씨는 **맑은** 날씨로 10일이었습니다.
가장 적은 날씨는 비 온 날씨로 4일이었으므로 가장 많은 날씨인 맑은 날씨보다 10-4=6(일) 더 적었습니다.

STEP 2 응용 유형 익히기 112~117쪽

1-1 (1) 3권

(2)

이름 \ 책 수(권)	1	2	3	4	5
승하	○	○	○	○	
준호	○	○	○		
선우	○	○			
민혜	○	○	○	○	○
진아	○	○	○		

(3) 민혜

1-2 ; 개

모양 \ 횟수(번)	1	2	3	4	5	6	7
모	×	×	×				
윷	×	×	×	×			
걸	×	×	×	×	×	×	×
개	×	×	×	×	×		
도	×	×	×	×	×	×	

2-1 (1)

도형	원	삼각형	사각형	합계
수(개)	4	3	5	12

(2)

수(개) \ 도형	원	삼각형	사각형
5			○
4	○		○
3	○	○	○
2	○	○	○
1	○	○	○

2-2

색깔	빨간색	노란색	초록색	파란색	합계
도형 수(개)	3	6	2	1	12

색깔 \ 도형 수(개)	1	2	3	4	5	6	7
파란색	/						
초록색	/	/					
노란색	/	/	/	/	/	/	
빨간색	/	/	/				

3-1 (1) 5벌 (2) 검은색, 분홍색 (3) 3벌

3-2 7권

4-1 (1) 6명, 5명 (2) 튤립

4-2 선생님

4-3 8명

5-1 (1) 3명, 1명

(2) 3, 1 ;

학생 수(명) \ 주스	사과	딸기	포도	자몽	수박
7			○		
6	○		○		
5	○		○	○	
4	○		○	○	
3	○	○	○	○	
2	○	○	○	○	
1	○	○	○	○	○

5-2 8, 10 ;

학생 수(명) \ 선물	책	학용품	옷	게임기	인형
12					
10				○	
8			○	○	
6		○	○	○	
4	○	○	○	○	
2	○	○	○	○	○

6-1 (1)

이름	준영	성희	호선	이진	합계
맞힌 문제 수(개)	6	9	3	8	26
틀린 문제 수(개)	4	1	7	2	14

(2) 성희

6-2 4반   **6-3** 2명

1-1 (1) (준호를 제외한 학생들이 읽은 책 수의 합)
=3+5+2+4=14(권)
⇨ (준호가 읽은 책 수)=17-14=3(권)

(2) 학생별 읽은 책 수만큼 ○를 한 칸에 한 개씩 채웁니다.

(3) 그래프에서 ○가 가장 많은 학생은 **민혜**입니다.

1-2 해법 순서

① 표를 보고 걸이 나온 횟수를 구합니다.

② 표를 보고 그래프로 나타냅니다.

③ 그래프에서 ×가 세 번째로 많은 윷 모양을 찾습니다.

(도, 개, 윷, 모가 나온 횟수의 합)
$=6+5+4+3=18$(번)
(걸이 나온 횟수)$=25-18=7$(번)
⇨ 그래프에서 ×가 세 번째로 많은 윷 모양은
개입니다.

2-1 (1) 색깔은 생각하지 않고 도형별로 수를 세어
표를 완성합니다.
(합계)$=4+3+5=12$(개)
(2) 표를 보고 도형별 수만큼 ○를 채웁니다.

2-2 도형은 생각하지 않고 색깔별로 수를 세어 표
를 완성합니다.
표를 보고 색깔별 도형의 수만큼 /를 채워 그래
프를 완성합니다.

3-1 (1) (검은색을 제외한 색깔의 옷 수의 합)
$=4+3+2=9$(벌)
⇨ (검은색 옷 수)$=14-9=5$(벌)
(2) 색깔별 옷 수를 나타낸 그래프를 완성하면
다음과 같습니다.

6			
5		○	
4	○	○	
3	○	○	○
2	○	○	○	○
1	○	○	○	○
옷 수(벌) / 색깔	흰색	검은색	빨간색	분홍색

○의 수가 가장 많은 옷의 색깔은 **검은색**이
고, 가장 적은 옷의 색깔은 **분홍색**입니다.
(3) 검은색 옷: 5벌, 분홍색 옷: 2벌
⇨ $5-2=3$(벌)

3-2 해법 순서
① 그래프를 보고 위인전을 제외한 읽은 책 수의
합을 구합니다.
② 위인전의 수를 구합니다.
③ 그래프를 보고 두 번째로 많이 읽은 책 수와 가
장 적게 읽은 책 수의 차를 구합니다.

(위인전을 제외한 읽은 책 수의 합)
$=11+7+4+6=28$(권)
⇨ (위인전 수)$=40-28=12$(권)
종류별 읽은 책 수를 나타낸 그래프를 완성하
면 다음과 같습니다.

동시집	×	×	×	×	×	×						
학습 만화	×	×	×	×								
과학책	×	×	×	×	×	×	×					
위인전	×	×	×	×	×	×	×	×	×	×	×	×
동화책	×	×	×	×	×	×	×	×	×	×	×	
종류 / 책 수(권)	1	2	3	4	5	6	7	8	9	10	11	12

두 번째로 많이 읽은 책의 종류: 동화책(11권)
가장 적게 읽은 책의 종류: 학습 만화(4권)
⇨ $11-4=7$(권)

4-1 (1) (튤립, 국화, 진달래를 좋아하는 학생 수의 합)
$=7+4+2=13$(명)
(장미와 해바라기를 좋아하는 학생 수의 합)
$=24-13=11$(명)
해바라기를 좋아하는 학생 수를 □명, 장미
를 좋아하는 학생 수를 (□+1)명이라 하면
$□+□+1=11$, $□+□=10$, $□=5$입니다.
따라서 해바라기를 좋아하는 학생은 **5명**이
고, 장미를 좋아하는 학생은 $5+1=6$(명)
입니다.
(2) **튤립**을 좋아하는 학생이 7명으로 가장 많습
니다.

4-2 해법 순서
① 합계를 이용하여 디자이너와 과학자가 되고 싶
은 학생 수의 합을 구합니다.
② 과학자가 되고 싶은 학생 수를 구합니다.
③ 디자이너가 되고 싶은 학생 수를 구합니다.
④ 두 번째로 많은 학생들의 장래 희망을 구합니다.
(선생님, 운동선수, 요리사가 되고 싶은 학생 수
의 합)$=7+6+3=16$(명)
(디자이너와 과학자가 되고 싶은 학생 수의 합)
$=29-16=13$(명)
과학자가 되고 싶은 학생 수를 □명, 디자이너
가 되고 싶은 학생 수를 (□+3)명이라 하면

□+□+3=13, □+□=10, □=5이므로 과학자가 되고 싶은 학생은 5명, 디자이너가 되고 싶은 학생은 5+3=8(명)입니다.
따라서 두 번째로 많은 학생들의 장래 희망은 7명이 되고 싶은 **선생님**입니다.

4-3 (기타, 바이올린, 플루트를 배우고 싶은 학생 수의 합)=11+8+5=24(명)
(피아노와 첼로를 배우고 싶은 학생 수의 합)
=36-24=12(명)
첼로를 배우고 싶은 학생 수를 □명, 피아노를 배우고 싶은 학생 수를 (□×3)명이라 하면
□×3+□=12, □×4=12, □=3이므로
첼로를 배우고 싶은 학생은 3명, 피아노를 배우고 싶은 학생은 3×3=9(명)입니다.
가장 많은 학생들이 배우고 싶은 악기:
기타(11명)
가장 적은 학생들이 배우고 싶은 악기:
첼로(3명)
따라서 가장 많은 학생들이 배우고 싶은 악기는 가장 적은 학생들이 배우고 싶은 악기보다 배우고 싶은 학생 수가 11-3=8(**명**) 더 많습니다.

5-1 (1) 그래프를 보면 딸기 주스를 좋아하는 학생은 **3명**입니다.
(사과, 딸기, 포도, 자몽 주스를 좋아하는 학생 수의 합)=6+3+7+5=21(명)
⇨ (수박 주스를 좋아하는 학생 수)
=22-21=1(**명**)
(2) 사과 주스: 6명
자몽 주스: 5명
수박 주스: 1명
⇨ 좋아하는 주스별 학생 수만큼 그래프에 ○를 채웁니다.

5-2 해법 순서
① 그래프에서 옷을 선물 받고 싶은 학생 수를 구합니다.
② 표에서 게임기를 선물 받고 싶은 학생 수를 구합니다.
③ 그래프를 완성합니다.

그래프에서 한 칸은 2명을 나타내므로 옷을 선물 받고 싶은 학생은 8명입니다.
(책, 학용품, 옷, 인형을 선물 받고 싶은 학생 수의 합)=4+6+8+2=20(명)
⇨ (게임기를 선물 받고 싶은 학생 수)
=30-20=10(명)
그래프로 나타내기: 학용품은 6명이므로 3칸, 게임기는 10명이므로 5칸, 인형은 2명이므로 1칸에 ○를 채웁니다.
주의 그래프에서 한 칸이 2명을 나타낸다는 것에 주의합니다.

6-1 생각 열기 맞힌 문제 수와 틀린 문제 수의 합이 10이라는 것을 이용하여 표를 완성합니다.
(1) (준영이가 틀린 문제 수)=10-6=4(개)
(성희가 틀린 문제 수)
=14-4-7-2=1(개)
(성희가 맞힌 문제 수)=10-1=9(개)
(호선이가 맞힌 문제 수)=10-7=3(개)
(이진이가 맞힌 문제 수)=10-2=8(개)
(2) **성희**가 맞힌 문제가 9개로 가장 많습니다.

6-2 생각 열기 반별 학생 수가 각각 25명씩이므로 안경을 쓴 학생 수와 안경을 쓰지 않은 학생 수의 합은 25명입니다.
(3반에서 안경을 쓴 학생 수)
=25-14=11(명)
(4반에서 안경을 쓴 학생 수)
=25-9=16(명)
(2반에서 안경을 쓴 학생 수)
=57-12-11-16-8=10(명)
안경을 쓴 학생이 가장 많은 반은 16명이 안경을 쓴 **4반**입니다.

6-3 생각 열기 학생들이 푼 국어 문제가 10개씩이므로 틀린 문제 수를 이용하여 맞힌 문제 수를 구할 수 있습니다.

(송현, 주희, 서진, 은경이가 틀린 문제 수의 합)
=4+5+2+1=12(개)
⇨ (수애가 틀린 문제 수)=16-12=4(개)
맞힌 문제 수와 점수를 각각 알아봅니다.
송현: 10-4=6(개) → 60점
주희: 10-5=5(개) → 50점
서진: 10-2=8(개) → 80점
은경: 10-1=9(개) → 90점
수애: 10-4=6(개) → 60점
따라서 70점보다 높은 점수를 받은 학생은 서진이와 은경이로 **2명**입니다.

3 STEP 응용 유형 뛰어넘기 118~123쪽

1

계이름	도	레	미	파	합계
수(개)	3	6	6	3	18

2 미라

3 예 그래프를 가로로 나타낼 때에는 왼쪽에서부터 오른쪽으로 ○를 빠짐없이 채워야 하는데 빠진 칸이 있습니다.

4 3장

5 예 (1월부터 11월까지 생일인 학생 수)
=3+2+5+1+2+3+5+1+2+3+2
=29(명)
따라서 12월에 생일인 학생은
30-29=1(명)입니다. ; 1명

6 4월, 8월, 12월

7 (위에서부터) 6, 7, 7, 8, 8 ;

날짜의 개수(개)	6	7	8	합계
학생 수(명)	1	2	3	6

8 10명

9 예 야구와 스키를 좋아하는 학생이 10명이므로 운동별 좋아하는 학생 수는 10명을 넘지 않습니다. 따라서 세로는 가장 큰 수인 10명까지 나타낼 수 있어야 합니다.
; 10명

10 13켤레   **11** B형, AB형

12 4개   **13** 3마리

14 16마리   **15** 96권

16 3반

1 음표의 모양에 관계없이 계이름에 따라 표시하고 수를 세어 표를 완성합니다.

2 **미라**: 책을 빌린 학생이 가장 많은 반은 7명이 책을 빌린 3반입니다.
진호: 지난주에 책을 빌린 학생은 모두
4+2+7+5+6=24(명)입니다.
해주: 2반은 2명, 5반은 6명이므로 5반은 2반의 3배입니다.

3 서술형 가이드 그래프로 나타내는 방법을 알고 지영이가 나타낸 그래프가 잘못된 이유를 바르게 써야 합니다.

채점 기준	그래프에서 잘못된 점을 찾아 이유를 바르게 씀.	상
	그래프에서 잘못된 점을 찾아 이유를 썼으나 미흡함.	중
	그래프에서 잘못된 점을 찾지 못함.	하

4 소람이가 모은 칭찬 붙임딱지 수는 3장이고 경훈이가 모은 칭찬 붙임딱지 수는 5장입니다.
소람이는 경훈이보다 칭찬 붙임딱지를
5-3=2(장) 더 적게 모았습니다.
소람이가 경훈이보다 칭찬 붙임딱지를 더 많이 모으려면 적어도 **3장**을 더 모아야 합니다.

5 서술형 가이드 1월부터 11월까지 생일인 학생 수를 이용하여 12월에 생일인 학생 수를 구합니다.

채점 기준	1월부터 11월까지 생일인 학생 수의 합을 구하여 12월에 생일인 학생 수를 바르게 구함.	상
	1월부터 11월까지 생일인 학생 수의 합을 구하여 12월에 생일인 학생 수를 구하였으나 실수가 있어 답이 틀림.	중
	1월부터 11월까지 생일인 학생 수의 합을 구하지 못하여 답이 틀림.	하

6 생각 열기 5월보다 ◯의 수가 적은 월을 모두 찾습니다.

5월에 생일인 학생은 2명이므로 생일인 학생이 2명보다 적은 월을 찾으면 **4월, 8월, 12월**입니다.

7 노우리: ㄴ, ㅗ, ㅇ, ㅜ, ㄹ, ㅣ ⇨ **6개**
지윤호: ㅈ, ㅣ, ㅇ, ㅠ, ㄴ, ㅎ, ㅗ ⇨ **7개**
이지은: ㅇ, ㅣ, ㅈ, ㅣ, ㅇ, ㅡ, ㄴ ⇨ **7개**
강다솜: ㄱ, ㅏ, ㅇ, ㄷ, ㅏ, ㅅ, ㅗ, ㅁ ⇨ **8개**
박아름: ㅂ, ㅏ, ㄱ, ㅇ, ㅏ, ㄹ, ㅡ, ㅁ ⇨ **8개**

8 (축구, 수영, 농구를 좋아하는 학생 수의 합)
$=10+3+7=20$(명)
⇨ (야구와 스키를 좋아하는 학생 수)
$=30-20=10$(명)

9 서술형 가이드 좋아하는 학생 수가 가장 많은 운동을 찾아 세로는 몇 명까지 나타낼 수 있어야 하는지 구해야 합니다.

채점 기준		
좋아하는 학생 수가 가장 많은 운동을 찾아 그래프의 세로는 몇 명까지 나타낼 수 있어야 하는지 바르게 구함.	상
좋아하는 학생 수가 가장 많은 운동을 찾았으나 그래프의 세로는 몇 명까지 나타낼 수 있어야 하는지 바르게 구하지 못함.	중
좋아하는 학생 수가 가장 많은 운동을 찾지 못함.	하

10 그래프에서 흰색은 4켤레, 검은색은 5켤레입니다.
⇨ (신발장에 있는 신발 수)
$=4+5+3+1=13$(**켤레**)

11 해법 순서
① 필요한 O형의 헌혈팩 수를 구합니다.
② 사람들이 헌혈한 혈액형별 헌혈팩 수가 필요한 헌혈팩 수보다 적은 혈액형을 모두 찾습니다.
필요한 A형, B형, AB형의 헌혈팩 수는 모두 $3+7+6=16$(개)이므로 필요한 O형의 헌혈팩 수는 $20-16=4$(개)입니다.
헌혈한 헌혈팩 수가 A형은 9개, B형은 6개, O형은 8개, AB형은 5개이므로 필요한 헌혈팩 수보다 적은 혈액형은 **B형, AB형**입니다.

주의 혈액형별 헌혈팩 수의 많고 적음을 비교하는 것이 아니라 필요한 헌혈팩 수와 비교해야 합니다.

12 색깔별로 같은 개수의 구슬을 최대한 많이 꺼내야 하므로 가장 적은 구슬 수만큼씩 꺼내야 합니다.
파란색 구슬이 2개로 가장 적으므로 각 색깔별로 구슬을 2개씩 꺼내면 남는 구슬의 수는 노란색이 1개, 빨간색이 2개, 초록색이 1개입니다.
⇨ $1+2+1=4$(**개**)

13 엄마가 잡은 물고기 수가 6마리이고 성지가 잡은 물고기 수의 2배입니다.
$3+3=6$이므로 성지가 잡은 물고기 수는 **3마리**입니다.
참고 ■가 ●의 2배이면 ●+●=■입니다.

14 아빠는 5마리, 엄마는 6마리, 성지는 3마리, 그래프에서 동생은 2마리를 잡았으므로 성지네 가족이 잡은 물고기는 모두 $5+6+3+2=16$(**마리**)입니다.

15 해법 순서
① 그래프의 세로 한 칸은 몇 명을 나타내는지 구합니다.
② 재미있었던 종목별 학생 수를 각각 구합니다.
③ 전체 학생 수를 구합니다.
④ 준비해야 할 공책 수를 구합니다.
그래프의 세로 6칸이 18명을 나타내므로 한 칸은 3명을 나타냅니다.
줄다리기: 12명
이어달리기: 9명
박 터트리기: 18명
기마전: 3명
이인삼각 달리기: 6명
(1반과 2반 전체 학생 수)
$=12+9+18+3+6=48$(명)
한 사람에게 공책을 2권씩 나누어 줄 때 준비해야 할 공책은 모두 $48+48=96$(**권**)입니다.

16 해법 순서

① 2반 여학생 수를 구합니다.

② 1반, 3반, 5반 남학생 수를 각각 구합니다.

③ 남학생 1명과 여학생 1명이 항상 짝을 지어 앉을 수 있는 반을 찾습니다.

(1, 3, 4, 5반 여학생 수의 합)
$=12+14+13+14=53$(명)
(2반 여학생 수)$=66-53=13$(명)
(1, 3, 5반 남학생 수의 합)
$=68-12-15=41$(명)

1반, 3반 남학생 수를 □명이라 하면 5반 남학생 수는 (□−1)명입니다.

□+□+□−1=41, □+□+□=42,

14+14+14=42이므로 1반, 3반 남학생은 각각 14명씩, 5반 남학생은 14−1=13(명)입니다.

반	1반	2반	3반	4반	5반	합계
남학생 수(명)	14	12	14	15	13	68
여학생 수(명)	12	13	14	13	14	66

따라서 남학생 1명과 여학생 1명이 항상 짝을 지어 앉을 수 있는 반은 남학생 수와 여학생 수가 같은 **3반**입니다.

실력 평가
124~127쪽

1 봄

2 민석, 성현, 혜원

3

계절	봄	여름	가을	겨울	합계
학생 수(명)	2	6	3	4	15

4

과목	국어	수학	창·체	통합	합계
시간 수(시간)	6	4	4	9	23

5 5명

6

이름	승재	인하	연수	준호	합계
공 수(개)	4	5	4	7	20

7

공 수(개) \ 이름	승재	인하	연수	준호
7				○
6				○
5		○		○
4	○	○	○	○
3	○	○	○	○
2	○	○	○	○
1	○	○	○	○

8 준호

9 승재, 연수

10 인하, 준호

11 5명

12

산	한라산	설악산	북한산	지리산	합계
학생 수(명)	7	5	6	3	21

13

학생 수(명) \ 산	한라산	설악산	북한산	지리산
7	×			
6	×		×	
5	×	×	×	
4	×	×	×	
3	×	×	×	×
2	×	×	×	×
1	×	×	×	×

14 미라, 해주

15 예 가장 많은 학생들이 가고 싶어 하는 산은 7명이 가고 싶어 하는 한라산이고 가장 적은 학생들이 가고 싶어 하는 산은 3명이 가고 싶어 하는 지리산입니다.
⇨ $7-3=4$(명)
; 4명

16 예 (민혜와 동우가 읽은 책의 수의 합)
$=24-6-5-2=11$(권)
동우가 □권, 미혜가 (□+3)권 읽었다고 하면 □+□+3=11, □+□=8, □=4이므로 동우가 읽은 책은 4권입니다. 따라서 민혜가 읽은 책은 4+3=7(권)입니다.
; 7권

17

이름 \ 책 수(권)	1	2	3	4	5	6	7
준하	○	○					
세영	○	○	○	○	○		
동우	○	○	○	○			
민혜	○	○	○	○	○	○	○
연아	○	○	○	○	○	○	

18 6명

19

학생 수(명) \ 혈액형	남	여	남	여	남	여	남	여
6						○		
5		○	○			○		
4	○	○	○			○		
3	○	○	○	○	○	○		
2	○	○	○	○	○	○	○	○
1	○	○	○	○	○	○	○	○
	A형		B형		O형		AB형	

20

반 \ 학생 수(명)	1	2	3	4	5	6	7	8
4반	○	○	○	○	○	○		
3반	○	○						
2반	○	○	○	○	○			
1반	○	○	○	○	○	○	○	

3 좋아하는 계절별 학생 수를 세어 표를 완성합니다.

4 과목별 시간 수를 세어 표를 완성합니다.

5 $18-2-8-3=5$(명)

6 학생별 ○의 수를 세어 표를 완성합니다.
(합계)$=4+5+4+7=20$(개)

7 표를 보고 아래에서 위로 ○를 한 칸에 한 개씩 빠짐없이 채웁니다.

8 그래프에서 ○가 가장 많은 학생을 찾으면 **준호** 입니다.

9 **승재**와 **연수**가 넣은 공의 수가 4개로 같습니다.

10 연수가 넣은 공의 수가 4개이므로 넣은 공의 수가 4개보다 더 많은 사람은 5개를 넣은 **인하**와 7개를 넣은 **준호**입니다.

11 그래프를 보면 설악산에 가고 싶어 하는 학생 수는 **5명**입니다.

12 생각 열기 합계를 이용하여 북한산에 가고 싶어 하는 학생 수를 구합니다.
(한라산, 설악산, 지리산에 가고 싶어 하는 학생 수의 합)$=7+5+3=15$(명)
▷ (북한산에 가고 싶어 하는 학생 수)
$=21-15=6$(**명**)

13 표를 보고 학생 수에 맞게 아래에서 위로 ✕를 빠짐없이 채웁니다.

14 진호: 그래프를 보면 누가 어느 산을 가고 싶어 하는지 알 수 없습니다.

15 서술형 가이드 가장 많은 학생들이 가고 싶어 하는 산과 가장 적은 학생들이 가고 싶어 하는 산을 찾아 가고 싶어 하는 학생 수의 차를 구하는 풀이 과정이 있어야 합니다.

채점 기준	가장 많은 학생들이 가고 싶어 하는 산과 가장 적은 학생들이 가고 싶어 하는 산을 찾아 가고 싶어 하는 학생 수의 차를 바르게 구함.	상
	가장 많은 학생들이 가고 싶어 하는 산과 가장 적은 학생들이 가고 싶어 하는 산을 찾았으나 가고 싶어 하는 학생 수의 차를 바르게 구하지 못함.	중
	가장 많은 학생들이 가고 싶어 하는 산과 가장 적은 학생들이 가고 싶어 하는 산을 찾지 못함.	하

16 서술형 가이드 합계와 민혜가 읽은 책의 수가 동우가 읽은 책의 수보다 3권 더 많다는 것을 이용하여 민혜가 읽은 책의 수를 구하는 풀이 과정이 있어야 합니다.

채점 기준	합계를 이용하여 민혜와 동우가 읽은 책의 수를 구하고 민혜가 읽은 책의 수도 바르게 구함.	상
	합계를 이용하여 민혜와 동우가 읽은 책의 수는 구했으나 민혜가 읽은 책의 수는 구하지 못함.	중
	합계를 이용하여 민혜와 동우가 읽은 책의 수를 구하는 것을 알지 못함.	하

17 학생별 읽은 책의 수만큼 왼쪽에서 오른쪽으로 ○를 한 칸에 한 개씩 빠짐없이 채웁니다.

18 O형인 남학생이 3명이므로 O형인 여학생은 $3×2=6$(**명**)입니다.

19 생각 열기 전체 학생 수가 30명이라는 것을 이용하여 그래프를 완성할 수 있습니다.
(A형, B형, O형인 학생 수의 합)
$=4+5+5+3+3+6=26$(명)
(AB형인 남학생과 여학생 수의 합)
$=30-26=4$(명)
AB형인 남학생과 여학생의 수가 같으므로 각각 2명씩입니다.

20 해법 순서

① 그래프에서 3반, 4반 참가자 수를 알아봅니다.
② 1반과 2반 참가자 수를 각각 구합니다.
③ 그래프를 완성합니다.

3반: 2명, 4반: 6명
(3반과 4반 참가자 수의 합)=2+6=8(명)
(1반과 2반 참가자 수의 합)=20−8=12(명)
2반 참가자 수를 □명,
1반 참가자 수를 (□+2)명이라 하면
□+2+□=12, □+□=10, □=5입니다.
⇨ 1반 참가자 수: 5+2=7(명),
　 2반 참가자 수: 5명

창의 사고력

128쪽

❶

이름 \ 문제 수(개)	1	2	3	4	5	6
서우	○	○	○	○	○	
준기	○	○	○	○		
민아	○	○				
성진	○	○	○	○	○	○
지후	○	○	○	○	○	
소희	○	○	○			

❷ 예 표를 보면 세 번 모두 노란색 구슬이 가장
많으므로 상자에도 노란색 구슬이 가장
많았을 것 같습니다.

❶ 생각 열기 수학 문제를 6개씩 풀었으므로 (맞힌 문
제 수)+(틀린 문제 수)=6입니다.
(민아가 맞힌 문제 수)=6−4=2(개)
(준기가 맞힌 문제 수)=6−2=4(개)
(서우가 맞힌 문제 수)=6−1=5(개)
⇨ 학생별 맞힌 문제 수를 그래프로 나타냅니다.

❷ 2회 노란색 구슬 수: 16−5−3=8(개)
3회 빨간색 구슬 수: 14−7−3=4(개)

서술형 가이드 표를 보고 알 수 있는 내용을 찾아 설
명할 수 있는지 확인합니다.

채점 기준		
표를 보고 알 수 있는 내용을 바르게 썼음.	상
표를 보고 알 수 있는 내용을 썼으나 미흡함.	중
표를 보고 알 수 있는 내용을 쓰지 못함.	하

6. 규칙 찾기

1 STEP 기본 유형 익히기

132~135쪽

1-1  ,

1-2 ㉡

1-3 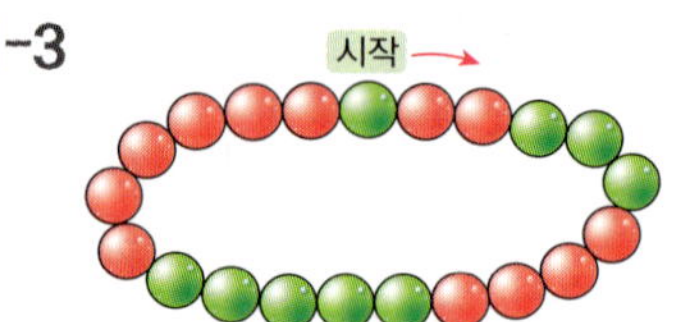

1-4

; 예 ■, ○가 반복되고 ○가 한 개씩 늘어
나는 규칙입니다.

1-5 (1) 예

(2) 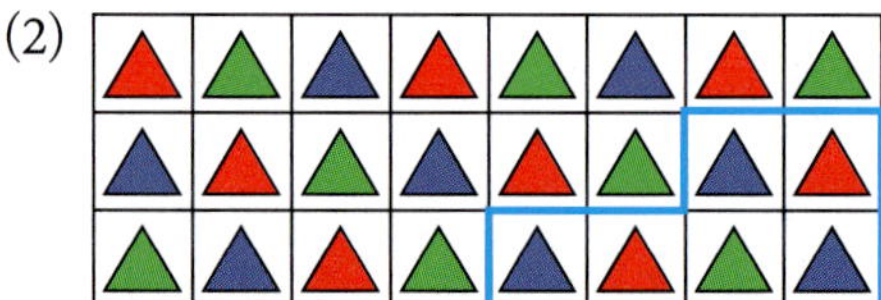

(3)

1	2	1	2	3	1	2
3	1	2	3	1	2	3	1
2	3	1	2	3	1	2	3

1-6 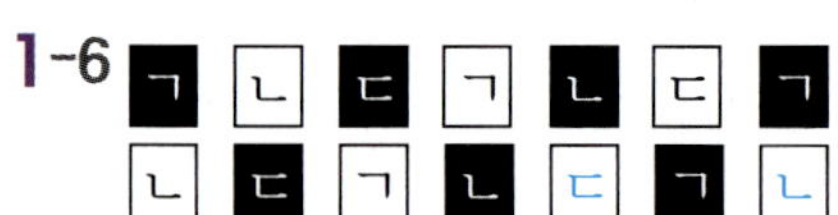

; 예 ㄱ, ㄴ, ㄷ이 반복되고, 검은색과 흰색이
반복되는 규칙이 있습니다.

1-7 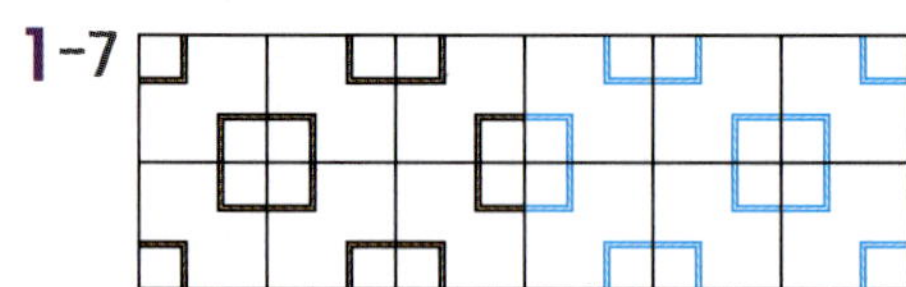

2-1 3

2-2 2개

2-3 예 벽돌이 아래쪽으로 내려갈수록 1개씩 늘
어나는 규칙입니다.
따라서 벽돌을 5층으로 쌓으려면 벽돌이
모두 1+2+3+4+5=15(개) 필요합
니다.
; 15개

2-4 11개

3-1

+	3	4	5	6	7
3	6	7	8	9	10
4	7	8	9	10	11
5	8	9	10	11	12
6	9	10	11	12	13
7	10	11	12	13	14

3-2 1 **3-3** 2

3-4

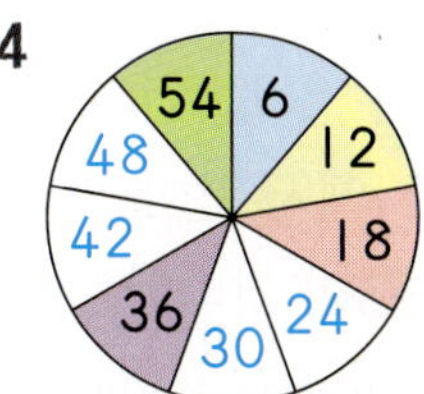

3-5~3-6

×	4	5	6	7	8
4	16	20	24	28	32
5	20	25	30	35	40
6	24	30	36	42	48
7	28	35	42	49	56
8	32	40	48	56	64

3-7 같습니다.

3-8 예 규칙에 따라 빈칸에 알맞은 수를 써넣으면 초록색 점선에 놓인 수는 2, 6, 10, 14, 18로 4씩 커지는 규칙이 있습니다. 따라서 5부터 4씩 커지는 수를 5개 쓰면 5, 9, 13, 17, 21이므로 □ 안에 알맞은 수는 차례로 13, 17, 21입니다.
; 13, 17, 21

4-1 3

4-2 7

4-3 1, 6, 7

4-4 예 번호는 오른쪽으로 갈수록 1씩 커지고 뒷자리로 갈수록 8씩 커집니다.
따라서 현진이는 4 —→(+8) 12 —→(+8) 20이므로 20번입니다. ; 20번

1-1 윗줄은 🔺, 🟡가 반복되는 규칙이므로 □ 안에 알맞은 모양은 🔺입니다.
아랫줄은 🟢, 🔻가 반복되는 규칙이므로 □ 안에 알맞은 모양은 🟢입니다.

1-2 생각 열기 만국기에서 국기가 반복되는 규칙을 찾아봅니다.
한국, 프랑스, 미국의 국기가 반복됩니다.

1-3 생각 열기 화살표 방향으로 구슬의 색깔이 반복되는 규칙을 찾아봅니다.
초록색 구슬과 빨간색 구슬이 1개씩 늘어나며 반복되는 규칙입니다.

1-4 서술형 가이드 규칙에 따라 □ 안에 알맞은 모양을 그리고 규칙을 썼는지 확인합니다.

채점 기준	□ 안에 알맞은 모양을 그리고 규칙을 바르게 씀.	상
	□ 안에 알맞은 모양을 그렸지만 쓴 규칙이 미흡함.	중
	□ 안에 알맞은 모양을 그리지 못하고 규칙도 쓰지 못함.	하

1-6 서술형 가이드 규칙에 따라 빈칸을 완성하고 규칙을 썼는지 확인합니다.

채점 기준	빈칸을 알맞게 완성하고 규칙을 바르게 씀.	상
	빈칸을 알맞게 완성하였지만 쓴 규칙이 미흡함.	중
	빈칸을 알맞게 완성하지 못하고 규칙도 쓰지 못함.	하

2-1 쌓기나무가 4개, 3개씩 반복되게 쌓았습니다.

2-2 🟫, 🟫, 🟫이 반복되는 규칙이므로 □ 안에 놓을 쌓기나무는 🟫로 **2개**입니다.

2-3 서술형 가이드 벽돌을 쌓은 규칙을 먼저 찾고 5층으로 쌓기 위해 필요한 벽돌의 수를 구해야 합니다.

채점 기준	벽돌을 쌓은 규칙을 찾고 필요한 벽돌의 수를 바르게 구함.	상
	벽돌을 쌓은 규칙을 찾았으나 실수가 있어 필요한 벽돌의 수를 바르게 구하지 못함.	중
	벽돌을 쌓은 규칙을 찾지 못해 답을 구하지 못함.	하

2-4 첫 번째 모양의 쌓기나무는 5개이고 쌓기나무가 2개씩 늘어납니다.
⇨ (네 번째 모양에 쌓을 쌓기나무 수)
=5+2+2+2=11(개)

3-1 색칠한 부분의 가로줄과 세로줄에 있는 수들의 합을 빈칸에 써넣습니다.

3-2 7, 8, 9, 10, 11로 오른쪽으로 갈수록 1씩 커집니다.

3-3 6, 8, 10, 12, 14로 ↘ 방향으로 갈수록 2씩 커집니다.

3-4 생각 열기 시계 방향으로 몇씩 커지는지 규칙을 찾아봅니다.
6부터 시계 방향으로 6씩 커지는 규칙입니다.

3-5 색칠한 부분의 가로줄과 세로줄에 있는 수들의 곱을 빈칸에 써넣습니다.

3-6 생각 열기 분홍색으로 칠해진 곳의 규칙을 찾아봅니다.

해법 순서
① 분홍색으로 칠해진 곳의 규칙을 찾아봅니다.
② 같은 규칙이 있는 곳을 찾아 색칠합니다.
분홍색으로 칠해진 곳은 16, 20, 24, 28, 32로 4씩 커지는 규칙이므로 4씩 커지는 세로줄에 색칠합니다.

3-8 해법 순서
① 규칙에 따라 빈칸에 알맞은 수를 써넣습니다.
② 초록색 점선에 놓인 수의 규칙을 찾습니다.
③ ②에서 찾은 규칙으로 5부터 수를 차례로 씁니다.

+	1	3	5	7	9
1	2	4	6	8	10
3	4	6	8	10	12
5	6	8	10	12	14
7	8	10	12	14	16
9	10	12	14	16	18

서술형 가이드 초록색 점선에 놓인 수에서 규칙을 찾아 같은 규칙으로 수를 써넣어야 합니다.

채점 기준	초록색 점선에 놓인 수에서 규칙을 찾아 같은 규칙으로 수를 바르게 씀.	상
	초록색 점선에 놓인 수에서 규칙을 찾았으나 실수가 있어 같은 규칙으로 수를 바르게 쓰지 못함.	중
	초록색 점선에 놓인 수에서 규칙을 찾지 못함.	하

4-1 참고 • 오른쪽으로 갈수록 1씩 커집니다.
• ↙ 방향으로 갈수록 4씩 작아집니다.
• ↖ 방향으로 갈수록 2씩 커집니다.

4-2 수요일에 있는 수는 4, 11, 18, 25로 7씩 커집니다. 따라서 수요일은 7일마다 반복됩니다.

4-3 ↑ : 1, 2, 3, 4, 5, 6 ⇨ 1씩 커지는 규칙
→ : 1, 7, 13 ⇨ 6씩 커지는 규칙
↗ : 1, 8, 15 ⇨ 7씩 커지는 규칙

4-4 생각 열기 학생들의 번호가 오른쪽으로 갈수록, 뒷자리로 갈수록 몇씩 커지는지 알아봅니다.
서술형 가이드 학생들의 자리에서 번호의 규칙을 찾아 현진이는 몇 번인지 구해야 합니다.

채점 기준	학생들의 자리에서 번호의 규칙을 찾고 현진이는 몇 번인지 바르게 구함.	상
	학생들의 자리에서 번호의 규칙을 찾았으나 실수가 있어 현진이는 몇 번인지 바르게 구하지 못함.	중
	학생들의 자리에서 번호의 규칙을 찾지 못하여 현진이는 몇 번인지 구하지 못함.	하

STEP 2 응용 유형 익히기 136~141쪽

1-1 (1)

+	2	3	4	5
2	4	5	6	7
3	5	6	7	8
4	6	7	8	9
5	7	8	9	10

(2) 3번

1-2 4번
1-3 1번
2-1 (1) 28, 20, 35 (2) 15
2-2 20
2-3 48
3-1 (1) 8씩 (2) 25
3-2 29
4-1 (1) 예 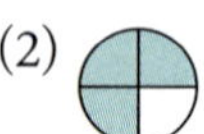 가 반복되는 규칙입니다.

(2)

4-2   **4-3** 

5-1 (1) 예 쌓기나무가 Ⅰ층에서 오른쪽으로 2층, 3층으로 쌓이고 있습니다.
　(2) 7번째　(3) 28개

5-2 22개

5-3 161개

6-1 (1) 예 흰색과 검은색 바둑돌을 번갈아 가며 놓으면서 바둑돌은 2개씩 많아지는 규칙입니다.
　(2) 66개, 78개
　(3) 검은색 바둑돌, 12개

6-2 흰색 바둑돌, 10개

6-3 검은색 바둑돌, 3개

1-1 (1) 색칠한 부분의 가로줄과 세로줄에 있는 수들의 합을 빈칸에 써넣습니다.
　(2) 노란색 칸에 알맞은 수는 8입니다.
　이 덧셈표에서 8은 모두 **3번** 들어갑니다.

1-2 생각 열기 덧셈표를 완성하여 분홍색 칸에 알맞은 수는 모두 몇 번 들어가는지 알아봅니다.
규칙을 찾아 덧셈표를 완성하면 분홍색 칸에 알맞은 수는 15이고, 이 덧셈표에서 15는 모두 **4번** 들어갑니다.

1-3 해법 순서
① 덧셈표를 완성합니다.
② 분홍색 칸과 하늘색 칸에 알맞은 수는 각각 몇 번 들어가는지 구합니다.
③ 분홍색 칸에 알맞은 수는 하늘색 칸에 알맞은 수보다 몇 번 더 많이 들어가는지 구합니다.

+	2	4	6	8
1	3	5	7	9
3	5	7	9	11
5	7	9	11	13
7	9	11	13	15

분홍색 칸에 알맞은 수: 9 → 4번
하늘색 칸에 알맞은 수: 11 → 3번
⇨ 4−3=1(**번**) 더 많이 들어갑니다.

2-1 (1) ㉠ 4×7=28
　　㉡ 5×4=20
　　㉢ 7×5=35
　(2) 35>28>20이므로 가장 큰 수는 35, 가장 작은 수는 20입니다.
　　⇨ 차: 35−20=15

2-2 해법 순서
① ㉠, ㉡, ㉢에 알맞은 수를 각각 구합니다.
② ㉠, ㉡, ㉢에 알맞은 수 중 가장 큰 수와 가장 작은 수를 각각 구합니다.
③ 가장 큰 수와 가장 작은 수의 차를 구합니다.
㉠ 4×6=24
㉡ 6×2=12
㉢ 8×4=32
32>24>12이므로 가장 큰 수는 32, 가장 작은 수는 12입니다.
⇨ 차: 32−12=20

2-3 ㉠ 3×9=27
　㉡ 5×3=15
　㉢ 7×5=35
　㉣ 9×7=63
63>35>27>15이므로 가장 큰 수는 63, 가장 작은 수는 15입니다.
⇨ 차: 63−15=48

3-1 생각 열기 같은 요일은 7일마다 반복되므로 달력에서 같은 요일의 날짜는 아래쪽으로 내려갈수록 7씩 커집니다.
　(1) 1−9−17에서 ↘ 방향으로 **8씩** 커집니다.
　　참고 달력은 아래쪽으로 7씩 커지고 오른쪽으로 1씩 커지므로 ↘ 방향으로 8씩 커집니다.
　(2) ㉠=17+8=25

꼼꼼 풀이집

3-2 [생각 열기] 같은 요일은 7일마다 반복되고 왼쪽으로 1씩 작아지는 규칙이 있음을 이용하여 빨간색 점선에 놓인 수들의 규칙을 알아보고 ㉠을 구합니다.

[해법 순서]

① ↗ 방향으로 몇씩 커지는지 알아봅니다.
② ㉠에 알맞은 수를 구합니다.

5−11−17−23에서 ↗ 방향으로 6씩 커집니다.

⇨ ㉠=23+6=29

4-1 (1) 색칠한 칸이 시계 방향으로 한 칸씩 늘어납니다.

(2) 4가지 모양이 반복되고 20=4×5이므로 20번째까지 4가지 모양이 5번 반복됩니다.
따라서 23번째 모양은 세 번째 모양과 같은 입니다.

4-2 [생각 열기] 색칠하는 규칙을 찾아보고 반복되는 수를 세어 25번째 모양에 맞게 색칠합니다.

가 반복되는 규칙입니다.

3가지 모양이 반복되고 24=3×8이므로 24번째까지 3가지 모양이 8번 반복됩니다.
따라서 25번째 모양은 첫 번째 모양과 같은 입니다.

4-3 [생각 열기] 도형의 규칙과 점을 찍은 규칙을 찾아 15번째 모양에 맞게 그립니다.

[해법 순서]

① 도형의 규칙과 점을 찍은 규칙을 각각 찾아봅니다.
② 15번째 도형을 알아봅니다.
③ 15번째 모양의 점의 위치를 알아봅니다.

△, ◯가 반복되고 점이 위쪽, 오른쪽, 왼쪽으로 돌아가며 찍히는 규칙입니다.

2가지 도형이 반복되고 14=2×7이므로 2가지 도형이 7번 반복됩니다.

따라서 15번째 도형은 첫 번째와 같은 △입니다.

점은 세 방향으로 돌아가며 찍히고 15=3×5이므로 세 방향이 5번 반복됩니다.

따라서 15번째 모양은 점이 세 번째와 같은 왼쪽에 찍힙니다.

이와 같이 도형의 규칙과 점을 찍은 규칙을 찾아 15번째 모양을 알아보면 △ 입니다.

5-1 (2) 1층의 쌓기나무가 한 개씩 늘어나므로 1층에 쌓은 쌓기나무가 7개인 것은 **7번째**입니다.

(3) 7번째 쌓기나무는 왼쪽에서부터 1층, 2층, 3층……6층, 7층이므로 쌓은 쌓기나무는 모두 1+2+3+4+5+6+7=28(개)입니다.

5-2 [생각 열기] 먼저 1층에 쌓은 쌓기나무의 규칙을 찾아 1층에 쌓은 쌓기나무가 15개일 때는 몇 번째 쌓기나무인지 알아봅니다.

쌓기나무가 1개, 4개, 7개로 3개씩 늘어나는 규칙이고 1층에 쌓은 쌓기나무는 1개, 3개, 5개로 2개씩 늘어나는 규칙입니다.

1층에 쌓은 쌓기나무가 15개인 것은 1+2+2+2+2+2+2+2=15이므로 8번째입니다.

따라서 8번째에 쌓은 쌓기나무는 모두 1+3+3+3+3+3+3+3=22(개)입니다.

5-3 [해법 순서]

① 1층에 쌓은 쌓기나무가 21개일 때는 몇 번째 쌓기나무인지 구합니다.
② 각 순서별로 쌓은 쌓기나무의 수를 각각 구합니다.
③ 전체 쌓기나무의 수를 구합니다.

아래로 내려갈수록 쌓기나무가 4개씩 늘어나는 규칙이고 1층에 쌓은 쌓기나무는 1개, 5개, 9개로 4개씩 늘어나는 규칙입니다.

1층에 쌓은 쌓기나무가 21개인 것은
$1+4+4+4+4+4=21$이므로 6번째입니다.

순서	쌓기나무의 수(개)
첫 번째	1
두 번째	$1+5=6$
세 번째	$1+5+9=15$
네 번째	$1+5+9+13=28$
다섯 번째	$1+5+9+13+17=45$
여섯 번째	$1+5+9+13+17+21=66$

⇨ (쌓은 쌓기나무의 수)
$=1+6+15+28+45+66$
$=161$(개)

6-1 (2) 흰색 바둑돌은 1개, 5개, 9개로 4개씩 많아지고, 검은색 바둑돌은 3개, 7개, 11개로 4개씩 많아집니다.

흰색 바둑돌:
$1+5+9+13+17+21=66$(개)

검은색 바둑돌:
$3+7+11+15+19+23=78$(개)

(3) **검은색 바둑돌**이 $78-66=12$(개) 더 많습니다.

6-2 해법 순서

① 바둑돌 수의 규칙을 찾아봅니다.
② 검은색 바둑돌의 수를 구합니다.
③ 흰색 바둑돌의 수를 구합니다.
④ 검은색과 흰색 바둑돌 수의 차를 구합니다.

검은색 바둑돌은 1개, 5개, 9개로 4개씩 많아지고 흰색 바둑돌은 3개, 7개, 11개로 4개씩 많아집니다.

검은색 바둑돌: $1+5+9+13+17=45$(개)
흰색 바둑돌: $3+7+11+15+19=55$(개)

⇨ **흰색 바둑돌**이 $55-45=10$(개) 더 많습니다.

6-3 생각 열기 바둑돌을 놓은 규칙을 찾아 여섯 번째 모양까지 놓는 데 필요한 검은색과 흰색 바둑돌 수를 각각 구하고 그 차를 구합니다.

순서	검은색 바둑돌 수(개)	흰색 바둑돌 수(개)
첫 번째	1	2
두 번째	4	2
세 번째	4	6
네 번째	9	6
다섯 번째	9	12
여섯 번째	16	12

검은색 바둑돌:
$1+4+4+9+9+16=43$(개)

흰색 바둑돌:
$2+2+6+6+12+12=40$(개)

⇨ **검은색 바둑돌**이 $43-40=3$(개) 더 많습니다.

3 STEP 응용 유형 뛰어넘기 142~147쪽

1

	14	15	
13	14	15	16
	15		17
	16		18

2

×	2	4	6	8
2	4	8	12	16
4	8	16	24	32
6	12	24	36	48
8	16	32	48	64

3 24개

4 노란색

5 예 윗옷, 바지가 반복되고 빨간색, 노란색, 초록색이 반복되는 규칙입니다.
따라서 빈 곳에 알맞은 옷은 바지이고 노란색인 ㉡입니다. ; ㉡

6

+	5	6	7	8	9
5	10	11	12	13	14
6	11	12	13	14	15
7	12	13	14	15	16
8	13	14	15	16	17
9	14	15	16	17	18

7 

8 규진, 5개

9

5	7	9	11	13
6	8	10	12	14
7	9	11	13	15
8	10	12	14	16
9	11	13	15	17

; 예 ↘ 방향으로 갈수록 3씩 커지는 규칙이 있습니다.

10 56

11 

12 빨간색

13 1개

14 사랑

15 예 사과 상자가 맨 위에 1개가 있고 아래로 내려갈수록 바로 윗층보다 2개, 3개…… 늘어납니다.

$1+2+3+4+5+6+7=28$이므로 사과 상자를 7층까지 쌓은 것입니다.

사과 상자는 7층부터 차례로

1개, $1+2=3$(개), $1+2+3=6$(개), $1+2+3+4=10$(개),

$1+2+3+4+5=15$(개),

$1+2+3+4+5+6=21$(개),

$1+2+3+4+5+6+7=28$(개)이므로 모두

$1+3+6+10+15+21+28=84$(개)입니다. ; 84개

16 라열 다섯째

17 63번

18 예 $1 \xrightarrow{+1} 2 \xrightarrow{+3} 5 \xrightarrow{+5} 10 \xrightarrow{+7} 17$

1, 3, 5, 7…… 늘어나는 규칙이므로 이어서 수 카드를 놓으면

$17 \xrightarrow{+9} 26 \xrightarrow{+11} 37 \xrightarrow{+13} 50$입니다.

따라서 놓은 수 카드는 모두 8장이므로 남은 수 카드는 $50-8=42$(장)입니다.

; 42장

1 생각열기 덧셈표에서 오른쪽으로 갈수록, 아래쪽으로 내려갈수록 몇씩 커지는지 알아봅니다.

오른쪽으로 갈수록 1씩 커지고 아래쪽으로 내려갈수록 1씩 커지는 규칙입니다.

2 생각열기 곱을 보고 곱셈표의 색칠한 부분의 빈칸에 알맞은 수를 먼저 구합니다.

2와 곱해서 16이 되는 수는 8이므로 ㉠과 ㉡에 알맞은 수는 각각 8, 8입니다.

색칠한 칸의 두 수의 곱을 빈칸에 써넣습니다.

×	2	4	6	8 ㉠
2	4	8	12	16
4	8	16	24	32
6	12	24	36	48
8 ㉡	16	32	48	64

3 다섯 번째 모양은 ▢ 입니다.

따라서 다섯 번째 모양에 사용할 모형은 모두 **24개**입니다.

4 초록색, 노란색, 빨간색으로 3가지 색이 반복되는 규칙입니다.

$12=3\times4$이므로 12번째까지 3가지 색이 4번 반복됩니다.

따라서 14번째에는 두 번째와 같은 **노란색** 등이 켜집니다.

5 해법 순서

① 옷의 종류의 규칙을 찾아 빈 곳에 알맞은 옷의 종류를 구합니다.

② 옷의 색깔의 규칙을 찾아 빈 곳에 알맞은 옷의 색깔을 구합니다.

③ 알맞은 옷의 종류와 색깔을 찾아 기호를 씁니다.

서술형 가이드 옷의 종류와 색깔의 규칙을 찾아 빈 곳에 알맞은 옷을 찾아야 합니다.

채점 기준	옷의 종류와 색깔의 규칙을 찾아 빈 곳에 알맞은 옷을 바르게 찾음.	상
	옷의 종류와 색깔의 규칙을 찾았으나 실수가 있어 빈 곳에 알맞은 옷을 바르게 찾지 못함.	중
	옷의 종류와 색깔의 규칙을 찾지 못해 답을 구하지 못함.	하

6 생각 열기 색칠한 부분의 빈칸에 알맞은 수를 먼저
구합니다.

+	5	6	7	8	9
㉠	10	11	12	13	14
㉡	11	12	13	14	15
㉢	12	13	14	15	16
㉣	13	14	15	16	17
㉤	14	15	16	17	18

㉠+5=10, ㉠=10−5=5
㉡+6=12, ㉡=12−6=6
㉢+7=14, ㉢=14−7=7
㉣+8=16, ㉣=16−8=8
㉤+9=18, ㉤=18−9=9이므로
주어진 덧셈표는 5, 6, 7, 8, 9의 합을 나타낸
덧셈표입니다.
색칠한 칸의 두 수의 합을 빈칸에 써넣어 덧셈표
를 완성합니다.

7 생각 열기 승강기 버튼에서 →, ↑, ↗ 방향의 규칙을
찾아 15가 있는 칸을 찾아봅니다.
승강기 버튼은 위쪽으로 올라갈수록 3씩 커지는
규칙입니다. 6부터 3씩 커지면 6, 9, 12, 15이므
로 6부터 위쪽으로 3번 올라간 곳에 ◯표 합니다.

8 해법 순서
① 보람이의 다섯 번째 모양의 쌓기나무 수를 구합
   니다.
② 규진이의 다섯 번째 모양의 쌓기나무 수를 구합
   니다.
③ 누구의 쌓기나무 수가 몇 개 더 많은지 구합니다.

보람이의 다섯 번째 모양은 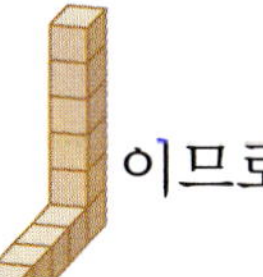 이므로

2+2+2+2+2=10(개)입니다.

규진이의 다섯 번째 모양은  이므로

5+4+3+2+1=15(개)입니다.
따라서 **규진**이가 쌓기나무를 15−10=5(개) 더
많이 쌓게 됩니다.

9 생각 열기 규칙을 찾아 덧셈표를 완성하고 분홍색 칸
에 있는 수의 규칙을 찾아봅니다.
해법 순서
① 규칙을 찾아 덧셈표를 완성합니다.
② 분홍색 칸에 있는 수에서 규칙을 찾아봅니다.
주어진 덧셈표는 오른쪽으로 갈수록 2씩 커지고,
아래쪽으로 내려갈수록 1씩 커지는 규칙이 있습
니다.
⇨ 분홍색 칸에 있는 수는 5, 8, 11, 14, 17이
   므로 3씩 커지는 규칙이 있습니다.

서술형 가이드 규칙에 따라 빈칸에 알맞은 수를 쓰고
규칙을 썼는지 확인합니다.

채점 기준		
빈칸에 알맞은 수를 쓰고 규칙을 바르게 씀.	상
빈칸에 알맞은 수를 썼지만 쓴 규칙이 미흡함.	중
빈칸에 알맞은 수를 쓰지 못하고 규칙도 쓰지 못함.	하

10 생각 열기 규칙을 찾아 ㉠과 ㉡에 알맞은 수를 구합
니다.
3−9−15−21−㉠에서 수가 6씩 커지는 규칙
이므로 ㉠=21+6=27입니다.
오른쪽으로 1씩 커지는 규칙이므로
㉡=27+1+1=29입니다.
⇨ ㉠+㉡=27+29=56

11 해법 순서
① 시계의 시각을 차례로 씁니다.
② 시각이 몇 분씩 늘어나는지 차례로 씁니다.
③ 마지막 시계에 알맞은 시각을 구합니다.
④ 마지막 시계에 시곗바늘을 알맞게 그려 넣습니다.
9시 10분 ─5분 후→ 9시 15분 ─10분 후→ 9시 25분
─15분 후→ 9시 40분 ─20분 후→ 10시
시각이 5분, 10분, 15분…… 늘어나는 규칙이
므로 마지막 시계에 알맞은 시각은 10시에서
25분 후인 10시 25분입니다.

12 생각 열기 구슬 색깔의 규칙과 구슬 수의 규칙을 찾
아 36번째 구슬의 색깔을 알아봅니다.

빨간색, 파란색 구슬을 번갈아 가면서 꿰고 파란색 구슬이 한 개씩 늘어나는 규칙입니다.

2개 3개 4개 5개

$2+3+4+5+6+7+8=35$이므로 36번째에는 다시 **빨간색** 구슬을 꿰어야 합니다.

13 생각 열기 반복되는 규칙을 찾아 21번째까지 두 붙임딱지를 각각 몇 개 붙였는지 알아봅니다.

★ 2개 다음에 ●이 1개씩 늘어나는 규칙입니다.

3개 4개 5개 6개

$3+4+5+6=18$(개)이므로 19번째와 20번째는 ★★, 21번째는 ●입니다.

21번째까지 ★은 $2+2+2+2+2=10$(개)이므로 남은 것은 $15-10=5$(개)이고,

●은 $1+2+3+4+1=11$(개)이므로 남은 것은 $15-11=4$(개)입니다.

따라서 남은 붙임딱지 수의 차는 $5-4=1$(개)입니다.

주의 21번째까지 붙인 ★와 ●의 수를 각각 구한 후 남은 개수의 차를 구해야 합니다.

14 생각 열기 각 줄의 규칙을 찾아 □ 안에 알맞은 자음과 모음을 차례로 구합니다.

첫째 줄: ㅂ, ㅅ, ㅇ이 반복되는 규칙
　　　　⇨ □=ㅅ

둘째 줄: ㅏ, ㅗ, ㅜ, ㅡ가 반복되는 규칙
　　　　⇨ □=ㅏ

셋째 줄: ㄴ, ㅁ, ㄹ, ㅎ이 반복되는 규칙
　　　　⇨ □=ㄹ

넷째 줄: ㅜ, ㅠ, ㅑ, ㅑ가 반복되는 규칙
　　　　⇨ □=ㅏ

다섯째 줄: ㅅ, ㅁ, ㅇ, ㅂ, ㄱ이 반복되는 규칙
　　　　　⇨ □=ㅇ

따라서 □ 안에 알맞은 자음과 모음을 차례로 쓰면 **사랑**입니다.

15 해법 순서

① 1층에 쌓은 사과 상자가 28개이면 몇 층까지 쌓은 것인지 구합니다.

② 각 층의 사과 상자의 수를 구합니다.

③ 쌓은 사과 상자는 모두 몇 개인지 구합니다.

서술형 가이드 사과 상자를 쌓은 규칙을 찾아 사과 상자는 모두 몇 개인지 바르게 구해야 합니다.

채점 기준		
사과 상자를 쌓은 규칙을 찾아 사과 상자가 모두 몇 개인지 바르게 구함.	상
사과 상자를 쌓은 규칙을 찾았으나 사과 상자가 모두 몇 개인지 실수가 있어 바르게 구하지 못함.	중
사과 상자를 쌓은 규칙을 찾지 못해 답이 틀림.	하

16 생각 열기 공연장의 자리의 번호는 오른쪽으로 갈수록, 뒷자리로 갈수록 몇씩 커지는지 알아봅니다.

공연장의 자리의 번호는 뒷자리로 갈수록 14씩 커지고 $1+14+14+14=43$이므로 라열 첫째 자리는 43번입니다.

공연장의 자리의 번호는 오른쪽으로 갈수록 1씩 커집니다. 따라서 47번은 **라열 다섯째**입니다.

17 공연장의 자리의 번호는 뒷자리로 갈수록 14씩 커지고 $1+14+14+14+14=57$이므로 마열 첫째 자리는 57번입니다.

공연장의 자리의 번호는 오른쪽으로 갈수록 1씩 커집니다. 따라서 마열 일곱째 자리는 **63번**입니다.

18 해법 순서

① 수 카드의 수는 몇씩 커지는지 구합니다.

② 규칙에 따라 더 놓는 수 카드의 수를 차례로 구합니다.

③ 놓은 수 카드는 모두 몇 장인지 구합니다.

④ 놓고 남은 수 카드는 몇 장인지 구합니다.

서술형 가이드 수 카드를 놓은 규칙을 찾아 놓은 수 카드를 모두 찾아야 합니다.

채점 기준		
수 카드를 놓은 규칙을 찾아 놓은 수 카드를 모두 찾고 남은 수 카드의 수를 바르게 구함.	상
수 카드를 놓은 규칙을 찾아 놓은 수 카드를 모두 찾았으나 남은 수 카드의 수를 바르게 구하지 못함.	중
수 카드를 놓은 규칙을 찾지 못해 답을 구하지 못함.	하

실력 평가 148~151쪽

1 보라색

2 

3 

4 진호

5 (   ) (○) (   )

6 8개

7

+	2	4	6	8
2	4	6	8	10
4	6	8	10	12
6	8	10	12	14
8	10	12	14	16

8 4

9

×	1	3	5	7
1	1	3	㉠	
3	3	㉡		21
5		15		㉢
7	7		35	49

; 예 분홍색으로 칠해진 곳의 수는 14씩 커지는 규칙입니다.

14씩 커지는 규칙이 있는 곳을 찾으면 마지막 세로줄입니다.

10 같습니다.

11 49

12 예 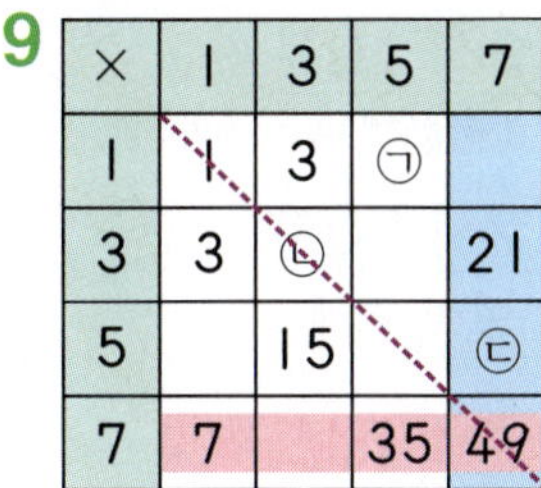

13 예 빨간색, 파란색, 노란색, 초록색으로 4가지 색깔이 반복되는 규칙입니다.

20=4×5이므로 20번째 전구까지 4가지 색깔이 5번 반복됩니다.

따라서 22번째 전구는 두 번째 전구와 같은 파란색입니다.

; 파란색

14

20	24		32
25	30	35	40
30	36	42	48

15 50, 1, 30

16 12시 50분

17 예 3월은 31일까지 있고 7일마다 같은 요일이 반복됩니다.

6일, 6+7=13(일), 13+7=20(일), 20+7=27(일)이 모두 월요일이므로 3월에는 월요일이 모두 4번 있습니다.

; 4번

18 92개

19 41개, 40개

20 135번

---

1 생각 열기 띠 벽지의 무늬에서 색깔의 규칙을 찾아봅니다.

보라색, 초록색, 주황색이 반복되는 규칙입니다. 따라서 얼룩으로 가려져 보이지 않는 모양은 **보라색**입니다.

2 생각 열기 색깔의 규칙을 찾아봅니다.

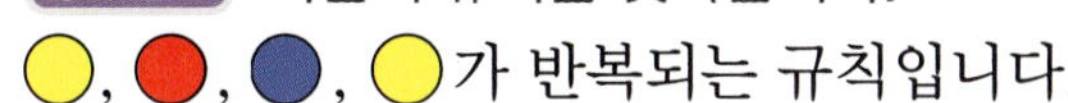, , , 가 반복되는 규칙입니다.

3 원이 윗줄과 아랫줄에 각각 한 개씩 늘어나는 규칙입니다.

4 화살표 모양이 시계 방향으로 돌아가고 있습니다.

5 시계 방향으로 돌아가는 규칙이므로 ⬆ 다음에는 ➡ 가 와야 합니다.

6 쌓기나무가 4개, 8개가 반복되는 규칙이 있습니다. 따라서 □ 안에 놓을 쌓기나무는 **8개**입니다.

8 4, 8, 12, 16으로 ↘ 방향으로 갈수록 **4**씩 커집니다.

9 곱셈표의 빈칸에 알맞은 수를 써넣으면 다음과 같습니다.

×	1	3	5	7
1	1	3	5	7
3	3	9	15	21
5	5	15	25	35
7	7	21	35	49

[서술형 가이드] 분홍색으로 칠해진 곳의 규칙을 찾고 규칙이 같은 곳을 찾아 색칠해야 합니다.

채점 기준	분홍색으로 칠해진 곳의 규칙을 찾고 규칙이 같은 곳을 바르게 찾아 색칠함.	상
	분홍색으로 칠해진 곳의 규칙을 찾았으나 규칙이 같은 곳을 찾지 못함.	중
	분홍색으로 칠해진 곳의 규칙을 찾지 못함.	하

11 **[생각 열기]** ㉠, ㉡, ㉢에 알맞은 수를 각각 구하고 그 합을 구합니다.

㉠ 1×5=5 ㉡ 3×3=9 ㉢ 5×7=35

⇨ ㉠+㉡+㉢=5+9+35=**49**

12 자유롭게 규칙을 정해 색을 칠해 봅니다.

13 **[해법 순서]**

① 몇 가지 색깔이 반복되는 규칙인지 구합니다.

② 22번째 전구는 몇 번째 전구와 같은 색깔인지 구합니다.

③ 22번째 전구는 무슨 색깔인지 구합니다.

[서술형 가이드] 전구 색깔의 규칙을 바르게 찾아 22번째 전구의 색깔을 구해야 합니다.

채점 기준	전구 색깔의 규칙을 찾아 22번째 전구의 색깔을 바르게 구함.	상
	전구 색깔의 규칙을 찾았으나 22번째 전구의 색깔을 찾는 데 실수가 있어 바르게 구하지 못함.	중
	전구 색깔의 규칙을 찾지 못해 22번째 전구의 색깔을 구하지 못함.	하

14 **[생각 열기]** 오른쪽으로 갈수록, 아래쪽으로 내려갈수록 각각 몇씩 커지는지 알아봅니다.

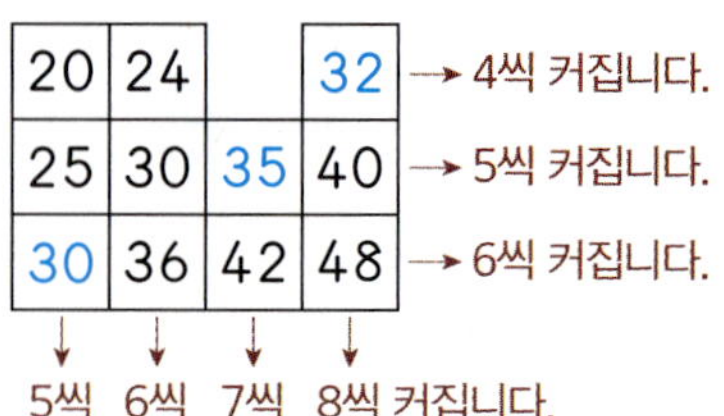

15 대전행 버스는 **50**분마다 출발하고 전주행 버스는 **1**시간 **30**분마다 출발합니다.

16 **[해법 순서]**

① 시계의 시각을 차례로 씁니다.

② 몇 분씩 늘어나는 규칙인지 구합니다.

③ 규칙에 따라 여섯 번째 시계의 시각을 구합니다.

시계의 시각은 9시 30분, 10시 10분, 10시 50분, 11시 30분으로 40분씩 늘어나는 규칙입니다.

⇨ 11시 30분 (네 번째) —40분 후→ 12시 10분 (다섯 번째)

—40분 후→ 12시 50분 (여섯 번째)

17 **[해법 순서]**

① 3월의 마지막 날을 알아봅니다.

② 3월의 월요일인 날짜를 모두 구합니다.

③ 3월에는 월요일이 모두 몇 번 있는지 구합니다.

[서술형 가이드] 3월의 월요일인 날짜를 규칙에 따라 모두 바르게 구해야 합니다.

채점 기준	3월의 월요일인 날짜를 규칙에 따라 모두 구하여 답을 씀.	상
	3월의 월요일인 날짜를 규칙에 따라 구하였으나 실수가 있어 바르게 구하지 못함.	중
	규칙을 알지 못하여 답이 틀림.	하

18 **[해법 순서]**

① 아래로 내려갈수록 바로 윗층보다 쌓기나무가 몇 개씩 많아지는지 구합니다.

② 각 층의 쌓기나무의 수를 구합니다.

③ 8층까지 쌓을 때 필요한 쌓기나무의 수를 구합니다.

아래로 내려갈수록 바로 윗층보다 쌓기나무가 3개씩 많아지는 규칙입니다.

1개, 1+3=4(개), 4+3=7(개),
7+3=10(개), 10+3=13(개),
13+3=16(개), 16+3=19(개),
19+3=22(개)

⇨ (필요한 쌓기나무의 수)
＝1+4+7+10+13+16+19+22
＝92(개)

19 생각 열기 바둑돌을 놓은 규칙을 찾아 다섯 번째에 놓이는 검은색과 흰색 바둑돌 수를 각각 구합니다.

해법 순서

① 바둑돌을 놓은 규칙을 찾아봅니다.
② 다섯 번째에 놓이는 전체 바둑돌의 수를 구합니다.
③ 다섯 번째에 놓이는 검은색과 흰색 바둑돌의 수를 각각 구합니다.

한 변에 놓이는 바둑돌은 1개, 3개, 5개……로 늘어나고 검은색 바둑돌이 흰색 바둑돌보다 1개 더 많습니다.

다섯 번째에서 한 변에 놓이는 바둑돌은 9개이므로 모두 $9 \times 9 = 81$(개)입니다.

따라서 $41+40=81$이므로 검은색 바둑돌은 **41**개, 흰색 바둑돌은 **40**개입니다.

20 생각 열기 신발 보관함의 번호는 왼쪽으로 갈수록, 위쪽으로 올라갈수록 각각 몇씩 커지는지 알아봅니다.

넷째 줄에서 넷째 칸은 ◯표 한 곳입니다.
신발 보관함의 번호는 왼쪽으로 갈수록 1씩 커지고 위쪽으로 올라갈수록 7씩 커집니다.
따라서 수진이의 신발 보관함의 번호는 **135번**입니다.

창의 사고력

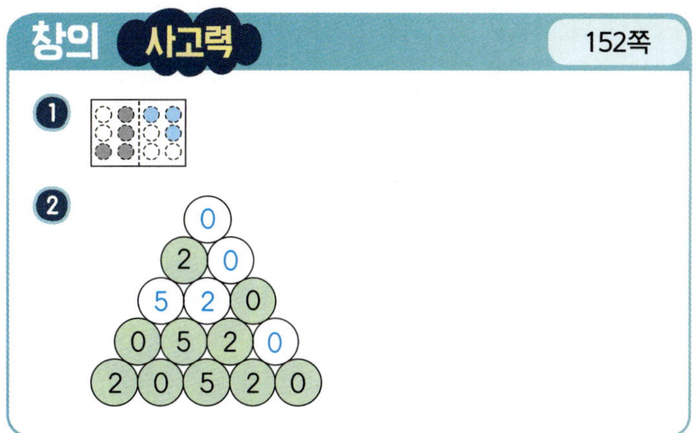

❶

❷

❶ 해법 순서

① 숫자 점자로 나타낸 수를 차례로 써 봅니다.
② 수의 규칙을 알아봅니다.
③ 빈 곳에 알맞은 수를 구합니다.
④ 수에 알맞게 숫자 점자에 색칠합니다.

숫자 점자로 나타낸 수를 차례로 써 보면

1－1－2－1－2－3－1－2－3－4－1－2
－3－□－5입니다.

⇨ (1)－(1－2)－(1－2－3)－(1－2－3－4)
－(1－2－3－□－5)

따라서 빈 곳에 알맞은 수는 4이므로 숫자 점자의 4에 알맞게 색칠합니다.

❷ 아래의 두 수를 가위, 바위, 보로 나타냈을 때 이기는 손 모양의 수를 위의 빈 곳에 써넣는 규칙입니다.

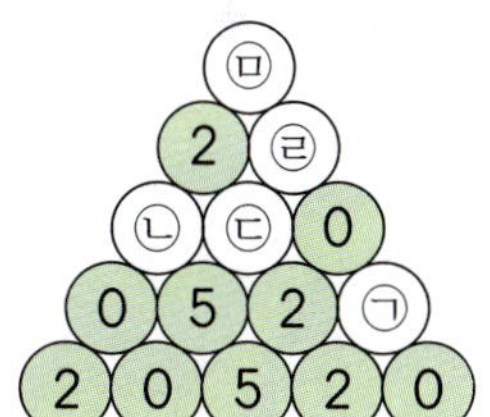

㉠: 아래의 두 수 2와 0은 각각 가위와 바위이므로 이기는 손 모양은 바위입니다. ⇨ 0

㉡: 아래의 두 수 0과 5는 각각 바위와 보이므로 이기는 손 모양은 보입니다. ⇨ 5

㉢: 아래의 두 수 5와 2는 각각 보와 가위이므로 이기는 손 모양은 가위입니다. ⇨ 2

㉣: 아래의 두 수 2와 0은 각각 가위와 바위이므로 이기는 손 모양은 바위입니다. ⇨ 0

㉤: 아래의 두 수 2와 0은 각각 가위와 바위이므로 이기는 손 모양은 바위입니다. ⇨ 0

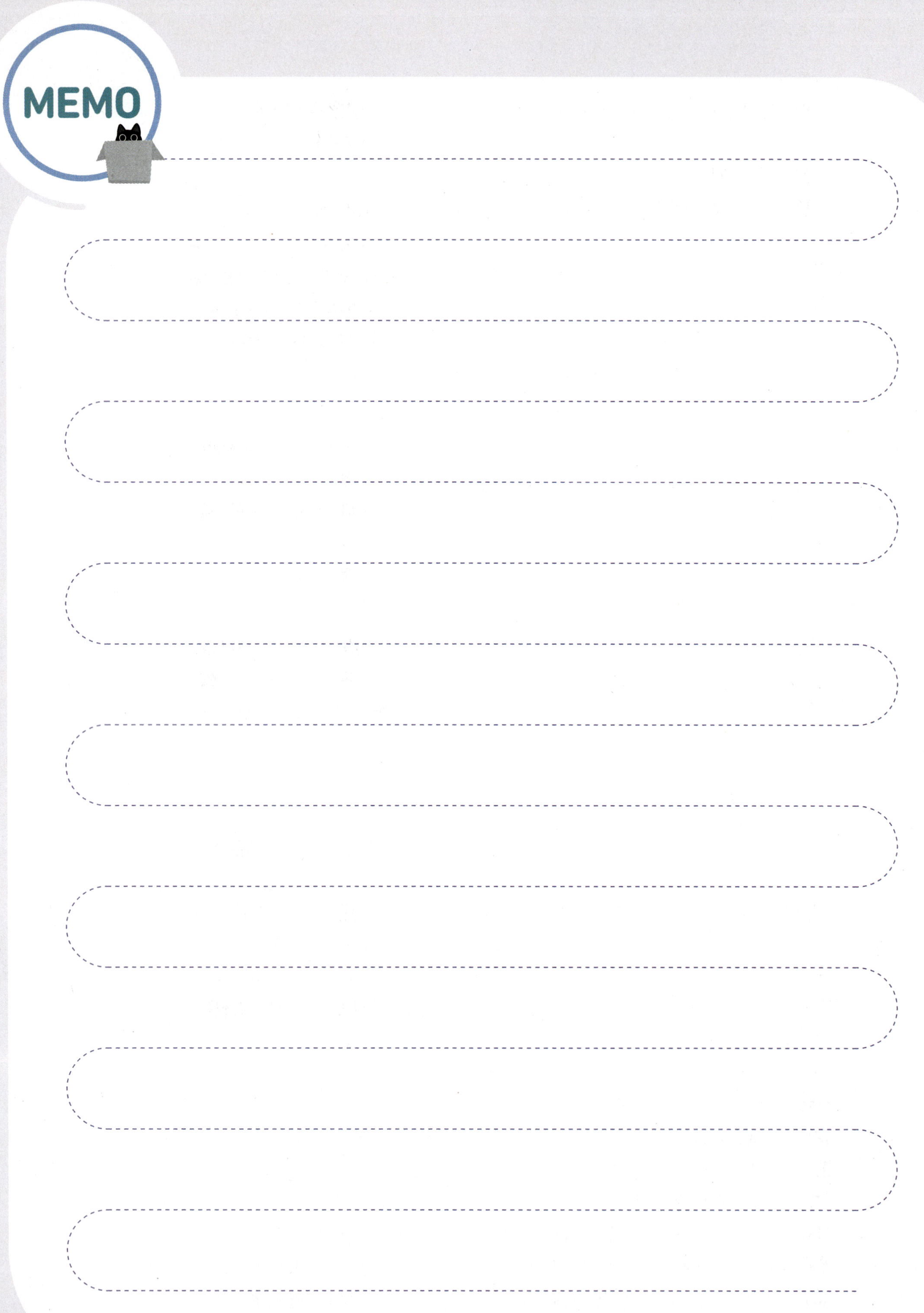

MEMO

수학의 해법이 풀리다!

해결의 법칙 시리즈

단계별 맞춤 학습

개념, 유형, 응용의 단계별 교재로
교과서 차시에 맞춘 쉬운 개념부터
응용·심화까지 수학 완전 정복

혼자서도 OK!

이미지로 구성된 핵심 개념과 셀프 체크,
모바일 코칭 시스템과 동영상 강의로
자기주도 학습 및 홈 스쿨링에 최적화

300여 명의 검증

수학의 메카 천재교육 집필진과
300여 명의 교사·학부모의
검증을 거쳐 탄생한 친절한 교재

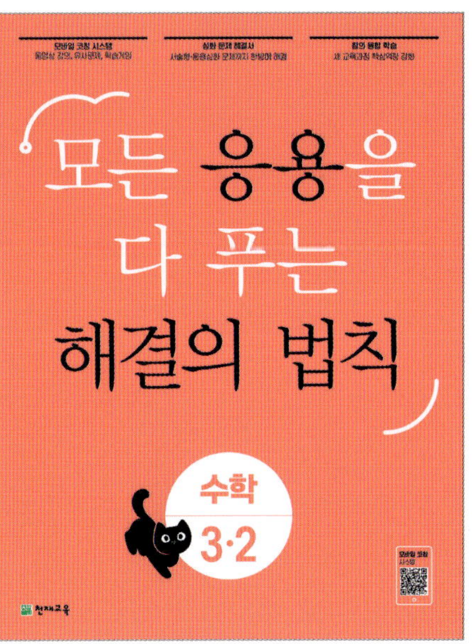

흔들리지 않는 탄탄한 수학의 완성! (초등 1~6학년 / 학기별)

참 잘했어요

수학의 모든 응용 문제를 풀 정도로
실력이 성장한 것을 축하하며
이 상장을 드립니다.

이름 ________________________

날짜 ________ 년 ____ 월 ____ 일

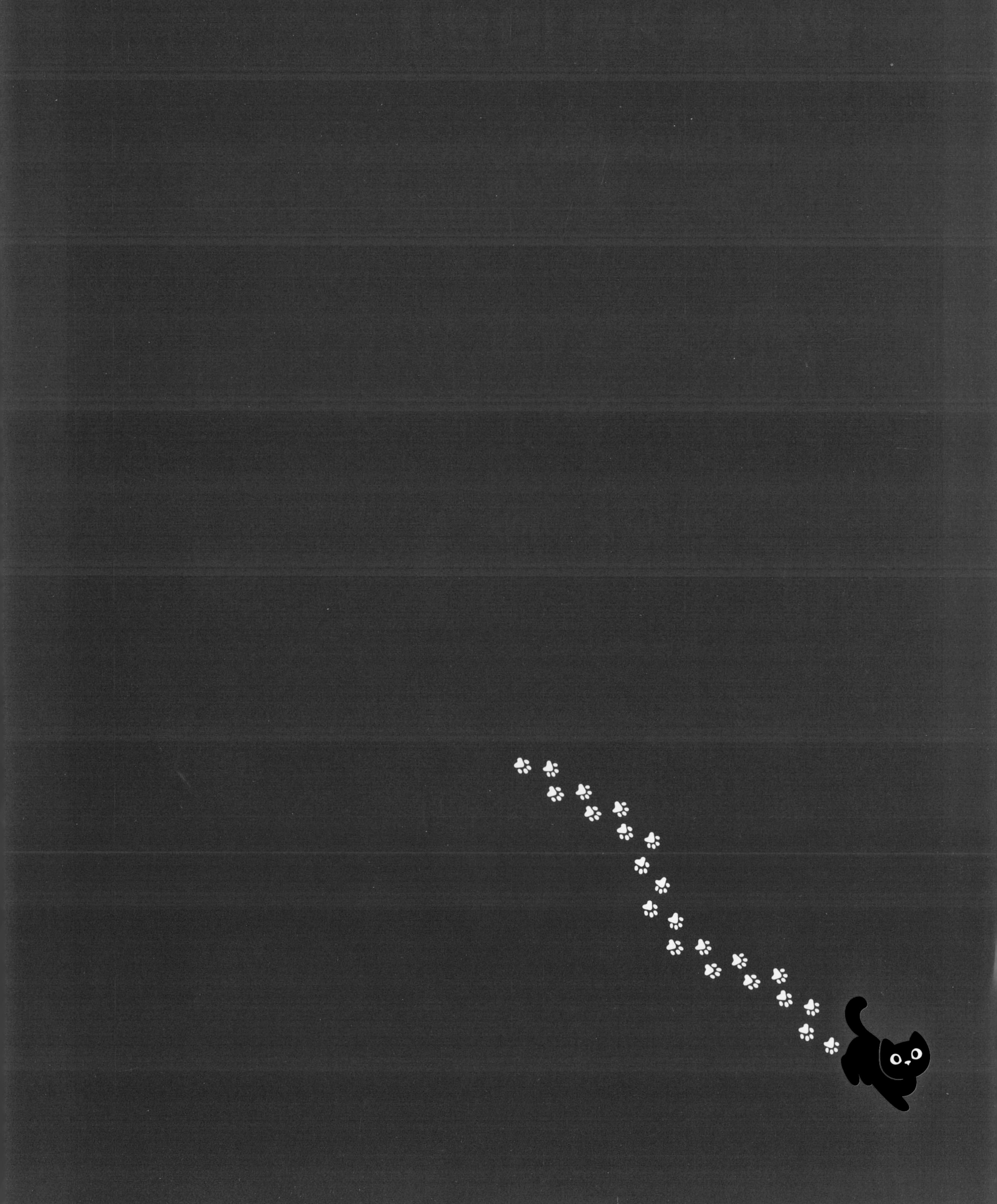